普通高等教育机电类系列教材

应用电工技术

主　　编　　樊　琛　　杨振坤

副主编　　李娜娜　　王小丽

参　　编　　刘会玲　　程　爽

　　　　　　张　瑜　　段　雯

机 械 工 业 出 版 社

本书是国家精品课程"电工电子技术"延伸教材之一,依据教育部最新制定的高等院校"电工学"课程教学基本要求,同时为适应新时代应用型本科人才培养模式而编写。全套书分《应用电工技术》《应用电子技术》两册出版,每册均融入思政元素,并配有多媒体课件。

　　本书共8章,包括电路基础、一阶暂态电路、正弦交流电路、供电与用电、磁路与变压器、电动机、电气控制、可编程控制器及其应用等内容。在本书编写过程中,注重例题分析,且例题和习题力求尽可能多地联系工程实际,每章以"内容导图、教学要求、项目引例、练习与思考、本章小结、基本概念自检题、习题、二维码拓展链接"为主线进行编写,以利于教与学。

　　本书可作为高等学校非电类相关专业本科生教材,也可供有关工程技术人员参考。

图书在版编目(CIP)数据

应用电工技术 / 樊琛,杨振坤主编 .—北京:机械工业出版社,2022.12

普通高等教育机电类系列教材

ISBN 978-7-111-72312-7

Ⅰ . ①应… Ⅱ . ①樊… ②杨… Ⅲ . ①电工技术 – 高等学校 – 教材

Ⅳ . ① TM

中国版本图书馆 CIP 数据核字(2022)第 252726 号

机械工业出版社(北京市百万庄大街22号 邮政编码100037)

策划编辑:王玉鑫　　　　　　　责任编辑:王玉鑫

责任校对:潘 蕊 陈 越　　　封面设计:张 静

责任印制:李 昂

河北鹏盛贤印刷有限公司印刷

2023 年 9 月第 1 版第 1 次印刷

184mm × 260mm · 17.5 印张 · 434 千字

标准书号:ISBN 978-7-111-72312-7

定价:53.80 元

电话服务　　　　　　　　　　　　网络服务

客服电话:010-88361066　　机 工 官 网:www.cmpbook.com

　　　　　010-88379833　　机 工 官 博:weibo.com/cmp1952

　　　　　010-68326294　　金 书 网:www.golden-book.com

封底无防伪标均为盗版　　机工教育服务网:www.cmpedu.com

前　言

　　21 世纪是科技飞速发展的新时代，具有学科交叉、信息沟通、技术融合的发展特点。党的二十大报告指出，加强基础学科、新兴学科、交叉学科建设，坚持把发展经济的着力点放在实体经济上，到 2035 年我国进入高水平科技自立自强的创新型国家前列，推动机械、能源动力、过程装备与控制、车辆与土建工程、航空航天、机器人等相关设计与制造业高端化、智能化、绿色化发展。其中在交叉学科中扮演重要角色的电工技术、电子技术及电气控制技术，正在发挥着越来越重要的作用。因此，掌握电工电子技术的基本理论和基本技能，已成为工科高等学校非电类本科生更为迫切的基本的学习要求。

　　本书是在作者多年从事电工电子技术课程教学实践、教学改革，主持首批"电工电子技术"国家精品课程建设，先后主编出版《电工技术》《电工电子技术》《电工电子学CAI》《应用电工电子技术》等多本相关教材，且经过课程组教师们在应用型高校教学第一线十多年教学实践的基础上进行总结提高、凝练内容，为应用型本科非电类相关专业需要而编写的。全套书包括《应用电工技术》《应用电子技术》两册。

　　考虑到既要满足应用型本科人才的培养需求，又要符合教学基本要求，适应时代的发展，且有利于组织教与学，本书力求在内容的取舍、广度、深度，以及如何加强应用性，如何适应互联网＋教育技术发展等诸方面做一些尝试与探索。

　　1）绪论部分以工程实际项目引出，以求使读者在学习之初，即对电工电子技术在机械、能源动力等非电类专业中的作用和地位有初步的了解，从而增强读者学习的目的性和兴趣。

　　2）在例题、习题的编写中注重加强工程实例的分析，尽可能多地以工程及制造专业中的电学应用实例为主，主要体现在磁路与变压器、电动机、电气控制等部分，从而加强对读者分析问题和解决问题能力的培养，同时为应用创新能力的提高打下基础。

　　3）适当减少部分内容的理论推导，加强设备选型、器件的内容。

　　4）尽可能附电气设备的实物图，以增加感性认识。

　　5）各章配合正文，均配有较丰富的例题、练习思考题和习题。每章前有内容导图、教学要求和项目引例，章后有小结、基本概念自检题和习题，并附有基本概念自检题和部分习题参考答案。此外，还可通过扫描二维码的形式获得"知识点解析""动画演示""例题分析""拓展阅读""思政元素"等拓展模块的相关知识。内容环环相扣，读者可以通过各个环节获得或巩固所学知识。

　　6）为了满足不同专业、不同读者的学习需求，书中用"*"标注了选修内容。

　　本书的编写由樊琛、杨振坤主持。绪论、第 1～3 章由樊琛、杨振坤、张瑜编写，第4 章由程爽编写，第 5、6 章由李娜娜编写，第 7、8 章由王小丽编写，张瑜策划设计与编辑制作了思政部分，刘会玲编辑制作了二维码拓展部分及编写了各章习题，段雯设计录制实验项目并编写了附录部分。全书经杨振坤教授修改、补充和定稿。

　　在编写过程中，作者借鉴了有关参考资料。在此，对参考资料的作者，西安交通大学电工电子教学实验中心同仁，西安交通大学城市学院和机械系、土建系领导与教师们，以及帮助本书出版的单位一并表示衷心的感谢。

　　由于编者的水平有限，且时间仓促，书中难免有疏漏和不妥之处，敬请广大读者提出宝贵意见，以便不断改进与提高。反馈意见请发送电子邮件至 fanc205@163.com。

编　者

目　　录

绪　论

　　"电工电子技术"是工科高等学校非电类专业的技术基础课程，是为机械、能源动力、过程装备与控制、土木建筑、航空航天等专业的本科生提升学科融合能力、综合素养、拓展视野而设置的唯一一门电类基础课，同时也是从事现代化工农业生产建设的工程技术人员、工程研究和管理人员必备的基本知识和基本技能。

　　随着大数据、人工智能、互联网＋、生命科学等新一轮科学技术的发展，国内外现代化工业进程的不断推进，电工电子技术发展十分迅速，应用也日益广泛，以电工电子技术为基础发展起来的新技术、新产品，也已渗透到工业、农业、科学、国防建设的各个领域，如图 0-1 所示。

图 0-1　电工电子技术的应用

　　现以智能数控机床加工控制为典型工程实例，说明电工电子技术的应用及其内容。

　　数控机床是数字控制机床的简称，是一种装有程序控制系统的自动化机床。数控机床的闭环控制系统结构示意图如图 0-2 所示，当加工零件时，首先将编制好的加工程序输入到数控装置，然后由驱动系统驱动电动机，带动机床运动部件工作，由反馈控制系统进一步调节速度、位置等参量，最后加工出所需产品。

　　数控机床是集机械制造技术、液压气动技术、计算机技术、现代控制技术、信息处理与网络通信技术于一体的先进设备。以下从学习电工电子技术的角度，说明其组成的技术基础与知识结构。

　　普通数控机床加工系统由数控装置、伺服驱动系统、伺服电动机、反馈控制系统及机床本体等部分组成，如图 0-2 所示。数控装置是数控机床的控制核心，一般由输入装置、存储器、控制器、运算器和输出装置组成，用来输入、存储工件加工程序，通过逻辑运算后发出各种控制信号，从而控制机床有序工作。伺服驱动系统和伺服电动机统称为伺服系统，其作用是跟随输入指令信号驱动机床移动部件的运动，完成加工工件任务。伺服系统包含了众多的电力电子器件、传感器，以及交、直流伺服电动机等。机床本体则是指工作机械的主体。除此以外，还有辅助控制系统，主要作用是对机床的辅助运动和辅助动作进行控制，如电动系统、气动系统、冷却箱、油泵箱，以及各种按键、保护开关的检测与控制等。通常由可编程控制器（PLC）和继电接触器控制实现。

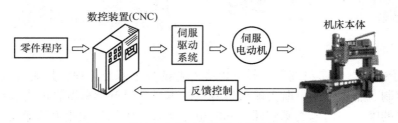

图 0-2　数控机床的闭环控制系统结构示意图

　　由上述分析可知，一个完整的生产机械设备，如数控机床，除了机床本体以外，其余的数控装置、驱动、控制检测部分都是由各种电子器件、电子集成组件、电气设备、电气控制装置等作为基本部件，也是其核心的技术支撑部分。也就是说，数控机床的硬件组成及加工过程的实现，均离不开电工电子技术的基础知识与技能。以数控机床为例说明其与电工电子技术各部分基础知识之间的大体关系如图 0-3 所示。

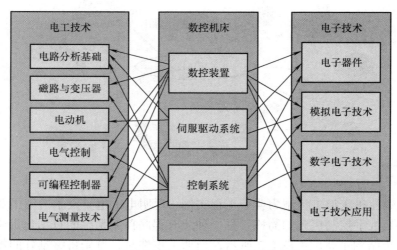

图 0-3　数控机床与电工电子技术基础知识的关系

　　由图 0-3 可见，数控机床几乎应用了电工电子技术全部的基础理论和基础知识，机与电的融合是如此的紧密。

　　电工电子技术包含电工技术与电子技术两部分内容。其中，电工技术是研究电能与其他能量之间相互转换，以及在工程中如何应用的一门学科。电工技术内容广泛，主要包括电工基础理论，电机电器及应用，电能的产生、传输、使用及转换技术，电气测量技术等。电子技术则是研究电子器件、电子电路及其应用的学科。随着科学技术的进步，电工电子技术的内容还将不断扩展与延伸。

本书的作用与任务是：使学生受到辩证唯物主义和爱国主义教育，获得电工电子技术必要的基本理论、基本知识和基本技能，了解电工电子技术的应用和发展概况，为后续学习专业基础课和专业课程、参加学科竞赛、完成毕业设计，以及从事科学技术、工程工作打下坚实的基础。

本书的思政育人总目标是：培养学生具备良好的科学精神、人文素养、工程伦理道德与社会主义核心价值观。具体通过了解电路基础理论奠基者们的事迹，理解科学与人类社会进步的关系，增强探索和钻研精神；通过学习电工基本原理，理解自然规律及科学思维方法，提升分析问题、解决问题的能力；通过理解电能利用与能源可持续的关系，增强环保与节能、人与自然和谐共生意识；通过了解电磁发展及交直流输配电技术，认识电工技术与我国社会发展的关系，增强技术自信和文化自信，提升民族自豪感；通过学习电气设备的制造及应用、配电与用电安全常识，提升职业道德、安全规范意识，培养认真负责、一丝不苟的工匠精神；结合了解电气控制与信息化、智能化的发展，提升现代科技创新意识和使命感。

本书依据课程思政育人总目标，针对不同章节的教学内容适度融入以学科发展新动向介绍、工程伦理教育、工程事故案例分析、典型工程建设成就分享、典型人物事迹及代表工程分享等思政教育元素，尝试将知识传授、能力提升、思政教育有机结合，有利于培养思想政治水平高、专业技术过硬的优秀技术人才。

必须指出的是，电工电子技术是一门基础性、理论性和实践性均较强的课程，所涉及的教学内容丰富，覆盖面广，要求掌握的理论和技术面较宽。而对于非电类工科学生来说，接触电工设备生产与实际应用场合又相对较少，且课时有限，学习电工电子技术课程之初，会觉得抽象难懂、不易掌握。因此，关于学习方法提出几点意见，供参考。

1）明确学习的目的与意义，积极主动学习，做到"我要学"而不是"要我学"。课前认真预习，也可以通过上网查阅相关资料，掌握听课的主动性；课堂认真听讲，多思考、重理解；课后认真复习、多动手练习、善于总结。

2）注意课程不同内容的特点。如前所述，电工电子技术课程涵盖的教学内容多，每一部分内容的特点也有所不同。如学习电路基础部分时，注重理解电路模型的特点，分析掌握电路的普遍规律和共性问题。要重视掌握基本理论、基本概念和基本分析方法，为学习后续内容切实打好基础。对于电动机、变压器部分，在理解其结构组成和工作原理的基础上，着重掌握外部特性及其应用。对于电气控制部分，注重基本控制环节的理解和学习，掌握阅读继电接触器控制电路图的方法。对于模拟电子技术部分，应重视对基本电路组成及其各元件作用的理解，注重工程近似方法和等效方法的运用等。

3）习题也是本课程的重要教学环节，要认真独立完成。通过习题深化和扩展对课程内容的理解，巩固概念，培养分析问题和解决问题的能力。做课后思考练习题、概念自测题、习题，不仅能帮助加深概念的理解，重要的是还能做到总结规律、灵活应用、举一反三，这一点在学习本门课程时，尤其要引起重视。

4）重视实验教学。实验是学习电工电子技术理论和技能的重要环节。通过实验，不仅起到理论联系实际的作用，而且培养动手实践的能力和严谨的科学研究作风。要珍惜实验课的动手机会。实验前认真预习，明确实验内容和实验目的；实验过程中，按照要求正确接线与操作，逐步学会使用各种必要的仪器仪表和正确读取实验数据；独立完成实验报告。

5）运用现代化网络工具辅助学习。21世纪是信息的时代，以计算机网络为基础的现代教育手段已经得到广泛应用。网络化教学环境作为传统教学模式的扩展和延伸，将促进学生更自主地学习。要善于利用网络教学平台多角度、多方位地获取信息和资料。要更深入广泛地了解电工电子技术的应用及发展状况；可查阅学习方法指导、相关课件、扫描二维码获得相关拓展资料。

思政元素

第 1 章

电路基础

【内容导图】

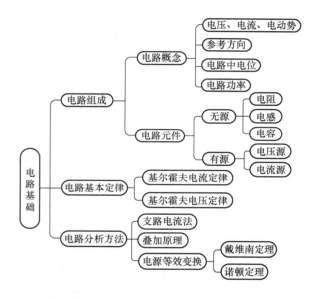

【教学要求】

知识点	相关知识	教学要求
电路模型	电路的构成	了解
	电压、电流参考方向	掌握
	电路功率	掌握
基尔霍夫定律	基尔霍夫电流定律（KCL）	掌握
	基尔霍夫电压定律（KVL）	掌握
理想电路元件	电阻、电感、电容	掌握
	电压源、电流源	掌握
	电压源、电流源等效变换	掌握
电路分析方法	支路电流法	了解
	叠加原理	掌握
	戴维南定理	掌握
	诺顿定理	了解

【 项目引例 】

图 1-1 所示为简易光电式电动机转速测量原理图，主要由稳压电源、光敏器件、整形放大、计数控制和驱动显示等部分组成。由光敏器件将转速转换成相应的电信号，再经放大和处理电路，最终由驱动显示器显示电动机的转速。该小型测速系统中，涉及稳压电路、信号整形电路、信号放大电路、计数电路、驱动显示电路、光源电路以及电动机控制电路等。由此看来，电路是多种多样的，是任何一种用电系统中最基本的组成单元。因此，电路是学习电工电子技术的基础。

本章在大学物理课程电学的基础上，讨论电路的基础知识，例如电路的基本概念、基本定理和分析方法。内容主要包括电路的基本物理量——电压、电流的参考方向，电路基本定律——基尔霍夫定律，理想电路元件的模型及其特性，支路电流法、叠加原理、戴维南定理等分析电路的基本方法。通过本章的学习，为后续电工电子、电动机及电气控制电路的分析奠定基础。

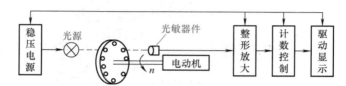

图 1-1 光电式电动机转速测量原理图

1.1 电路的基本概念

1.1.1 电路的组成及其作用

电路是电流流通的路径，是按一定的方式把电工、电子元器件组成的总体。图 1-2a 所示手电筒电路是一个常见又简单的实际电路，它由电池、小灯泡、筒体及筒体开关组成。电池是提供能量的电源，将化学能转换为电能。小灯泡作为负载是消耗电能的器件，它将电能转换为热能使灯丝发光。由筒体及筒体开关作为中间环节，将电池、小灯泡连接起来构成电流通路，把电源的能量传送给负载，即将电能最终转换成光能。可见，电路概括起来由电源、负载和中间环节三个部分组成。上述例子是一个最简单的电路。实际上我们将会遇到一些更复杂的电路，为了分析方便起见，往往用电路模型替代实际的电路，如图 1-2b 所示。图中电池用电动势 E 表示，灯泡负载用 R 表示，电源开关用 K 表示。

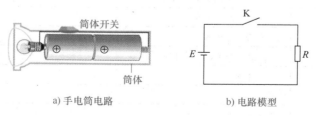

a) 手电筒电路　　　　　　　　b) 电路模型

图 1-2 手电筒电路和电路模型

在电路中，电源是将其他形式的能量如化学能、机械能、原子能、风能及太阳能等转换成电能的装置，是电路中提供能量的部分。负载是将电能转换成非电能的装置，如电炉、电动机、各种仪器仪表和家用电器等。中间环节是将电源和负载连接成闭合电路的导线、开关及保护设备等。

电路的结构形式是多种多样的。按照电路的作用，可将其分为两大类。一类是实现电能传输和转换的电路，此类电路的典型例子是电力系统。一般电力系统，以传统的水力和火力发电为例，包括发电厂、输变电环节和负载三个部分。在各类发电厂中，发电机分别把热能或水位能转换为电能，并通过输变电环节将电能经济、安全地输送到用户，再由用户的电动机、电炉、电风扇等负载将电能转换为其他所需的能量。由于在这一类电路中，电压一般比较高，电流比较大，所以有时也把此类电路称为强电系统。

另一类电路是实现信号传递和处理的电路，如机床电动机转速测量、计算机网络、楼宇自控系统、智能广电系统、手机电路等，主要包括信号的转换、信号的放大与处理及记录显示等环节，如图 1-1 所示光电式电动机转速测量电路。由于这一类电路所涉及的电压和电流都比较小，所以，此类电路称为弱电系统。

实际电路是由几种电气元器件所组成。无论是最简单的手电筒电路，还是较复杂的计算机电路，它们的电气元器件所表现出来的电磁现象和能量转换的特征一般都比较复杂，而且不同的实际电路其物理现象千差万别。因此，在对实际电路进行分析和计算时，是用理想电路元件及其组合来等效代替。这种由理想电路元件组成的电路称为电路模型，简称为电路。所谓理想电路元件，是指在一定条件下突出其主要电磁性质，忽略其次要因素，把实际元器件抽象为只含一种参数的电路元件。例如上述图 1-2 中的小灯泡因其最终是将电能转换成热能消耗掉，故用"电阻元件"来表征；又如由导线绕成的线圈，在直流条件下，可不考虑其电感和匝间电容而用"电阻元件"来表征；在交流情况下，则此实际器件要用"电阻元件"和"电感元件"相串联来表征。关于电路元件的性质，将在后续部分中详细介绍。

1.1.2　电流、电压及其参考方向

电路的基本物理量是电流、电压和电动势，不论是电能的传输和转换，还是信号的传递和处理，都需要通过这些物理量来实现。本节在扼要复习物理课程所学电流、电压和电动势概念的基础上，引入电流和电压的参考方向，以方便电路的分析。这是学习电路的重要概念之一，希望读者加以重视。

1. 电流和电压的基本概念

（1）电流　电荷的定向移动形成电流，通常用电流强度 i 来描述电流的强弱。电流强度定义为单位时间内通过导体任一横截面的电量。电流强度简称为电流。习惯上规定正电荷运动的方向为电流的方向（实际方向）。电流的方向是客观存在的。导体中电流的方向总是沿着电场的方向，从高电位流向低电位。

（2）电压和电动势　在电场中把单位正电荷从 a 点移至 b 点，电场力所做的功定义为 a、b 两点的电位差，或称为 a、b 间的电压 u_{ab}。电压的方向通常规定为由高电位（"+"极性）端指向低电位（"−"极性）端，即为电位降低的方向。

电源的电动势 e 在电源内部把单位正电荷由负极移至正极，系非静电力做的功。在非静电力的作用下，电源不断地把其他形式的能量转换为电能。电源的电动势是表征电源本

身的特征量，与外电路的性质没有关系。电源电动势的方向规定为在电源内部由低电位端指向高电位端，即电位升高的方向。

在直流电路中，电压、电流的大小和方向都不随时间变化，用大写字母 U 和 I 来表示电压和电流。

2. 电流和电压的参考方向

对于简单的电路，如单一回路电路，或者虽然有多个回路，但是用元件串并联的方法可化简为单一回路的电路。电路中各元件两端的电压和流经各元件电流的方向可以直接判断。所以，在分析时可以不考虑它们的方向，只计算大小。

对于较为复杂的电路，很难预先判断电流或电压的实际方向，必须经过一定的分析和计算才能确定。而这些电路的计算往往需要以电流、电压为变量列出电路方程，求解电路的各个变量。但是列电路方程又要依据电压、电流的方向，因此需要事先对电压和电流的方向进行假设。此外，在分析交流电路时，由于电流、电压的实际方向是随时间变化的，为了能够简洁地用一个函数或者一个波形来描述它们随时间的变化规律，也需要假设电流、电压的方向。

在图 1-3a 所示的电路中，如果预先不知道电流的实际方向，可以先假设电流的方向由 a 点指向 b 点，这个假设的方向就称为电流的参考方向（也称为正方向）。由于参考方向是任意选定的，它既可能与电流的实际方向相同，也可能与电流的实际方向相反。当电流的参考方向与电流的实际方向一致时，电流取正值；当电流的参考方向与实际方向相反时，电流取负值。反之，规定了某一电流的参考方向，并在此规定下求得了该电流的值（大于零或小于零），那么它的实际方向就可以由此确定。图 1-3a 所示的电路中，如果计算出的电流值大于零，表明电流的实际方向与电流的参考方向一致，也就是由 a 点指向 b 点；相反，如果计算出的电流值小于零，则表明电流的实际方向与参考方向相反，应由 b 点指向 a 点，如图 1-3b 所示。可见，利用电流值的正负并结合参考方向，就能够确定电流的实际方向。

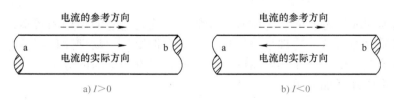

a) $I>0$ b) $I<0$

图 1-3　电流的参考方向

同理，当电路两点之间电压的实际方向未知时，也可对电压的方向进行假设（电压方向用"+""−"标出）。只有在规定了电压的参考方向后，才能代入方程进行计算，最后再根据电压值（大于零或小于零）来确定电压的实际方向。

注意：在以后的电路分析中，所涉及的电流、电压的方向（除非特殊说明）一般都指参考方向，电压、电流的值均为代数值。

必须指出的是：电路中的电流或电压在未表明参考方向的前提下，讨论电流或电压的正、负值是没有意义的。因此，在分析计算电路时，应首先标出电压、电流的参考方向，然后再进行分析与计算，希望读者切实注意这一点。

在电路分析中，如图 1-4 所示，人们一般习惯把同一元件或同一部分电路的电压和电流的参考方向设定为一致，这样选取的参考方向称为关联参考方向。若设定电压和电流的参考方向相反，则称为非关联参考方向，如图 1-5 所示。采用关联参考方向可以在电路分析中，省去由于电流、电压正方向不一致所带来的麻烦，使电路的分析过程更加简洁，也不容易出错。

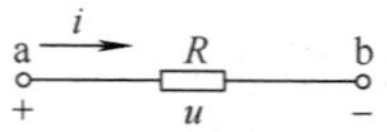

图 1-4　关联参考方向 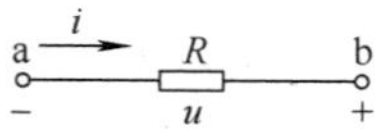　　　　　　　　　　　图 1-5　非关联参考方向

对电动势来说，同样也可以设定它的参考方向。但是应当注意到，电动势的实际方向是由电源的低电位指向高电位，恰好与电压的实际方向相反。

1.1.3　电路中的功率

根据物理学中的定义，电路中某一元件或某一部分电路的功率为

$$p = ui \tag{1-1}$$

式中，u 是此元件或这一部分电路的端电压；i 是流经此元件或电路的电流。

当电压 u 和电流 i 随时间 t 变化时，功率 $p = ui$ 也随时间变化。工程上通常关心平均功率，如果电压 u 和电流 i 是时间 t 的周期函数，则平均功率为

$$P = \frac{1}{T}\int_0^T p\,\mathrm{d}t = \frac{1}{T}\int_0^T ui\,\mathrm{d}t \tag{1-2}$$

式中，T 是电压、电流的变化周期。在国际单位制中，功率 P 的单位是瓦特（W）。

对于直流电路，电压和电流都是常数，则

$$P = UI \tag{1-3}$$

在对电路进行分析时，有时不仅要计算功率的大小，往往还需要确定电能的传递方向，即判断出电路中哪些元件是电源（输出功率），哪些元件是负载（吸收功率）。

图 1-6 所示的简单电路中，电源元件和负载元件，以及它们的电压、电流的实际方向都是已知的。由图可知，当元件两端电压和电流的实际方向相同时，如负载 R 两端电压，上端为 "＋"，下端为 "－"，流过负载 R 的电流是由 "＋" 流向 "－"，两者实际方向一致，该元件 R 吸收功率；当元件两端电压和电流的实际方向相反时，如电动势 E，其两端电压和流过它的电流方向相反，该元件 E 输出功率。

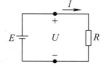

图 1-6　电路中的功率

上述是在已知电路元件性质的前提下总结出的规律，对于较为复杂的电路，预先未知电路性质，即在未知电压、电流实际方向的电路中，分析研究电路中的功率问题，则应先标出其电压和电流的参考方向。在其参考方向下，如同电压和电流，功率也是代数量。当元件两端电压和电流的参考方向关联时，即设定一致时，元件上消耗电功率的表达式同式（1-3）。

当电压和电流的参考方向非关联时，则消耗电功率的表达式为

$$P = -UI \tag{1-4}$$

在上述两种情况下，若计算出的功率为正值，则表示该元件（或该段电路）吸收功率，在电路中的作用为负载；若为负值，则表示输出功率，其作用为电源。

需要强调指出的是，无论采用哪一种形式表示功率，在判断元件功率的性质时，其实质都是依据最终计算的结果，即电压和电流的实际方向是否一致进行判别的。若实际方向一致则为负载性质；反之则为电源性质。

【例1-1】 某电路中元件 A 的电压、电流参考方向已标出，如图 1-7 所示。若 $U=10V$，$I=-1A$，试判断元件 A 在电路中的作用是电源（输出能量）还是负载（吸收能量）。若电流参考方向与图中所设相反，则又如何？

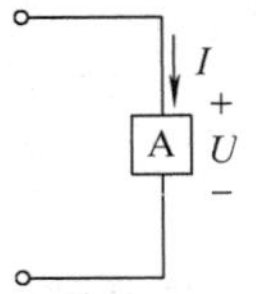

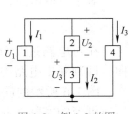

图 1-7　例 1-1 的图

【解】（1）图中 U、I 参考方向相同，其吸收功率的表达式为

$$P = UI$$

代入已知条件求得

$$P = 10 \times (-1) \text{ W} = -10\text{W} < 0$$

吸收功率为负值，故元件 A 为电源（输出能量）。

（2）若电流参考方向与图中所设相反，其吸收功率为

$$P = -UI = -10 \times (-1) \text{ W} = 10\text{W} > 0$$

吸收功率为正值，故此时元件 A 为负载（吸收能量）。

【例1-2】 图 1-8 所示电路中，方框代表电路元件（电源或负载），各个元件的电压、电流参考方向如图所示。已知 $I_1 = -11A$，$I_2 = 5A$，$I_3 = 6A$，$U_1 = 4V$，$U_2 = 10V$，$U_3 = -6V$。试求：（1）各个元件的功率大小，并判断其功率性质；（2）该电路功率是否平衡？

【解】（1）求各元件的功率：

元件 1 的 U_1、I_1 参考方向相同，其吸收功率为

$P_1 = U_1 I_1 = 4 \times (-11) \text{ W} = -44\text{W} < 0$，故元件 1 为电源（输出能量）。

元件 2 的 U_2、I_2 参考方向相同，其吸收功率为

$P_2 = U_2 I_2 = 10 \times 5\text{W} = 50\text{W} > 0$，故元件 2 为负载（吸收能量）。

元件 3 的 U_3、I_2 参考方向相同，其吸收功率为

$P_3 = U_3 I_2 = -6 \times 5\text{W} = -30\text{W} < 0$，故元件 3 为电源（输出能量）。

元件 4 的 U_1、I_3 参考方向相同，其吸收功率为

$$P_4 = U_1 I_3 = 4 \times 6\text{W} = 24\text{W} > 0$$，故元件 4 为负载（吸收能量）。

（2）电路总功率为 $P = P_1 + P_2 + P_3 + P_4 = [(-44) + 50 + (-30) + 24]\text{W} = 0$

电路吸收功率和输出功率相等，电路功率达到平衡。

图 1-8　例 1-2 的图

【练习与思考】

1.1.1　电压与电动势有何区别？对同一个电源来说，它的电动势和端电压有何关系？它们的参考方向是否可以任意假设？

1.1.2　试总结判断未知元件性质的方法与步骤。

1.1.3　在图 1-9 所示的电路中，试分别判断其电压与电流的实际方向是否一致？并计算图 1-9a、b 中元件 A 的功率，并说明元件性质（判断是电源还是负载）。

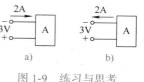

图 1-9　练习与思考 1.1.3 的图

1.2　基尔霍夫定律

基尔霍夫定律（Kirchhoff's Law）是电路理论的基本定律之一，它从电路的全局和整体出发，阐明了任意电路中各部分电压和电流之间的内在联系，因而是电路分析和计算的理论基础。

基尔霍夫定律包括两个定律，即基尔霍夫电流定律（Kirchhoff's Current Law，KCL）和基尔霍夫电压定律（Kirchhoff's Voltage Law，KVL）。为了更好地掌握基尔霍夫定律，先解释几个有关的名词术语。

（1）支路　电路中的每一个分支称为支路。同一条支路中各元件流过的电流相同。在图 1-10 所示的电路中，bae、be、bc、cf、cdf 都是支路。

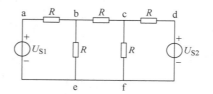

图 1-10　支路、节点和回路

（2）节点　3 条或 3 条以上支路的汇集点称为节点。图 1-10 中，e、f 间没有元件，而连线又认为是理想的，所以 e 和 f 是同一个点，ef 不是支路。电路中共有 b、c 和 e（或 f）3 个节点。

（3）回路　电路中的任一闭合路径称为回路。图 1-10 中，abea、bcfeb、cdfc、abcfea、bcdfeb、abcdfea 都是回路。

（4）网孔　内部不含有其他支路的回路称为网孔。图 1-10 中，abea、bcfeb、cdfc 是网孔。

1.2.1　基尔霍夫电流定律（KCL）

基尔霍夫电流定律是确定连接在同一节点上各支路电流之间相互关系的基本定律。由于电流的连续性，电路中任何一点（包括节点）都不能有电荷的堆积。因此 KCL 指出：在任意时刻流入任一节点的电流总和等于流出该节点的电流总和。

图 1-11 中的节点 a 有两条支路电流 I_1 和 I_2 是流入节点的，有一条支路电流 I_3 是从节点流出的，所以有

$$I_1 + I_2 = I_3$$

如果将上式中 I_3 移到等号左边，则有

$$I_1 + I_2 - I_3 = 0$$

通常把流入节点的电流设为正，流出节点的电流设为负。基尔霍夫电流定律则可以叙述为：流入任一节点电流的代数和为零，即

$$\sum I = 0 \tag{1-5}$$

基尔霍夫电流定律不仅对任意一个节点来说是成立的，而且还可以推广到包围着多个节点的闭合面（广义节点）。图 1-12 所示电路中，闭合面 S 包围着 3 个节点，对这 3 个节点来说，基尔霍夫电流定律总是成立的，即

$$I_1 = I_{12} - I_{31}$$

$$I_2 = I_{23} - I_{12}$$

$$I_3 = I_{31} - I_{23}$$

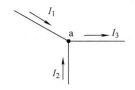

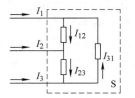

图 1-11　节点的电流关系　　　　　图 1-12　闭合面作为广义节点

将上列 3 个式子相加，则有

$$I_1 + I_2 + I_3 = 0$$

即

$$\sum I = 0$$

可见，在任何瞬间通过任意封闭面的电流的代数和也等于零，即基尔霍夫电流定律对任意闭合面也是适用的。

1.2.2　基尔霍夫电压定律（KVL）

基尔霍夫电压定律是确定电路中任一回路各部分电压之间相互关系的基本定律。KVL 指出：在任意瞬间，电路中任一个回路沿任一绕行方向下的各部分电压的代数和等于零，即

$$\sum U = 0 \tag{1-6}$$

图 1-13 为电路中某一回路。如选取顺时针方向作为回路的绕行方向，则回路中各部分电压的代数和为

$$U_{AB} + U_{BC} + U_{CD} - U_{AD} = 0 \tag{1-7}$$

式中，U_{AB}、U_{BC}、U_{CD} 的参考方向与回路的绕行方向是一致的，所以在式中取正值。而 U_{AD} 的参考方向与回路的绕行方向相反，所以在式中取负值。

式（1-7）还可以改写为

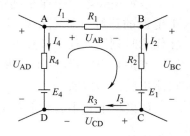

图 1-13　回路中的电压关系

$$U_{AB} + U_{BC} = U_{AD} - U_{CD} \tag{1-8}$$

等号左边为

$$U_{AB} + U_{BC} = U_{AC}$$

等号右边为

$$U_{AD} - U_{CD} = U_{AD} + U_{DC} = U_{AC}$$

式（1-8）表示的意义为：由路径 ABC 计算得到的 A、C 之间的电压 U_{AC}，与由路径 ADC 计算得到的电压 U_{AC} 是一样的，也就是说，两点间的电压与计算路径的选取无关。因而"在电路中任意两点间的电压与计算路径无关"，与基尔霍夫电压定律是等同的。

如果电路中各支路是由电阻元件和电源电动势所组成，图 1-13 所示电路也可以写成

$$I_1R_1 + I_2R_2 + I_3R_3 - I_4R_4 = -E_1 + E_4 \tag{1-9}$$

或

$$\sum (IR) = \sum E \tag{1-10}$$

式（1-10）为基尔霍夫电压定律的另一种表示形式，可表述为：在任意瞬间，电路中任一个回路沿任一绕行方向的电压降的代数和等于电动势的代数和。其中，电流参考方向与回路绕行方向一致者，电压降取正号，如 I_1R_1，反之则取负号，如 $-I_4R_4$；电动势的参考方向与回路绕行方向一致者，前面取正号，如 E_4，反之则取负号，如 $-E_1$。

基尔霍夫电压定律不仅应用于闭合回路，还可以推广应用于开口电路。图 1-14 所示电路虽然不是闭合回路，但在开口端存在电压 U，可以将它看成一个闭合回路，根据基尔霍夫电压定律，按图中所示回路绕行方向可列出

$$U_S + IR - U = 0 \tag{1-11}$$

需说明的是，基尔霍夫电流定律和电压定律对于电路元件的性质没有限制，它适用于由各种不同元件所组成的直流电路和交流电路，也就是说，基尔霍夫定律具有普遍性。

【例 1-3】图 1-15 所示电路中，各电压和电流参考方向如图所示，已知 $U_{S1} = 5V$，$U_{S2} = 10V$，$U_{ab} = 1V$，$R_1 = R_2 = 5\Omega$，试求电流 I_1、I_2、I_{ab}。

【解】首先根据 KVL 列出电压方程

$$U_{ab} = U_{S1} + I_1R_1$$

$$U_{ab} = U_{S2} - I_2R_2$$

由上述两式解得

$$I_1 = \frac{U_{ab} - U_{S1}}{R_1} = \frac{1-5}{5}A = -0.8A$$

$$I_2 = \frac{U_{S2} - U_{ab}}{R_2} = \frac{10-1}{5}A = 1.8A$$

然后根据 KCL 列电流方程，从而解得

$$I_{ab} = I_2 - I_1 = 1.8A - (-0.8)A = 2.6A$$

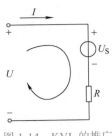

图 1-14　KVL 的推广

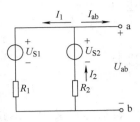

图 1-15　例 1-3 的图

【例 1-4】一闭合回路各电压参考方向如图 1-16 所示，各支路的元件是任意的，已知 $U_A = 5V$，$U_B = 4V$，$U_C = 3V$，试求 U_{AB}、U_{BC}、U_{AC}。

【解】标出各个回路的绕行方向如图 1-16 所示，根据 KVL 的推广应用，在 U_{AB}、U_A、U_B 回路中，U_A 参考方向与回路绕行方向一致，表达式前面取正号；U_{AB}、U_B 参考方向与回路绕行方向相反，则表达式前面取负号。以此类推，可以列出各回路的电压方程为

$$\begin{cases} -U_{AB} + U_A - U_B = 0 \\ -U_{BC} + U_B - U_C = 0 \\ U_{AC} + U_C - U_A = 0 \end{cases}$$

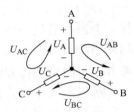

图 1-16　例 1-4 的图

即

$$\begin{cases} U_{AB} = U_A - U_B = (5-4)\,\text{V} = 1\text{V} \\ U_{BC} = U_B - U_C = (4-3)\,\text{V} = 1\text{V} \\ U_{AC} = U_A - U_C = (5-3)\,\text{V} = 2\text{V} \end{cases}$$

【练习与思考】

1.2.1　根据图 1-17 所示电路的电压 U、电流 I 和电动势 U_S 的参考方向，列出表示三者关系的表达式。

1.2.2　求图 1-18 所示电路的电流 I。

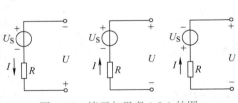

图 1-17　练习与思考 1.2.1 的图

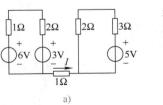

a)

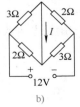

b)

图 1-18　练习与思考 1.2.2 的图

1.3　电路中电位的概念及应用

电位是电路分析中的重要概念。由基尔霍夫电压定律可知，电路中任意两点间的电压

总是确定的，与计算路径无关。因此，可以在电路中引入电位的概念。

首先在电路中选一参考点，并设这一点的电位为零，那么电路中的任意一点与参考点之间的电压即为该点的电位，而电路中任意两点间的电压则是该两点之间的电位差。

图 1-19 所示电路中，设 $U_{S1} = 12$ V，$U_{S2} = 8$ V，$I_1 = 2A$，$I_2 = 1A$，$I_3 = 3A$。如果选 d 点为参考点，则 d 点的电位为零，这时，电路中其他各点的电位应为该点到 d 点的电压值，a、b、c 各点的电位分别为

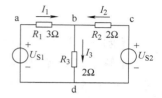

$$U_a = U_{ad} = U_{S1} = 12V$$
$$U_b = U_{bd} = I_3 R_3 = 3 \times 2V = 6V$$
$$U_c = U_{cd} = U_{S2} = 8V$$

图 1-19　电路中的电位

电路中任意两点间的电压则可用电位差来求解，如

$$U_{ab} = U_a - U_b = (12 - 6)V = 6V$$
$$U_{cb} = U_c - U_b = (8 - 6)V = 2V$$

如果选 b 点作为参考点，那么 b 点的电位为零，则可得

$$U_a = U_{ab} = I_1 R_1 = 2 \times 3V = 6V$$
$$U_c = U_{cb} = I_2 R_2 = 1 \times 2V = 2V$$
$$U_d = U_{db} = -I_3 R_3 = -3 \times 2V = -6V$$
$$U_{ab} = U_a - U_b = (6 - 0)V = 6V$$
$$U_{cb} = U_c - U_b = (2 - 0)V = 2V$$

由上述计算结果，可以得出如下结论。

1）电路中某一点的电位等于该点与参考点（电位为零）之间的电压。比参考点高的电位为正电位，其值为正；比参考点低的电位为负电位，其值为负。

2）电路中各点的电位依参考点的不同而不同，但是任意两点间的电压值是不变的。就是说，电路中各点的电位是相对的，而两点间的电压值是绝对的。

须指出，在计算电位时，必须选定电路中的某一点作为参考点，一旦参考点选定，电路中各点的电位则为确定值。通常参考点为在电路图中标出"⊥"符号的点。原则上电路的参考点是可以任意选取的。在电子电路中常选与机壳相连的公共线，即所谓的地线，作为参考点；在工程上则通常选大地作为参考点。

电位概念的引入使得电路问题的描述和电路图的绘制更加简洁。例如，图 1-20a 所示的电路可简化为图 1-20b 所示的电路。电子技术电路中，常用这种习惯画法画出电路图。反之，这种简便画法的电路也可以改画为完整画法。具体方法是：在标着电位的悬空端与参考点（地）之间接一理想电压源，理想电压源的极性和数值应与原来标的电位值一致。图 1-21a 所示电路就可先还原画成图 1-21b 所示的电路，然后再分析计算。如果对简便画法已较为熟悉，便可以直接进行分析和计算。

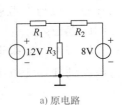

a) 原电路

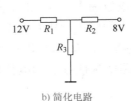

b) 简化电路

图 1-20　电路图的简便画法

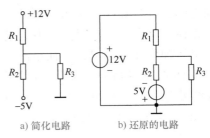

a) 简化电路　　　　b) 还原的电路

图 1-21　简便电路的还原

【例 1-5】如图 1-22 所示电路，试求 a 点的电位。

【解】以 O 点为参考点，则 O 点的电位为 $U_O = 0V$。由于与 O 点相连的 5Ω 电阻没有同其他支路构成回路，故流过的电流为零，因此 b 点的电位为 $U_b = 5V$。

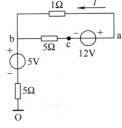

图 1-22　例 1-5 的图

通过 1Ω 电阻的电流　　　　$I = \dfrac{12}{5+1}A = 2A$

则[⊖] $U_{ab} = I \times 1\Omega = 2 \times 1V = 2V$ 或 $U_{ab} = 12V - 5\Omega \times I = (12 - 5 \times 2)V = 2V$

所以　　　　　　　　$U_a = U_b + U_{ab} = (5+2)V = 7V$

此题求解 a 点的电位，还可以直接列出 KVL 表达式，即

$$U_a = 12V - 5\Omega \times I + 5V = \left(12 - 5 \times \frac{12}{5+1} + 5\right)V = 7V$$

【例 1-6】如图 1-23 所示电路，试求 B 点的电位。

【解】首先将图 1-23a 所示电路变换为图 1-23b 所示电路，由 KVL 得：$IR_1 + IR_2 + U_C - U_A = 0$ 然后进行计算得

$$I = \frac{U_A - U_C}{R_1 + R_2} = \frac{6 - (-9)}{(100 + 50) \times 10^3}A = 0.1mA$$
$$U_{AB} = U_A - U_B = R_2 I$$
$$U_B = U_A - R_2 I$$
$$= (6 - 50 \times 10^3 \times 0.1 \times 10^{-3})V$$
$$= 1V$$

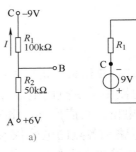

a)　　　　　　　　b)

图 1-23　例 1-6 的图

【练习与思考】

1.3.1　在图 1-24 所示电路中，分别以 a 点和 b 点为参考点，计算 U_a、U_b、U_{ab}。

1.3.2　计算图 1-25 所示电路中的 U_a、U_b 及 U_{ab}。

⊖　本书述及的方程在运算过程中，为使运算简洁便于阅读，如对量的单位无标注及特殊说明，此方程均为数值方程，而方程中的物理量均采用 SI 单位，如电压 $U(u)$ 的单位为 V；电流 $I(i)$ 的单位为 A；有功功率 P 的单位为 W；无功功率 Q 的单位为 var；视在功率 S 的单位为 V·A；电阻 R 的单位为 Ω；电导 G 的单位为 S；电感 L 的单位为 H；电容 C 的单位为 F；时间 t 的单位为 s 等。

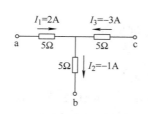

图 1-24　练习与思考 1.3.1 的图

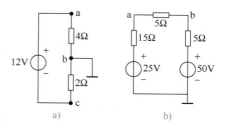

图 1-25　练习与思考 1.3.2 的图

1.4　无源电路元件

本节讨论电阻、电感和电容 3 种无源电路元件的基本概念及其伏安特性。

1.4.1　电阻元件

电阻元件（简称电阻）是表征消耗能量的元件，其两端电压和通过它的电流之间的关系称为伏安特性。根据电阻元件的伏安特性呈线性还是非线性，可以把电阻元件分为线性电阻和非线性电阻两类。

1. 线性电阻

当电阻两端的电压与通过它的电流成正比时，其伏安特性曲线为直线，此类电阻称为线性电阻，其电阻值为常数。当电压和电流的参考方向如图 1-26a 所示选择一致时（采用关联参考方向），线性电阻的伏安特性可表示为

$$u = iR \tag{1-12}$$

或直流情况下

$$U = IR \tag{1-13}$$

在以电压为横坐标、电流为纵坐标的平面直角坐标系中，线性电阻的伏安特性为过原点的一条直线，如图 1-26b 所示，此直线的斜率为

$$G = \frac{\mathrm{d}i}{\mathrm{d}u} = \frac{i}{u} = \frac{1}{R}$$

可见，用参数 R 或 G 就可以描述一个线性电阻的伏安特性。在国际单位中，电阻的单位为欧姆（Ω）。电阻的倒数 $G = 1/R$ 称为电导，单位为西门子，简称为西（S）。

当电压和电流采用关联参考方向时，电阻的功率 $p = ui$ 表示的是电阻吸收的功率。将其伏安特性代入，则有

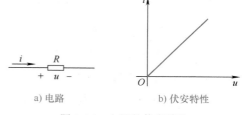

a) 电路　　　　　b) 伏安特性

图 1-26　电阻的伏安特性

$$p = ui = i^2 R = \frac{u^2}{R} \tag{1-14}$$

从式（1-14）可以看出，p 恒为正值，即电阻总是吸收功率。电阻从电路吸收能量，并将其转化为热能，此过程是不可逆的，所以电阻为耗能元件。电阻在一段时间（ $t_1 \sim t_2$ ）

内所吸收的能量为

$$W = \int_{t_1}^{t_2} p\mathrm{d}t = \int_{t_1}^{t_2} ui\mathrm{d}t = \int_{t_1}^{t_2} \frac{u^2}{R}\mathrm{d}t = \int_{t_1}^{t_2} i^2 R\mathrm{d}t \qquad (1\text{-}15)$$

2. 非线性电阻

当电阻两端的电压与通过它的电流之间呈非线性关系时，其伏安特性不是一条直线，此类电阻称为非线性电阻，其电阻值不是常数。例如，二极管的伏安特性是一条曲线。非线性电阻的伏安特性一般用函数表达式 $u = f(i)$ 或 $i = f(u)$ 来表示，还可以采用坐标系里的曲线来表示，如图 1-27 所示。

在某些情况下，需要讨论非线性电阻阻值的大小，这时有两点需要注意。

1）非线性电阻有两种定义，一种为直流电阻（静态电阻），另一种为交流电阻或动态电阻。

直流电阻定义为 $$R = \frac{u}{i} \qquad (1\text{-}16)$$

交流电阻定义为 $$r = \frac{\mathrm{d}u}{\mathrm{d}i} \qquad (1\text{-}17)$$

从图 1-28 所示的伏安特性曲线上看，直流电阻 R 是曲线上某一点 P 与原点连线 l_1 斜率的倒数。交流电阻 r 则是曲线上某一点 P 的切线 l_2 斜率的倒数。对于线性电阻，R 和 r 是相等的。而对于非线性电阻，一般来说直流电阻和交流电阻的值是不相等的。

2）非线性电阻的阻值（直流电阻或交流电阻）是随电压或电流的大小不同而不同的。

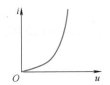

图 1-27　非线性电阻的伏安特性

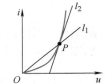

图 1-28　直流电阻与交流电阻的伏安特性

因此，当涉及非线性电阻的阻值时，一定要明确是直流电阻还是交流电阻；另外是在多大电流或电压情况下的电阻。

3. 电阻的串联与并联

如果电路中有两个及以上电阻一个接一个地顺序相连，并且在这些电阻中通过同一电流，则这样的连接法就称为电阻的串联。图 1-29a 所示是两个电阻串联的电路。

两个串联电阻可用一个等效电阻 R 来代替，如图 1-29b 所示，等效的条件是在同一电压 U 的作用下电流 I 保持不变。等效电阻等于各个串联电阻之和，即

$$R = R_1 + R_2 \qquad (1\text{-}18)$$

串联电阻上电压的分配与电阻成正比，即

$$\begin{cases} U_1 = R_1 I = \dfrac{R_1}{R_1 + R_2} U \\[3mm] U_2 = R_2 I = \dfrac{R_2}{R_1 + R_2} U \end{cases} \qquad (1\text{-}19)$$

如果电路中有两个或以上电阻连接在两个公共的节点之间，则这样的连接法就称为电阻的并联，各个并联支路（电阻）上承受同一电压。图 1-30a 是两个电阻并联的电路。

两个并联电阻也可用一个等效电阻 R 来代替，如图 1-30b 所示。等效电阻的倒数等于各个并联电阻的倒数之和，即

$$\frac{1}{R} = \frac{1}{R_1} + \frac{1}{R_2} \qquad (1\text{-}20)$$

两个并联电阻上电流的分配与电阻成反比。电流分别为

$$\begin{cases} I_1 = \dfrac{U}{R_1} = \dfrac{RI}{R_1} = \dfrac{R_2}{R_1 + R_2} I \\[3mm] I_2 = \dfrac{U}{R_2} = \dfrac{RI}{R_2} = \dfrac{R_1}{R_1 + R_2} I \end{cases} \qquad (1\text{-}21)$$

并联的电阻越多（负载增加），则总电阻越小，电路中总电流和总功率也就越大。但是每个负载的电流和功率却没有变动。需要强调指出的是，式（1-21）的分流公式在后续电路分析计算中会经常用到，希望大家切实掌握。

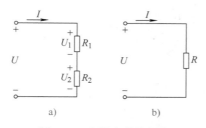

图 1-29　电阻串联的电路

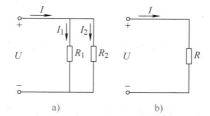

图 1-30　电阻并联的电路

1.4.2　电感元件

电感元件（简称电感）是表征储存磁场能量的理想元件。

当电流通过电感元件时，其周围将产生磁场。用磁通 Φ 表示磁场的强弱，若线圈有 N 匝，则磁链 $\psi = N\Phi$，电感元件（线圈）的电感（自感）定义为

$$L = \frac{\psi}{i} \quad \text{或} \quad L = \frac{\mathrm{d}\psi}{\mathrm{d}i} \qquad (1\text{-}22)$$

式中，ψ 为磁链，对于线性电感，即 L 为常数时，上述两种定义是一致的。国际单位制中，电感的单位为亨利（H），磁通的单位为韦伯（Wb）。

1.电感元件的伏安特性

如上所述，电感通以电流 i，在其周围就会产生磁场。图 1-31 所示电路中，若电流发生变化，必然引起磁场变化。变化的磁场将在电感中产生感应电动势，用 e_L 表示。依据法拉第电磁感应定律和楞次定律，感应电动势的大小正比于磁链的变化率。感应电动势的方向应是阻碍电感中电流的变化。如果取电感两端电压的参考方向与其电流的参考方向为关联参考方向，感应电动势与电流的参考方向也取为一致，则对于线性电感

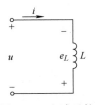

图 1-31　电感元件

$$e_L = -\frac{\mathrm{d}\psi}{\mathrm{d}t} = -L\frac{\mathrm{d}i}{\mathrm{d}t} \tag{1-23}$$

根据基尔霍夫电压定律有 $u+e_L=0$，则

$$u = -e_L = L\frac{\mathrm{d}i}{\mathrm{d}t} \tag{1-24}$$

式（1-24）为电感元件的伏安特性表达式。它表明，线性电感元件的端电压 u 与电流 i 的变化率成正比，而与电流的大小和方向都无关。所以它是一种动态元件。如果通过电感元件的电流是直流，则 $u = L\frac{\mathrm{d}i}{\mathrm{d}t} = 0$。因此，在直流电路中，电感元件相当于短路。

2.电感元件的能量及功率

将式（1-24）等号两边同乘以 i，整理并积分，可得

$$\int_0^t ui\mathrm{d}t = \int_0^i Li\mathrm{d}i = \frac{1}{2}Li^2 \tag{1-25}$$

在电压、电流关联参考方向下，电感元件吸收的电功率为

$$p = ui = Li\frac{\mathrm{d}i}{\mathrm{d}t} \tag{1-26}$$

若电流 i 从零增加到 I 值，电感元件吸收的电能为

$$W = \int_0^I Li\mathrm{d}i = \frac{1}{2}LI^2 \tag{1-27}$$

若电流 i 从 I 减小到零值，电感元件吸收的电能为

$$W' = \int_I^0 Li\mathrm{d}i = -\frac{1}{2}LI^2 \tag{1-28}$$

由式（1-27）和式（1-28）可知，电感元件吸收的能量有正有负。吸收的电能为负，意味着放出能量。因此当电流增加时，电感元件从电路吸收电能，转化为磁场能储存起来；当电流减小时，释放磁场能量转化为电能送还给电源。可见，电感元件本身不消耗能量，只储存能量，因而它是一种储能元件。

1.4.3　电容元件

电容元件（简称电容）是储存电场能量的理想元件。

当电容元件两端施加电压时，它的极板上就会储存电荷，如果电荷和电压之间是线性函数关系，则称为线性电容。若电容元件的电荷和电压之间不是线性函数关系，则称为非线性电容。

线性电容的特性方程为

$$C = \frac{q}{u} \quad 或 \quad C = \frac{\mathrm{d}q}{\mathrm{d}u} \tag{1-29}$$

电容的单位是法拉（F），由于法拉单位太大，通常用微法（$\mu\mathrm{F} = 10^{-6}\mathrm{F}$）和皮法（$\mathrm{pF} = 10^{-12}\mathrm{F}$）作为电容的单位。

1. 电容元件的伏安特性

电流的定义为 $i = \dfrac{\mathrm{d}q}{\mathrm{d}t}$，电荷 q 是指流过导体截面的电荷，电流 i 即为极板上电荷的增加率，代入电容的特性方程，在图 1-32 所示的电压和电流参考方向下，可得电容元件的伏安特性方程，即

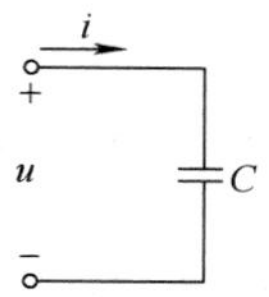

$$i = C\frac{\mathrm{d}u}{\mathrm{d}t} \tag{1-30}$$

图 1-32　电容元件

式（1-30）表明，线性电容元件的电流 i 与电压 u 的变化率成正比，与电压的大小和方向都无关。显然，它也是一种动态元件。

在直流电路中，电容的端电压为一常数。因此，流经电容的电流 $i = C\dfrac{\mathrm{d}u}{\mathrm{d}t} = 0$，电压不为零而电流为零，电容元件相当于开路。

2. 电容元件的能量及功率

将式（1-30）两边同乘以 u，整理并积分，可得

$$\int_0^t ui\mathrm{d}t = \int_0^u Cu\mathrm{d}u = \frac{1}{2}Cu^2 \tag{1-31}$$

在电压、电流关联参考方向下，电容元件吸收的电功率为

$$p = ui = Cu\frac{\mathrm{d}u}{\mathrm{d}t} \tag{1-32}$$

若在 $[0, t]$ 时间内，电容电压从零升高到 U，电容吸收的电能为

$$W = \int_0^t p\mathrm{d}t = \int_0^U Cu\mathrm{d}u = \frac{1}{2}CU^2 \tag{1-33}$$

若电容电压在相同时间由 U 下降到零，电容元件吸收的电能则为

$$W' = \int_0^t p\mathrm{d}t = \int_U^0 Cu\mathrm{d}u = -\frac{1}{2}CU^2 \tag{1-34}$$

由式（1-33）和式（1-34）可知，电容元件吸收的能量同样有正有负。W' 为负值，表明电容放出能量，电容元件将储存的电场能转换为电能返还给电源系统。比较以上两式，电容元件吸收的电能与放出的能量相等，故电容元件不消耗电能，也是储能元件。

【练习与思考】

1.4.1 认真总结电阻元件、电感元件和电容元件的伏安特性关系式，并说明它们表示的意义。

1.4.2 一个真实的电路元件在电路分析时总是用一个或几个理想元件的电路模型来等效，在不同的情况下，同一电路元件的模型是不一样的。试思考实际的电感线圈和白炽灯泡它们在交流和直流电压作用下对应的四种电路模型有何不同？

1.4.3 在直流电路中，理想电感元件的端电压为零，它是否可能储有能量？通过电容元件的电流为零时，它是否可能储有能量？

1.4.4 在图 1-31 中，如果电感元件的电动势参考方向与图中标定相反，请列出基尔霍夫电压定理表达式，最后求解出电感元件两端电压与电动势的关系式。

1.5 有源电路元件

向电路提供电能的元件称为有源电路元件。有源电路元件分为独立电源和受控电源两大类。独立电源能独立地向外电路提供电能，不受其他支路电压或电流的影响。受控电源向外电路提供的电能是受其他支路的电压或电流控制的。本节只介绍独立电源。

一个实际的电源可以用两种不同的电路模型来表示。一种是电压的形式，称为电压源；一种是电流的形式，称为电流源。

1.5.1 电压源

任何一个实际的电源，如干电池、蓄电池和发电机等，不仅能产生电能，而且在能量转换过程有功率损耗，即含有电动势和一定的内阻，如图 1-33a 所示。为了把电源的这两种特性表现得更加清楚，在分析计算电路时，通常用一个电动势 U_S 和一个内阻 R_0 的串联电路模型来描述电源，称为电压源，如图 1-33b 所示。如果内阻 $R_0 = 0$，则称这个电压源为理想电压源，如图 1-33c 所示。理想电压源的特性用一个参数就可以完全描述，即理想电压源的电压值 U_S。一般的电压源可以看作是一个内阻 R_0 和一个理想电压源 U_S 的串联电路。

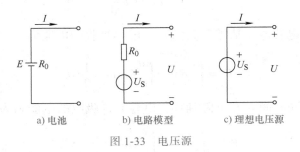

a) 电池   b) 电路模型   c) 理想电压源

图 1-33 电压源

当电压源接上负载时，电路中就有电流通过，如图 1-34a 所示，其中电压源的输出电流为 I，端电压为 U，依据 KVL 可列出

$$U = U_S - IR_0 \tag{1-35}$$

式（1-35）反映了电压源输出电流与端电压之间的关系，称为电压源的外特性。外特性除了可以用函数表达式来表示外，还可用直角坐标系中的曲线来表示，如图 1-34b 所示。电压源的外特性曲线为一条直线。

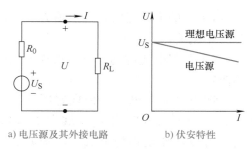

a) 电压源及其外接电路　　　b) 伏安特性

图 1-34　电压源的外特性

从电压源的外特性曲线可以看出，当端电压 $U=0$，即电压源输出端短路时，$I=U_S/R_0$；当 $I=0$，即电压源输出端开路时，$U=U_S$。由曲线图可以看出，随着电流 I 的增大，内阻 R_0 上的电压降增大，U 随之下降的值也增大。若内阻 R_0 愈大，在同样的 I 值的情况下，U 值下降愈大，直线的倾斜程度愈大，这种电源的外特性就愈差。

对于理想电压源，由于内阻 $R_0=0$，则端电压和输出电流的关系为

$$U = U_S \tag{1-36}$$

它的外特性曲线为一条水平直线。理想电压源具有以下两个基本性质。

1）理想电压源的端电压是恒定的，始终等于 U_S，与流过它的电流无关。

2）理想电压源输出电流 I 的大小由连接它的外部电路决定。

理想电压源是一种理想情况，实际上，如果一个电源的内阻远小于负载电阻，即 $R_0 \ll R_L$ 时，可以认为该电源为理想电压源。例如实验室常用的稳压电源，通常认为是理想电压源。若理想电压源 U_S 为零时，则理想电压源为一短路元件，即此时该电压源相当于一根电阻为零的理想导线，此种情况虽然实际中不存在，但零值电压源相当于短路的概念，在后续电路分析中会常遇到。

1.5.2　电流源

任何一个电源除了可以用一个电动势和一个内阻串联的电压源来表示外，还可以用一个理想电流源和一个内阻并联的电路形式来描述，此即电流源，如图 1-35a 所示。其中，电流源的输出电流为 I，端电压为 U，内阻 R_0 中的电流为 I_0，依据 KCL 可列出

$$
\begin{aligned}
I &= I_S - I_0 \\
I &= I_S - \frac{U}{R_0}
\end{aligned}
\tag{1-37}
$$

式（1-37）反映了电流源输出电流与端电压之间的关系，称为电流源的外特性。由此可画出电流源的外特性曲线，如图 1-35b 所示，它在横轴上的截距就是理想电流源的值 I_S，直线的斜率为 $-R_0$，所以内阻 R_0 越大，直线就越陡，电流源的外特性就越好。

理想电流源的内阻等于无穷大，它的输出电流为

$$I = I_S \tag{1-38}$$

理想电流源的外特性曲线是与纵轴平行的一条直线，如图 1-35b 所示。理想电流源也具有两个基本性质。

1）它的输出电流是恒定值 I_S ，与其端电压的大小无关。

2）理想电流源的端电压由连接它的外部电路决定。

理想电流源也是一种理想情况，实际并不存在。当电流源的内阻 R_0 远大于负载电阻 R_L 时，可以看作是理想电流源。例如晶体管工作在放大区，其集电极电流就具有恒流特性。若理想电流源 I_S 为零，则理想电流源相当于开路。零值电流源相当于开路的概念，在后续电路分析中也常遇到。

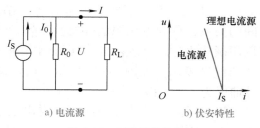

图 1-35　电流源的外特性

【例 1-7】求图 1-36 中的 I、I_1 及 I_2。已知 U_S=20V ，R_1=4Ω ，R_2=5Ω 。

【解】由于 U_S 为恒压源，并联元件不影响恒压值，即施加在 R_1 和 R_2 两端的电压均等于 U_S。因此，根据欧姆定律

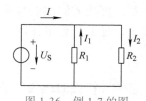

图 1-36　例 1-7 的图

$$I_1 = -\frac{U_S}{R_1} = -\frac{20}{4}\text{A} = -5\text{A}\quad（负值表明：I_1 的参考方向与实际方向相反）$$

$$I_2 = \frac{U_S}{R_2} = \frac{20}{5}\text{A} = 4\text{A}\quad（正值表明：I_2 的参考方向与实际方向相同）$$

由 KCL 定理
$$I + I_1 - I_2 = 0$$
则
$$I = I_2 - I_1 = 4\text{A} - (-5\text{A}) = 9\text{A}$$

由上述分析可知恒压源 U_S 两端电压不变，而其电流大小由外电路 R_1 和 R_2 阻值及其结构形式决定。

【例 1-8】试求图 1-37 中的电流 I_1、I_2 及电压 U 的值。已知 I_S=12A ，R=2Ω ，R_1=4Ω ，R_2=2Ω 。

【解】R 与恒流源 I_S 串联，不影响 I_S 恒流值，因此该支路电流不变等于 I_S。应用分流公式可求出

$$I_1 = \frac{R_2}{R_1 + R_2} I_S = \frac{2}{4+2} \times 12\text{ A} = 4\text{A}$$

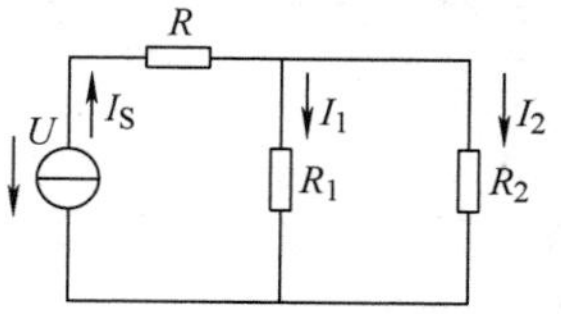

$$I_2 = \frac{R_1}{R_1 + R_2} I_S = \frac{4}{4+2} \times 12\text{ A} = 8\text{A}$$

图 1-37　例 1-8 的图

由 KVL 定理求电压 U ，此时 R 两端的电压要计算，因为恒流源两端电压的大小是外电路决定的，R 对于恒流源系外电路。故

$$U = I_S R + I_1 R_1 = 12 \times 2\text{V} + 4 \times 4\text{V} = 40\text{V}$$

【例 1-9】图 1-38 所示电路中，已知电压源电压 U_S=5V，电流源电流 I_S=10A，电阻 R=1Ω。试求：（1）R 两端的电压 U 和通过 R 的电流 I；（2）讨论电路的功率平衡关系。

【解】（1）电阻 R 与电流源串联，故

$$I = -I_S = -10\text{A} , \quad U = I \times R = -10 \times 1\text{V} = -10\text{V}$$

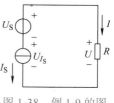

图 1-38　例 1-9 的图

（2）电路的功率平衡关系

1）由于电压源两端的电压和电流的参考方向一致，所以

$$P_{U_s} = U_s I_s = 5 \times 10\text{W} = 50\text{W} > 0$$

说明电压源处于负载状态，它吸收的功率为 50W。

2）由 KVL 可得电流源两端的电压为

$$U_{I_s} = U - U_s = -10\text{V} - 5\text{V} = -15\text{V}$$

由于电流源两端的电压和电流的参考方向一致，所以

$$P_{I_s} = I_s U_{I_s} = 10 \times (-15)\text{W} = -150\text{W} < 0$$

说明电流源处于电源状态，它输出的功率为 150W。

3）电阻 R 消耗的功率为

$$P_R = I^2 R = (-10)^2 \times 1\text{W} = 100\text{W} > 0$$

说明电阻 R 吸收的功率为 100W。

$$P_{I_s} = P_R + P_{U_s}$$

可见，电流源的输出功率等于电阻和电压源的总吸收功率，电路功率是平衡的。

【练习与思考】

1.5.1　当一个理想电压源的电压为零时，它相当于短路；而当一个理想电流源的电流为零时，它相当于开路。这种说法是否正确，为什么？

1.5.2　在分析电路时，如遇到理想电压源与理想电流源串联的情况应如何处理；如遇到理想电压源与理想电流源并联的情况又应如何处理？

1.5.3　在分析电路时，如果已知某一条支路的电流，是否可在这条支路中串联同一数值的理想电流源，这样做是否会影响其他支路的电压和电流，为什么？

1.5.4　如果已知电路中两点间的电压，是否可在这两点间并接一个同一数值的理想电压源，这样做是否会影响电路中的各电压和电流，为什么？

1.5.5　有一 10A 的理想电流源，计算它在下列情况下的输出电压及功率：（1）短路；（2）两端接一个 10Ω 的电阻；（3）开路。

1.5.6　有一 10V 的理想电压源，计算它在下列情况下的输出电流及功率：（1）开路；（2）两端接一个 10Ω 的电阻；（3）短路；（4）两端接一个 1Ω 的电阻。

1.5.3　电压源与电流源的等效互换

一个实际的电源可以用理想电压源和一个内阻相串联的形式表示，即用电压源来描述它，也可以用理想电流源和一个内阻相并联的形式表示，即用电流源来描述它。如果这两种电源模型描述的是同一个电源，那么它们的外特性应是相同的。换言之，两种电源模型是等效的，因而在一定的条件下可以等效变换，而变换后的结果不会影响其外电路的工作状态。

在此强调的是所谓电源的外特性相同，是指两种电源在其输出端上接入同样的负载时，应具有相同的输出电压和电流，这就是电压源与电流源等效变换的条件。

若已知一个电压源的 U_S、R_0，则它的外特性方程为

$$U = U_S - IR_0$$

解得

$$I = \frac{U_S}{R_0} - \frac{U}{R_0}$$

与电流源的外特性方程 $I = I_S - U/R'_0$ 相比较，可以看出，只要 $I_S = U_S/R_0$，$R'_0 = R_0$，那么电流源的外特性就和电压源的外特性一致。所以，电压源完全可以用电流源来等效。

反之，如果已知电流源，即已知 I_S、R'_0，则它的外特性方程为 $I = I_S - U/R'_0$，解得 $U = I_S R'_0 - IR'_0$，与电压源的外特性方程 $U = U_S - IR_0$ 相比较，如果 $U_S = I_S R'_0$，$R_0 = R'_0$，则电压源也可以等效为电流源。

因此，在一定的条件下，电压源和电流源可以等效替换。值得注意的是，这里所说的等效是对外电路而言的，电压源和电流源内部的情况是不同的。例如，当电压源开路时，电流 $I = 0$，电源内阻上不损耗功率；当电流源开路时，电源内部仍有电流，内阻上有功率损耗。

理想电压源和理想电流源之间不存在等效关系，对于理想电压源，内阻 $R_0 = 0$，其短路电流 I_S 为无穷大，所以不能等效为电流源。同样，对于理想电流源，内阻 $R'_0 = \infty$，其开路电压为无穷大，因此它也不能等效为电压源。

在进行电路分析时，常利用电压源和电流源的等效互换来简化电路，方便电路问题的求解。研究此类问题时要正确理解等效的意义，掌握运用基本定律简化电路的方法和步骤。

【例 1-10】 图 1-39a 所示电路中，已知电压源电压 $U_{S1} = 8V$，$U_{S2} = 4V$，电阻 $R_1 = R_2 = 4\Omega$，$R = 1\Omega$，试求电路中的电流 I。

【解】 利用电压源与电流源的等效互换化简电路，求得电流 I。

（1）把电路中的电压源和电阻的两条串联支路分别等效为两个电流源，如图 1-39b 所示。

（2）把图 1-39b 所示的两个并联电流源合并，如图 1-39c 所示。

（3）再把图 1-39c 中的电流源等效变换为电压源，如图 1-39d 所示。则解得 $I = \dfrac{6}{2+1}A = 2A$。

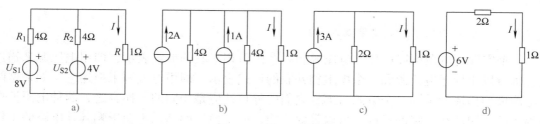

图 1-39　例 1-10 的图

【例 1-11】 电路如图 1-40a 所示，已知 $U_{S1}=10V$，$I_S=5A$，$U_{S2}=30V$，$R_1=1\Omega$，$R_2=8\Omega$，$R_3=1\Omega$，$R_4=6\Omega$，$R_5=4\Omega$，$R_L=6\Omega$，试求通过 R_L 的电流 I。

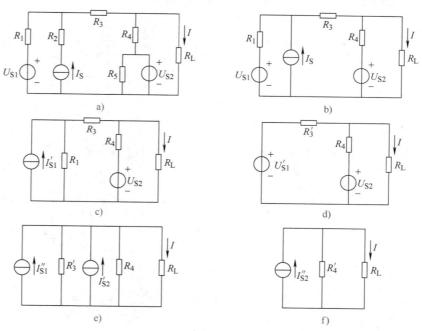

图 1-40　例 1-11 的图

【解】 （1）图 1-40a 所示电路，首先依据理想电流源的恒流特性，可将与理想电流源 I_S 串联的电阻 R_2 除去，并不影响该支路的电流；同样，依据理想电压源的恒压特性，可将与理想电压源 U_{S2} 并联的电阻 R_5 除去，也不会影响该并联电路两端的电压。简化后的电路如图 1-40b 所示。

（2）利用电压源和电流源的等效变换，将图 1-40b 最左边电压源（ U_{S1}、R_1 串联电路）等效变换为电流源并与理想电流源 I_S 合并得到电流源（ I'_{S1}、R_1 并联支路），如图 1-40c 所示。其中 $I'_{S1}=I_S+\dfrac{U_{S1}}{R_1}=15A$。

（3）将电流源（ I'_{S1}、R_1 并联支路）等效变换为电压源，并将电阻 R_1 与 R_3 串联得到电压源（ U'_{S1}、R'_3 串联电路），如图 1-40d 所示。其中 $U'_{S1}=R_1 I'_{S1}=15V$，$R'_3=R_1+R_3=2\Omega$。

（4）再将图 1-40d 所示电压源（ U'_{S1}、R'_3 串联电路和 U_{S2}、R_4 串联电路）等效变换成电流源（ I''_{S1}、R'_3 并联电路和 I'_{S2}、R_4 并联电路），如图 1-40e 所示。其中

$I''_{S1}=\dfrac{U'_{S1}}{R'_3}=7.5A$，$I'_{S2}=\dfrac{U_{S2}}{R_4}=5A$。将两个电流源合并（ I''_{S2}、R'_4 并联电路），如图 1-40f 所示，$I''_{S2}=12.5A$，$R'_4=1.5\Omega$。最终运用分流公式解

例题分析

得 $I=\dfrac{1.5}{6+1.5}\times 12.5A=2.5A$。

【练习与思考】

1.5.7 将图 1-41 中的电压源变换成电流源，电流源变换成电压源。

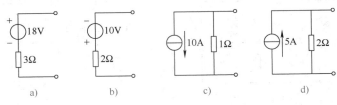

图 1-41　练习与思考 1.5.7 的图

1.5.8 试用一个理想电压源或理想电流源表示图 1-42 所示的各电路。

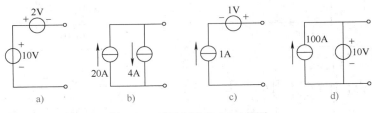

图 1-42　练习与思考 1.5.8 的图

1.6 电气设备的额定值及电路的工作状态

1.6.1 电气设备的额定值

为了使电气设备能在给定的工作条件下正常运行，制造厂家都会对产品的使用条件进行规定。通常电气设备的寿命与绝缘材料的耐热性能和绝缘强度有关。如果通过设备的电流过大，会引起发热，损坏绝缘材料甚至烧坏设备。如果所加的电压过高，则会将电气设备的绝缘击穿，从而损坏设备。相反地，如果电压过低，电流过小，那么设备的使用效率较低，不经济。额定值是电气设备的制造厂家全面考虑产品的经济性、可靠性及寿命等条件规定的设备的正常运行参数。当设备在额定值下工作时称为满载，超过额定值工作时称为超载。考虑到额定值的安全系数，一般短时间少量的超载是允许的，超载严重就会损坏设备。

额定值通常标在设备的铭牌上或附在说明书中，所以在使用电气设备之前必须仔细阅读铭牌和说明书。

额定值一般有额定电压、额定电流、额定功率、额定频率和额定转速等。对于每一种电气设备，它的某些物理量之间又有着明确的关系。例如电热水壶的电压（U）、电流（I）、功率（P）之间有 $P=UI$，因此电热水壶生产厂只需给出额定电压、额定功率及电流频率（如 1000W、220V、50Hz），那么额定电流则可由额定功率和额定电压算出。

【例 1-12】有一个额定值为 10W、1000Ω 的线绕电阻，求其额定电流为多少？使用时电压不得超过多少？

【解】由功率计算公式 $P=UI=I^2R$，得

$$I = \sqrt{\frac{P}{R}} = \sqrt{\frac{10}{1000}}A = 0.1A$$

额定电压 $U = IR = 0.1 \times 1000V = 100V$，即该线绕电阻的额定电流为 0.1A，因此，使用时电压不得超过 100V。

【例 1-13】一白炽灯的额定值为 220V、60W，接在 220V 的电源上，试求：（1）白炽灯的电阻和通过的电流；（2）如果有多盏相同的白炽灯，应如何连接在电源上，此时电路的电流为多少？

【解】（1）由 P 和 U 的额定值可得通过白炽灯的电流

$$I = \frac{P}{U} = \frac{60}{220}A \approx 0.273A$$

白炽灯的电阻为
$$R = \frac{U}{I} = \frac{220}{0.273}\Omega \approx 806\Omega$$

（2）如有多盏相同的白炽灯，为了使它们正常工作，多盏灯应并联接在电源两端。设有 n 盏灯，则通过电路的总电流为

$$I_Z = nI = 0.273n A$$

1.6.2　电路的工作状态

电源与负载电阻相连构成一个简单的电路，如图 1-43 所示。根据负载电阻的不同（$R_L = 0$，$R_L = \infty$，以及 R_L 为一大于零的有限值），电路可以分为有载、开路和短路 3 种工作状态。

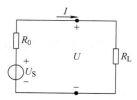

图 1-43　电路的有载工作状态

1. 有载工作状态

图 1-43 所示电路的左边为一电压源，电流 I 是电压源的输出电流，电压 U 是电压源的端电压，那么 U 和 I 一定满足电压源的外特性，即

$$U = U_S - IR_0 \tag{1-39}$$

电路的右边是一电阻 R_L，电流 I 是流过电阻的电流，电压 U 是电阻的端电压，则 U 和 I 也满足电阻的伏安特性，即

$$U = IR_L \tag{1-40}$$

由式（1-39）和式（1-40），得

$$\begin{cases} I = \dfrac{U_S}{R_0 + R_L} \\ \\ U = IR_L = U_S - IR_0 \end{cases} \tag{1-41}$$

电压 U 和电流 I 是电路的实际工作电压和电流，称为电路的工作点。

式（1-39）两端乘以 I，得

$$UI = U_S I - I^2 R_0$$

即
$$P = P_S - \Delta P \qquad (1\text{-}42)$$

式（1-42）为电路的功率平衡方程式，其中，$P_S = U_S I$ 是理想电压源发出的功率，$\Delta P = I^2 R_0$ 是电压源的内阻上所消耗的功率，$P = UI$ 是电压源输出的功率，即负载所得到的功率。

【例 1-14】 已知某电源的开路电压为 200V，电源内阻为 50Ω。（1）如果把一个电阻值为 200Ω 的负载接到此电源上，求输出电流、端电压，验证功率关系；（2）试求负载电阻值为多大时，负载获得最大功率？

【解】（1）电路输出电流和电压分别为

$$I = \frac{U_S}{R_L + R_0} = \frac{200}{200 + 50}A = 0.8A$$

$$U = I R_L = 0.8 \times 200V = 160V$$

理想电压源发出的功率为

$$P_S = U_S I = 200 \times 0.8W = 160W$$

负载得到的功率为

$$P = UI = 160 \times 0.8W = 128W$$

内阻上消耗的功率为

$$\Delta P = I^2 R_0 = 0.8^2 \times 50W = 32W$$

所以
$$P_S = P + \Delta P$$

（2）负载得到的功率为

$$P = UI = I^2 R_L = \left(\frac{U_S}{R_L + R_0} \right)^2 R_L = \frac{U_S^2 R_L}{(R_L + R_0)^2}$$

$$\frac{\partial P}{\partial R_L} = \frac{U_S^2 (R_L + R_0)^2 - 2U_S^2 R_L (R_L + R_0)}{(R_L + R_0)^4}$$

$$= \frac{U_S^2 (R_L + R_0 - 2R_L)}{(R_L + R_0)^3} = \frac{U_S^2 (R_0 - R_L)}{(R_L + R_0)^3}$$

令 $\dfrac{\partial P}{\partial R_L} = 0$，则有
$$R_L = R_0 = 50\Omega$$

当负载的阻值等于电源内阻时，负载获得最大功率，而且，这时负载的功率和电源内阻所消耗的功率相同，即

$$P = UI = I^2 R_L = I^2 R_0 = \Delta P$$

在上述情况下，电源的效率只有 50%，这在电力系统是不允许的。但在弱电系统中，许多信号处理和传输环节则是希望达到的，此种情况称为阻抗匹配。

【**例 1-15**】在图 1-44a 所示电路中，已知电压源内阻 $R_0 = 600\Omega$，开路电压为 3V，与一个二极管 VD 相连接，二极管的伏安特性如图 1-44b 所示。试求二极管两端电压 U 和通过的电流 I。

【**解**】电压源的外特性为

$$U = U_S - IR_0 = 3V - 600\Omega \times I$$

若二极管的伏安特性为 $U = f(I)$，则 U、I 之间的关系既要满足电源外特性，又要满足二极管的伏安特性，因此对上述两式联立求解，即可得到 U 和 I。

在本题中，二极管的伏安特性是用曲线形式给出的，所以此问题可用图解法求解。

在画有二极管的伏安特性的坐标上，画出电压源的外特性曲线。因为 U、I 一定满足电源外特性，同时 U、I 又满足二极管的伏安特性，所以电路的工作点应为两条曲线的交点，该交点就是电路的工作点。交点的坐标为实际工作的电流 I 和电压 U。

由图 1-44 可得

$$U = 1.5V, \quad I = 2.5mA$$

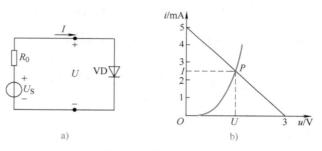

图 1-44　例 1-15 的图

2. 开路

当负载电阻为无穷大时电路的工作状态为开路，也称为空载，此时

$$\begin{cases} R_L = \infty \\ I = 0 \\ U = U_S - IR_0 = U_S \end{cases} \tag{1-43}$$

开路时，电压源的端电压就等于理想电压源的值。由于电流等于零，理想电压源发出的功率 $P_S = U_S I = 0$，电源内阻所消耗的功率 $\Delta P = I^2 R_0 = 0$，电压源输出功率 $P = UI = 0$。

3. 短路

当负载电阻 $R_L = 0$ 时电路的工作状态为短路。此时电压源输出的电流称为短路电流，用 I_0 表示，即

$$I_0 = \frac{U_S}{R_0} \tag{1-44}$$

一般情况下，电源内阻 R_0 很小，因此通过的电流 I_0 很大。此时电路的端电压 $U = 0$，电压源输出的功率 $P = UI = 0$，理想电压源发出的功率 $P_S = U_S I$ 将非常大，这些功率全部

消耗在电源内阻 R_0 上，从而会导致电源、导线等由于过热而烧坏，甚至引起火灾等事故。

必须注意，短路是一种严重的事故。为了防止短路事故，一般在电路中接入熔断器或自动断路器，以便电路在发生短路时迅速切断电源，使之成为开路从而避免电源设备烧坏等事故的发生。

在电工电子技术中，为了某种需要，如改变一些参数的大小，可将部分电路或某些元件两端予以短接，这种人为的短接应该与短路事故严格区别。

【例 1-16】 有一电源设备，额定输出功率为 400W，额定电压为 110V，电源内阻 R_0 为 1.38Ω，当所接负载电阻分别为 50Ω、10Ω 以及不慎发生短路事故时，试求电源电动势、输出电流及上述不同负载情况下电源输出的功率。

【解】（1）先求电源的额定电流 I_N，即

$$I_N = \frac{P_N}{U_N} = \frac{400}{110}A \approx 3.64A$$

再由式（1-39）求出电动势 U_S，即

$$U_S = U_N + I_N R_0 = 110V + 3.64 \times 1.38V \approx 115V$$

（2）当 $R_L = 50\Omega$ 时，可由式（1-41）求出电路中的电流 I，即

$$I = \frac{U_S}{R_L + R_0} = \frac{115}{50 + 1.38}A \approx 2.24A < I_N$$

电源轻载。

求出电源输出的功率为

$$P = UI = I^2 R_L = 2.24^2 \times 50W = 250.88W$$

（3）当 $R_L = 10\Omega$ 时，求得

$$I' = \frac{U_S}{R_L + R_0} = \frac{115}{10 + 1.38}A \approx 10.11A > I_N$$

此种情况属于电源过载，这是不允许的，此时电源输出的功率为

$$P = UI' = I'^2 R_L = 10.11^2 \times 10W \approx 1022.12W > P_N（过载）$$

（4）电路发生短路，此时，可求出电源的短路电流 I_0，由式（1-44）得

$$I_S = \frac{U_S}{R_0} = \frac{115}{1.38}A \approx 83.33A \approx 23I_N$$

由上例计算，短路电流近似为额定电流的 23 倍，如此大的短路电流，如不采取保护措施迅速切断电路，电源及导线等将会遭到破坏，这种情况是绝对不允许的。

【练习与思考】

1.6.1 有新、旧电池各一块，用电压表（其内阻可视为无穷大）分别测量其电压值读数都是 1.5V 左右，但接上额定电压为 1.5V 的小灯泡时，新电池作电源时灯泡的亮度远

远大于旧电池，试解释其原因。

　　1.6.2　额定值为 2W、100Ω 的碳膜电阻，在使用时电流和电压不得超过多大数值？

　　1.6.3　设某电源的额定功率为 50kW，端电压为 220V，当只接一盏 220V、60W 的节能灯时，该电源输出功率为多少？灯会不会被烧坏？

　　1.6.4　有两只额定值分别为 110V、60W，110V、40W 节能灯，能否将它们串联后接在 220V 的电源上？并说明理由。

1.7　支路电流法

　　所谓电路分析，其基本任务是在已知电路结构和电路元件参数的条件下，求解电路中某些支路的电压或电流，或借助于计算结果来阐明其物理现象的本质。电路分析的方法有多种，常用的如支路电流法、叠加原理、戴维南定理等。

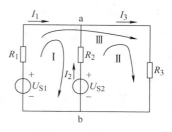

图 1-45　支路电流法

　　支路电流法是以电路中各支路的电流为变量，应用基尔霍夫电流定律（KCL）和基尔霍夫电压定律（KVL）列方程，通过联立方程求解各支路电流的方法，它是分析电路最基本的方法。图 1-45 所示的电路有 3 条支路，设 3 条支路的电流分别为 I_1、I_2 和 I_3，它们的参考方向在图中已标出。

　　首先利用 KCL 对电路的节点列方程。

节点 a $$I_1 + I_2 - I_3 = 0 \tag{1-45}$$

节点 b $$-I_1 - I_2 + I_3 = 0 \tag{1-46}$$

式（1-45）即为式（1-46），说明其中一个方程为非独立方程。

　　一般地说，对于一个具有 n 个节点的电路，利用 KCL 可以列出 $(n-1)$ 个独立的方程，即具有 $(n-1)$ 个独立节点。

　　再利用 KVL 列出回路电压方程。

回路 Ⅰ $$R_1 I_1 - R_2 I_2 + U_{S2} - U_{S1} = 0 \tag{1-47}$$

回路 Ⅱ $$R_2 I_2 + R_3 I_3 - U_{S2} = 0 \tag{1-48}$$

回路 Ⅲ $$R_1 I_1 + R_3 I_3 - U_{S1} = 0 \tag{1-49}$$

　　上述 3 个方程只有两个独立方程。同样可以证明，对于有 b 条支路 n 个节点的电路，利用 KVL 可列出 $b-(n-1)$ 个独立的方程，即具有 $b-(n-1)$ 个独立回路。

　　对于一个电路来说，回路数有可能比独立回路数大得多，那么如何选取独立回路呢？一般对于平面网络（电路可以画在一个平面上而不使任何两支路交叉），可选网孔作为独立回路，如图 1-45 中有 2 个网孔，网孔数就等于独立回路数：$b-(n-1) = 3-(2-1) = 2$。在电路中对所有的网孔列回路方程，就可以方便地得到 $b-(n-1)$ 个独立回路方程。对于非平面电路，一般先任选一回路，在其后所选的每一回路中，至少具有一条在已选的回路中没有出现过的新支路，这样选出的 $b-(n-1)$ 个回路一定是独立的。

　　总之，对于具有 n 个节点 b 条支路的电路，应用 KCL 可以列出 $(n-1)$ 个独立节点方程，应用 KVL 可列出 $b-(n-1)$ 个独立回路方程，方程总数为 $(n-1)+[b-(n-1)] = b$，恰好等于支路数，也就是变量数，所以方程组有唯一的解。在图 1-45 所示的电路，可列出 1 个独立的节点方程，2 个独立的回路方程，因此独立方程总数为 3 个，即

$$\begin{cases} I_1 + I_2 - I_3 = 0 \\ R_1 I_1 - R_2 I_2 + U_{S2} - U_{S1} = 0 \\ R_1 I_1 + R_3 I_3 - U_{S3} = 0 \end{cases}$$

只要求解上述方程组就可求得 3 个支路电流。

支路电流法是分析求解电路最基本的方法，在电路分析中应用广泛。但是当电路的支路数目较多时，要解的方程数目相应增加，因而手工计算工作量增大，而显得烦琐。当然，若借助计算机来分析计算，此问题可以迎刃而解。

【例 1-17】试求图 1-46 所示电路中各支路的电流。已知 $U_{S1} = 12V$，$U_{S2} = 24V$，$U_{S3} = 64V$，$R_1 = 3\Omega$，$R_2 = 6\Omega$，$R_3 = 4\Omega$，$R_4 = R_5 = 8\Omega$。

【解】图 1-46 电路共有节点数 $n=3$，支路数 $b=5$，共需建立 5 个独立方程。其中按 KCL 对节点可以列出 $n-1=2$ 个独立节点方程，按 KVL 对网孔可列出 $b-(n-1)=3$ 个独立回路方程。设各电压和电流的参考方向如图 1-46 所示，则

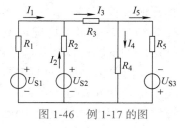

图 1-46　例 1-17 的图

可列出独立节点方程为

$$I_1 + I_2 = I_3$$

$$I_3 = I_4 + I_5$$

用网孔作为独立回路列方程，各回路均按顺时针方向，则

$$R_1 I_1 - R_2 I_2 + U_{S2} - U_{S1} = 0$$

$$R_2 I_2 + R_3 I_3 + R_4 I_4 - U_{S2} = 0$$

$$-R_4 I_4 + R_5 I_5 - U_{S3} = 0$$

代入数值有

$$\begin{cases} I_1 + I_2 - I_3 = 0 \\ I_3 - I_4 - I_5 = 0 \\ 3I_1 - 6I_2 = 12 - 24 \\ 6I_2 + 4I_3 + 8I_4 = 24 \\ -8I_4 + 8I_5 = 64 \end{cases}$$

解得，$I_1 = 1.86A$，$I_2 \approx 2.93A$，$I_3 = 4.79A$，$I_4 \approx -1.59A$，$I_5 = 6.41A$。

【例 1-18】图 1-47 所示为一电桥形式的电路。$U_S = 12V$，$R_1 = R_2 = R_4 = 5\Omega$，$R_3 = 10\Omega$（称此 4 个电阻为桥臂电阻）。$U_S$ 加在桥对角 a、d 两端，另一桥对角 b、c 之间接一电流计，电流计的内阻 $R_5 = 10\Omega$。试求电流计中的电流 I_5。

【解】该电路共有 6 条支路，4 个节点。以支路电流为变量，共有 6 个变量。

可列 3 个独立节点列方程，如 a、b、c 节点，则

$$I_1 + I_2 = I$$
$$I_3 + I_5 = I_1$$
$$I_2 + I_5 = I_4$$

对网孔列独立回路电压方程，设按顺时针方向，则

$$R_2I_2 - R_5I_5 - I_1R_1 = 0$$
$$R_4I_4 + R_5I_5 - I_3R_3 = 0$$
$$I_1R_1 + I_3R_3 - U_S = 0$$

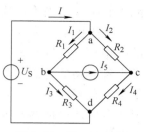

图 1-47　例 1-18 的图

6 个变量列出 6 个方程，联立求解方程即可得到所有的支路电流。

代入已知数，得

$$I_5 \approx 0.126\text{A}$$

由此例可见，当电路的支路较多而又只需要求解某一支路的电流时，用支路电流法计算步骤较烦琐。将在后续 1.8、1.9 节中讨论运用其他方法进行计算。

【例 1-19】写出图 1-48 所示电路的电压方程 U_{AB}。

【解】在图示电路中，取节点 B 作为参考点，U_{AB} 则称为节点电位。

依 KCL 可列出 $\qquad I_1 + I_2 + I_3 + I_{S4} = 0$

写出各支路电流的表达式

$$\begin{cases} I_1 = \dfrac{U_{AB} - U_{S1}}{R_1} \\[2mm] I_2 = \dfrac{U_{AB}}{R_2} \\[2mm] I_3 = \dfrac{U_{AB}}{R_3} \end{cases}$$

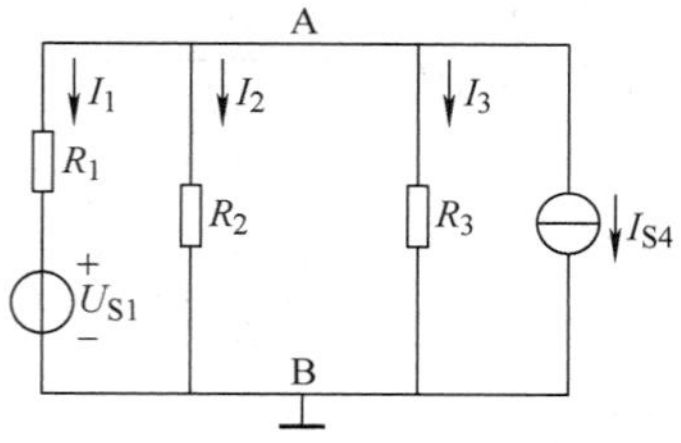

整理后得 U_{AB} 的表达式为

图 1-48　例 1-19 的图

$$U_{AB} = \frac{\dfrac{U_{S1}}{R_1} - I_{S4}}{\dfrac{1}{R_1} + \dfrac{1}{R_2} + \dfrac{1}{R_3}}$$

节点电压写出其一般式，即

$$U = \frac{\sum I_S + \sum \dfrac{U_S}{R}}{\sum \dfrac{1}{R}} \qquad\qquad (1\text{-}50)$$

式（1-50）称为弥尔曼定理。式中，$\sum 1/R$ 为两节点间所有支路的电导之和；$\sum U_S/R$ 为两节点间所有含电压源支路的电压源所产生的流入节点 A 的电流代数和，理想电压源的高电位端向着节点 A，则 U_S/R 取正号，反之取负号；$\sum I_S$ 为两节点间所有含电流源支路

流入节点 A 的电流代数和，即电流源电流流向节点 A，I_S 取正号，反之取负号。

需要指出，式（1-50）称为节点电压公式，通常用于求解只有两个节点但支路数较多的电路，一旦节点电压解得，即相当于各支路电压已知，再根据基尔霍夫电压定律，即可求出各支路的电流，此求解电路的方法称为节点电压法（节点电位法）。由于实际电路通常是支路多而节点少，因而使之应用广泛。特别是在运用计算机进行大规模电路分析时，节点电压法已成为重要方法之一。分析求解时，可先直接依据式（1-50）写出两节点之间的电压。

【例 1-20】用节点电压法求图 1-49 电路中各支路的电流。已知 $U_1=3\text{V}$，$U_2=4\text{V}$，$I_\text{S}=0.2\text{A}$，$R_1=2\Omega$，$R_2=3\Omega$，$R=5\Omega$，$R_3=1.5\Omega$。

【解】在电路上取 O 点作为参考点，用 U 表示 a 节点的节点电压，由式（1-50）可得

$$U = \frac{\dfrac{U_1}{R_1} - \dfrac{U_2}{R_2} - I_\text{S}}{\dfrac{1}{R_1} + \dfrac{1}{R_2} + \dfrac{1}{R}} = \frac{\dfrac{3}{2} - \dfrac{4}{3} - 0.2}{\dfrac{1}{2} + \dfrac{1}{3} + \dfrac{1}{5}}\text{V} = -\frac{1}{31}\text{V} \approx -32.3\text{mV}$$

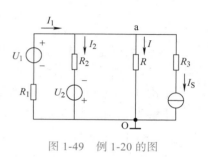

图 1-49　例 1-20 的图

由 KVL 可得

$$I_1 = \frac{U - U_1}{R_1} = \frac{-\dfrac{1}{31} - 3}{2}\text{A} = -\frac{47}{31}\text{A} \approx -1.5\text{A}$$

$$I_2 = \frac{U - (-U_2)}{R_2} = \frac{-\dfrac{1}{31} + 4}{3}\text{A} = \frac{41}{31}\text{A} \approx 1.3\text{A}$$

$$I = \frac{U}{R} = \frac{-\dfrac{1}{31}}{5}\text{A} = -\frac{1}{155}\text{A} \approx -6.5\text{mA}$$

【练习与思考】

1.7.1　图 1-50 所示电路中，支路数、节点数和独立回路数各为多少？用支路电流法列出电路方程。

1.7.2　在运用支路电流法求解电路各支路电流时，遇到支路中含有恒流源情况，如何列出回路电压方程？求解时总未知数是否减小？

1.7.3　例 1-20 的结果 U 的分母中为什么没有 $\dfrac{1}{R_3}$？

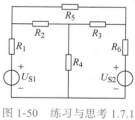

图 1-50　练习与思考 1.7.1 的图

1.8　叠加原理

叠加原理是线性电路的基本原理，也是分析线性电路的常用方法之一。所谓线性电路，简单地说，是指由线性电路元件组成并满足线性性质的电路。

线性电路满足两个基本原理，即齐次性原理和叠加原理。

齐次性原理是指当电路中的激励信号（独立电源）增加或减小 K 倍时，电路的响应

（电流或电压）也将增加或减小 K 倍。若电路的激励为 x，相应的电路响应为 y；则当激励为 Kx 时，响应则为 Ky，K 是任意常数。

叠加原理指出：在线性电路中，由多个独立电源（激励）作用下，任一支路的电流或电压（响应）等于各独立电源（激励）单独作用时该支路的电流或电压（响应）的代数和。

叠加原理在工程实际中应用广泛。以下通过例题说明应用叠加原理分析线性电路的方法与步骤。

【例 1-21】图 1-51 所示电路为理想电压源和理想电流源共同作用的电路，试用叠加原理求电流 I 和电压 U。

【解】（1）首先将图 1-51a 电路分解成两个独立电源单独作用时的电路，如图 1-51b、c 所示。

图 1-51b 为理想电流源 I_S 单独作用时的电路模型，此时理想电压源 U_S 为零，即 U_S 短路。电路中流过 6Ω 电阻的电流用 I' 表示。

图 1-51c 为理想电压源 U_S 单独作用时的电路模型，此时理想电流源 I_S 为零，即 I_S 开路。电路中流过 6Ω 电阻的电流用 I'' 表示，因此，图 1-51a 电路中的电流 $I = I' + I''$。

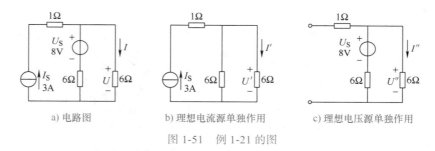

a）电路图　　　　b）理想电流源单独作用　　　　c）理想电压源单独作用

图 1-51　例 1-21 的图

（2）按各电源单独作用时的电路，分别求解电压和电流分量。

由图 1-51b 求得

$$I' = 3 \times \frac{6}{6+6}\text{A} = 1.5\text{A}$$

$$U' = 1.5 \times 6\text{V} = 9\text{V}$$

由图 1-51c 求得

$$I'' = \frac{8}{6+6}\text{A} \approx 0.667\text{A}$$

$$U'' = \frac{6}{6+6} \times 8\text{V} \approx 4\text{V}$$

（3）根据叠加原理求得

$$I = I' + I'' = (1.5 + 0.667)\text{A} \approx 2.17\text{A}$$

$$U = U' + U'' = (9 + 4)\text{V} = 13\text{V}$$

通过例 1-21 的求解过程可知，应用叠加原理时应注意以下几点：

1）当分析某一电源单独作用时，令其他电源中的 $U_S=0$，$I_S=0$，即理想电压源 U_S 短路，理想电流源 I_S 开路，电路的结构和参数均不变。

2）电路中的总电压和总电流是各个分量的代数和。最后叠加时，一定要注意各个电源单独作用时的电压和电流分量的参考方向，是否与总电压和总电流的参考方向一致，若一致取正号，反之则取负号。

3）叠加原理只限于线性电路中的电压和电流的分析计算，不适用于功率的计算。因为功率是和电流（或电压）的二次方成正比的，不存在线性关系。

叠加原理不仅用来分析计算复杂的电路，也是定性分析线性电路的基本原理，在后续章节中还常用到。

【例 1-22】 在图 1-52 所示测量电桥的电路中，已知 $R_1=5\Omega$，$R_2=6\Omega$，$R_3=3\Omega$，$R_4=2\Omega$，$I_S = 4A$，$U_S = 2V$。试应用叠加原理求电阻 R_4 上的电压 U。

【解】 理想电压源 U_S 和理想电流源 I_S 单独作用时的电路如图 1-53a 和图 1-53b 所示。

（1）理想电压源 U_S 单独作用时，求得

$$U' = \frac{R_4}{R_2 + R_4}U_S = \frac{2}{6+2} \times 2V = 0.5V$$

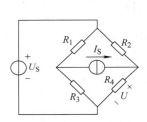

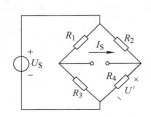

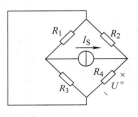

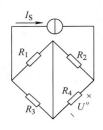

a) 理想电压源单独作用　　　b) 理想电流源单独作用　　　c) 电流源作用变换图

图 1-52　例 1-22 的图　　　　　图 1-53　电源单独作用时的等效电路

（2）将电流源单独作用时的图 1-53b 变换成图 1-53c。理想电流源 I_S 单独作用时，求得

$$U'' = \frac{R_2 R_4}{R_2 + R_4}I_S = \frac{6 \times 2}{6+2} \times 4V = 6V$$

（3）当理想电压源 U_S 和理想电流源 I_S 共同作用时，求得

$$U = U' + U'' = (0.5 + 6)V = 6.5V$$

【例 1-23】 图 1-54 所示实验电路中，当外接电压源 $U_S = 1V$，电流源 $I_S = 1A$ 时，输出电压 $U_O = 0V$；当 $U_S = 10V$，$I_S = 0$ 时，输出电压 $U_O = 1V$。试求 $U_S = 1V$，$I_S = 10A$ 时的输出电压 U_o。

【解】 依据叠加原理有

$$U_O = K_1 U_S + K_2 I_S$$

由已知条件可列方程组，即

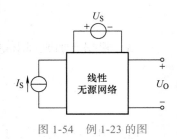

图 1-54　例 1-23 的图

$$\begin{cases} K_1 + K_2 = 0 \\ 10K_1 = 1 \end{cases}$$

解得

$$K_1 = 0.1, \quad K_2 = -0.1$$

所以当 $U_S = 1\text{V}$，$I_S = 10\text{A}$ 时的输出电压 $U_O = 0.1\text{V} + (-0.1 \times 10)\text{V} = -0.9\text{V}$。

例题分析

【练习与思考】

1.8.1　某实验电路负载为电阻性网络，其两端接上 1v 电源（设为理想电源）时测得流出电源的电流为 0.1A，问当两端接上 3V 电源（设为理想电源）时，测得电源输出电流多少？请说明分析依据。

1.8.2　电压源的电压 U_S 为零时，为什么该元件相当于短路元件？而电流源的 I_S 为零时，为什么该元件相当于开路元件？

1.9　等效电源定理

在电路分析中，通常把电路称为网络，凡是与外电路通过两个出线端连接起来的网络称为二端网络。若网络是由线性元件组成的，称为线性二端网络。若网络内部含有电源，则称为有源二端网络。相应地，若不含电源则称为无源二端网络。

在实际情况中，有时往往只需计算复杂电路中的某一部分（例如某一支路）的电压或电流，而不需要求出电路中的所有电压和电流，此种情况应用等效电源定理求解最为简便。该方法是首先将待求的支路从电路中单独划出来，电路的其余部分则为有源二端网络，然后用一个等效电源来替代，从而使计算简化。图 1-55a 中，R 为待求的支路，将其单独划出后，剩余的电路可以等效为一个有源二端网络，如图 1-55b 所示。

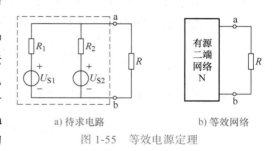

a) 待求电路　　　　　b) 等效网络

图 1-55　等效电源定理

等效电源可分为等效电压源和等效电流源。用电压源来等效代替有源二端网络的分析方法称为戴维南定理；用电流源来等效代替有源二端网络的分析方法称为诺顿定理。

1.9.1　戴维南定理

戴维南定理指出：任何一个线性有源二端网络，对外电路来说，都可以用一个理想电压源 U_S 和内阻 R_0 串联的电压源来等效代替。理想电压源的值 U_S 等于线性有源二端网络的开路电压。内阻 R_0 等于除去线性有源二端网络中的所有独立电源化为相应的无源网络后，由端口看进去的等效电阻。其等效关系如图 1-56 所示。

图 1-56a 所示电路的右边是待求部分，而左边是一个线性有源二端网络。根据戴维

思政元素

南定理，可以把左边的电路用一个理想电压源和一个内阻串联的电压源来等效代替，如图 1-56b 所示。

应用戴维南定理的关键是要正确求出 U_S 和 R_0。理想电压源 U_S 等于线性有源二端网络的开路电压（即将外电路单独划出时，端口开路时的电压，如图 1-56c 所示）；等效内阻 R_0 等于线性有源二端网络化为相应的无源网络后由端口看进去的等效电阻，如图 1-56d 所示。所谓相应的无源网络，是指令原网络中的独立电源等于零，即理想电压源短路、理想电流源开路。在直流情况下，可利用电阻的串、并联方法将其化简为一个等效电阻，该等效电阻就是此无源二端网络从端口看进去的等效电阻。

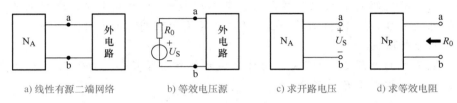

| a) 线性有源二端网络 | b) 等效电压源 | c) 求开路电压 | d) 求等效电阻 |

图 1-56 戴维南定理的图解说明

戴维南定理可用叠加原理加以证明，此处从略。下面举例说明戴维南原理的应用。

【例 1-24】求解图 1-57 所示电路中的电流 I。已知 $R_1 = 6\Omega$，$R_2 = 3\Omega$，$R = 4\Omega$，$U_{S1} = 6V$，$U_{S2} = 9V$。

【解】将被求电流 I 所在支路单独划出去，剩余部分的电路为一线性有源二端网络。根据戴维南定理，可以用一电压源来等效替代。

（1）将待求支路断开，求有源二端网络的开路电压 U_{ab}，如图 1-58a 所示。

$$U_S = U_{ab} = U_{S1} + \frac{U_{S2} - U_{S1}}{R_1 + R_2} \times R_1 = \left(6 + \frac{9-6}{9} \times 6\right)V = 8V$$

（2）求无源二端网络的等效电阻 R_0。将电压源短路，如图 1-58b 所示。

$$R_0 = R_r = R_1 // R_2 = \frac{3 \times 6}{3 + 6}\Omega = 2\Omega$$

（3）画出原电路的等效电路，如图 1-58c 所示，可得

$$I = \frac{U_S}{R_0 + R} = \frac{8}{2 + 4}A \approx 1.33A$$

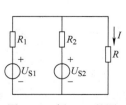

图 1-57 例 1-24 的图

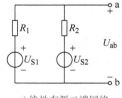 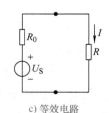

| a) 线性有源二端网络 | b) 等效电阻 | c) 等效电路 |

图 1-58 图 1-57 的等效电路

【例 1-25】图 1-59a 所示电路中，已知 $U_{S1} = 30V$，$I_S = 8A$，$U_{S2} = 10V$，$R_1 = 1\Omega$，$R_2 = 8\Omega$，

$R_3=1\Omega$，$R_4=6\Omega$，$R_L=7\Omega$，试用戴维南定理求通过 R_L 的电流 I。

【解】将待求 R_L 和 U_S 支路单独划出去，电路的其余部分为一线性有源二端网络，根据戴维南定理可以用一电压源来等效代替。

（1）断开待求支路，如图 1-59b 所示。运用叠加原理求有源二端网络的开路电压 U_{ab}，即

$$U_S=U_{ab}=\frac{U_{S1}R_4}{R_1+R_3+R_4}+\frac{I_SR_1R_4}{R_1+R_3+R_4}=\left(\frac{30\times6}{1+1+6}+\frac{8\times1\times6}{1+1+6}\right)V=28.5V$$

（2）求无源二端网络的等效电阻 R_0。将电压源短路，电流源开路，如图 1-59c 所示。

$$R_0=(R_1+R_3)//R_4=\frac{2\times6}{2+6}\Omega=1.5\Omega$$

（3）画出原电路的等效电路，如图 1-59d 所示，由图得

$$I=\frac{U_{ab}-U_{S2}}{R_0+R_L}=\frac{28.5-10}{1.5+7}A\approx2.18A$$

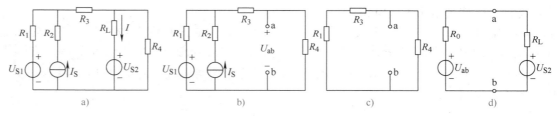

图 1-59　例 1-25 的图

【例 1-26】图 1-60a 所示电路中，已知 $R_1=R_2=R_4=6\Omega$，$R_3=R=3\Omega$，$U_{S1}=12V$，$U_{S2}=3V$，$U_{S3}=15V$，$I_S=1A$。试用戴维南定理求流过电阻 R 的电流 I。

【解】此电路较为复杂，有 4 个独立电源，6 条支路，4 个节点。若用支路电流法、叠加原理去求解都是比较复杂的，何况只需求某条支路的电流，上述方法均不可取。因此，用戴维南定理求解是非常合适的。

（1）断开待求支路，如图 1-60b 所示。求有源二端网络的开路电压 U_O，可运用 KVL 定理求解，得

$$U_O=U_{ab}=\frac{R_2}{R_1+R_2}U_{S1}+(-U_{S2})+I_SR_4=\left(\frac{6}{6+6}\times12-3+1\times6\right)V=9V$$

（2）求无源二端网络的等效电阻 R_0，将 U_{S1}、U_{S2} 短路，I_S 开路，如图 1-60c 所示。

$$R_0=(R_1//R_2)+R_3+R_4=\left(\frac{6\times6}{6+6}+3+6\right)\Omega=12\Omega$$

（3）画出等效电压源电路，接入待求支路，如图 1-60d 所示，求流过电阻 R 的电流 I，由图可得

$$I=\frac{U_O-U_{S3}}{R_0+R}=\left(\frac{9-15}{12+3}\right)A=-0.4A$$

从此题求解结果可见，待求支路可以是任意的。此例中的待求支路为一电压源。若待求支路为任意网络，即线性的或非线性的，都可应用戴维南定理。

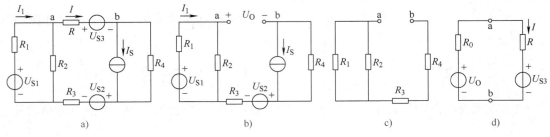

图 1-60　例 1-26 的图

*1.9.2　诺顿定理

例题分析

由上述 1.5.3 节可知，电压源可以等效变换为电流源。因此，有源二端网络的戴维南等效电路，可以用理想电流源 I_S 和内阻 R_0 并联的电流源来等效代替，这就是诺顿等效电路。

诺顿定理指出：任何一个线性有源二端网络，对外电路来说，均可以用一个理想电流源 I_S 和内阻 R_0 并联的电路来等效。诺顿等效电路中的理想电流源 I_S 等于有源二端网络的短路电流，内阻 R_0 等于有源二端网络化为相应的无端网络后由端口看进去的等效电阻，其等效关系如图 1-61 所示。

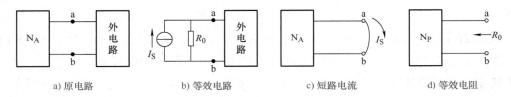

图 1-61　诺顿定理的图解说明

【例 1-27】用诺顿定理求图 1-62 所示电路中的电流 I。

【解】将待求电流所在支路单独划出，电路的其余部分为一线性有源二端网络，根据诺顿定理，可用一电流源来等效替代，如图 1-63a 所示。

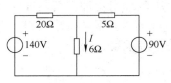

图 1-62　例 1-27 的图

（1）求有源二端网络的短路电流，如图 1-63b 所示。

$$I_S = \left(\frac{140}{20} + \frac{90}{5} \right) \text{A} = 25 \text{ A}$$

（2）求有源二端网络的等效电阻，如图 1-63c 所示。

$$R_0 = \frac{20 \times 5}{20 + 5} \Omega = 4 \ \Omega$$

（3）代入图 1-63a 可求出

$$I = 25 \times \frac{4}{4+6}\text{A} = 10\text{A}$$

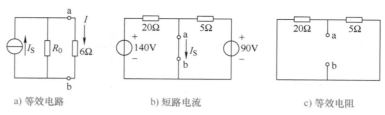

a) 等效电路　　　　　b) 短路电流　　　　　c) 等效电阻

图 1-63　图 1-62 的等效电路

【例 1-28】试分别运用戴维南定理和诺顿定理求图 1-64a 所示电路中流过 R 支路的电流。

【解】（1）应用戴维南定理求解。

因求解 R 支路中的电流，可将 R 支路断开，其余电路化为一有源二端网络，如图 1-64b 所示，该二端网络的开路电压为

$$U_O = (15 + 10 \times 1)\text{V} = 25\text{V}$$

网络除源后如图 1-64c 所示，A、B 间的等效电阻为

$$R_{AB} = 1\Omega$$

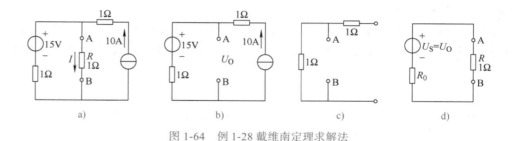

a)　　　　　　b)　　　　　　c)　　　　　　d)

图 1-64　例 1-28 戴维南定理求解法

根据戴维南定理，电阻 R 支路以外的网络等效为电压源，其电压 $U_S = U_O = 25\text{V}$，内阻为

$$R_0 = R_{AB} = 1\Omega$$

于是图 1-64a 的网络简化为图 1-64d 所示电路。依据等效电路求解 R 支路的电流为

$$I = \frac{U_S}{R_0 + R} = \frac{25}{1+1}\text{A} = 12.5\text{A}$$

（2）应用诺顿定理求解。

对图 1-65b 所示电路，求 A、B 短路后的电流 I_0 为

$$I_0 = \left(\frac{15}{1} + 10\right)\text{A} = 25\text{A}$$

诺顿等效电路的电流源 $I_S = I_0 = 25\text{A}$。等效电阻如图 1-65c 所示，$R_0 = R_{AB} = 1\Omega$。诺

顿等效电路如图 1-65d 所示，所以 R 支路的电流为

$$I = I_S \frac{R_0}{R_0 + R} = 25 \times \frac{1}{1+1} \text{A} = 12.5 \text{A}$$

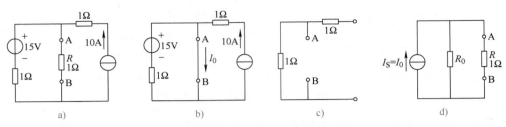

图 1-65　例 1-28 诺顿定理求解法

由上述例题可知，求解某一支路的电流或某一部分的电压时，既可以应用戴维南定理求解，也可以应用诺顿定理求解。到底选取哪一种方法合适，通常视求解开路电压和短路电流哪一项容易而定。

【练习与思考】

1.9.1　有源二端网络用电压源和电流源代替时，为什么说是对外等效，如何理解其含义？

1.9.2　试说明如何确定戴维南等效电路的电阻？在确定等效电阻时，对原二端网络中的电源如何处理？为什么？

1.9.3　如何求解戴维南等效电路的电阻 R_0？计算时应注意哪些问题？总结求解方法。

1.9.4　分别用戴维南定理和诺顿定理将图 1-66 所示电路转化为等效电压源和等效电流源。

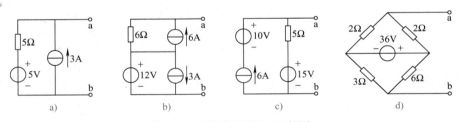

图 1-66　练习与思考 1.9.4 的图

本 章 小 结

1. 电压、电流的参考方向是为分析电路任意假设的。引入了参考方向后，电压、电流等电量均为代数值，当参考方向与实际方向一致时为正值，反之为负值。在未标定参考方向的情况下，各电量的正、负是没有意义的。通常将电压、电流的参考方向取为一致，即采用关联参考方向。采用关联参考方向时，欧姆定律表达式为 $U = IR$，反之为 $U = -IR$，$P = UI$ 表示吸收功率。

2. 判断某电路元件是电源（或起电源作用）还是负载（或起负载作用），可通过计算其消耗或吸收功率来确定。

当 U 和 I 的参考方向一致时，用 $P=UI$ 计算：$P<0$，元件为电源；$P>0$，元件为负载。

当 U 和 I 的参考方向相反时，用 $P=-UI$ 计算：$P<0$，元件为负载；$P>0$，元件为电源。

3. 基尔霍夫定律是分析电路的基本定律，它包括 KCL（$\Sigma I=0$）和 KVL（$\Sigma(IR)=\Sigma E$ 或 $\Sigma U=0$）。

4. 电路模型主要由无源电路元件和有源电路元件组成。

无源电路元件的电阻、电感和电容的伏安特性分别为 $u=iR$，$u=L(di/dt)$，$i=C(du/dt)$。有源电路元件分为电压源和电流源，它们的外特性方程分别为 $U=U_S-IR_0$ 和 $I=I_S-U/R_0$。电压源和电流源分别对外电路作用时，它们之间可以进行等效变换，其等效条件为 $U_S=I_SR_0$ 和 $R_0=R_0$。理想电压源与理想电流源之间不存在等效变换关系。依据理想电压源和理想电流源的特性，与理想电压源并联的任一元件都不会影响其端电压的大小；同样，与理想电流源串联的任一元件都不会影响其向外电路所提供电流的大小。理想电压源的电流和理想电流源的端电压都是由外电路确定的。

5. 支路电流法是一种最基本的分析求解电路的方法。以支路电流为求解对象，依 KCL 可列出（$n-1$）个独立节点方程，以 KVL 可列出 m（网孔数）个独立回路方程，联立求解方程组即可获得电路的解。它适用于求解计算全部电流且支路又不太多的情况。当电路只有两个节点，可直接用弥尔曼定理求解。

6. 叠加原理是线性电路的重要定理。在线性电路中，任一支路电流或电压都是电路中各独立电源单独作用时在该支路产生的电流或电压的代数和。某独立电源单独作用时，其他电源须除去的方法是：理想电压源予以短路，理想电流源予以开路。叠加原理适用于多个独立电源作用的线性电路。

7. 复杂网络可用等效变换法化简分析。任何一个线性有源二端网络，都可以根据戴维南（或诺顿）定理等效化简。等效电路的内阻 R_0 等于线性有源二端网络化为相应的无端网络后，由端口看进去的等效电阻。戴维南等效电路的 U_S 等于线性有源二端网络的开路电压；诺顿等效电路的 I_S 等于线性有源二端网络的短路电流。当只须求解某一支路的电流或电压时，采用戴维南定理最简单、最方便。

基本概念自检题 1

以下每小题中提供了可供选择的答案，请选择一个或多个正确答案填入空白处。

1. 以下能构成电路的是_____。

a. 电动机、导线和速度检测器　　b. 太阳能电池、传输线和照明灯

c. 太阳、聚光器和太阳能电池

2. 电路的状态有_____。

a. 负载状态　　　b. 开路状态　　　c. 短路状态　　　d. 有源状态

3. 下列可称为电源的是_____。

a. 电动机　　　b. 太阳能电池　　c. 风能发电装置　d. 充电器

4. 元件电功率的正负表示_____。

a. 元件电功率的大小　　　　　b. 元件吸收或输出功率

c. 电源发出功率

5. 电压和电流的参考方向_____。

a. 是任意假设的方向　　　　　　　　b. 总与实际方向一致

c. 总与实际方向相反

6. 根据基尔霍夫定律，通过电路中任意封闭面的总电流可以看成是_____。

a. 总流入电流等于总流出电流　　　　b. 代数和为零

c. 其分支的电流总和

7. 判断某电路元件是电源还是负载，可通过_____。

a. 计算其消耗或吸收功率来确定　　　b. 计算其电压和电流来确定

c. 根据电路的功能来确定

8. 基尔霍夫电压定律表明，沿某一回路上的总电压降等于_____。

a. 该回路的所有电阻上的电压降总和

b. 该回路的所有电感上的电压降总和

c. 该回路的所有电容上的电压降总和

d. 该回路的总电压升

9. 基尔霍夫电流定律表明，电路中流过任意封闭面的电流是_____。

a. 流入的等于总流出的，其代数和为零

b. 总流入不一定大于总流出，可在内部消耗

c. 总流出的大于总流入的，有输出电流

10. 运用叠加原理求解某一电流源单独作用时的响应是指_____。

a. 该电流源单独作用时，其余电源全部为零

b. 该电流源单独作用时，其余电压源看成断路状态

c. 该电流源单独作用时，其余电流源看成短路状态

11. 求戴维南等效电阻时，电路中电源若有_____。

a. 电压源等效为开路，电流源等效为短路

b. 电压源等效为开路，电流源等效为开路

c. 电压源等效为短路，电流源等效为开路

12. 电源等效变换时_____。

a. 理想电流源与电阻串联等效为电压源

b. 理想电流源与电阻并联等效为电压源

c. 理想电压源与电阻并联等效为电流源

13. 恒压源（理想电压源）是指_____。

a. 电压恒定不变，电流也恒定不变

b. 电压恒定不变，电流随外电路的变化而变化

c. 电流恒定不变，电压随外电路的变化而变化

14. 恒流源（理想电流源）是指_____。

a. 电流恒定不变，电压也恒定不变

b. 电流恒定不变，电压随外电路的变化而变化

c. 电压恒定不变，电流随外电路的变化而变化

习　题　1

1. 一只 110V、8W 的指示灯,现在要接在 220V 的电源上,问要串联多大阻值的电阻? 该电阻应选用多大瓦数的?

2. 指出图 1-67 所示电路中各元件分别是电源还是负载?

a. $U = -1V$,　$I = 1A$　　　　　b. $U = 1V$,　$I = -1A$

c. $U = 1V$,　$I = 1A$　　　　　　d. $U = 1V$,　$I = 1A$

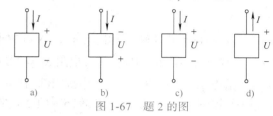

图 1-67　题 2 的图

3. 求图 1-68 中各电路的等效电阻。

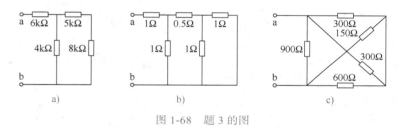

图 1-68　题 3 的图

4. 如果有人打算将 110V、100W 和 110V、40W 两只节能灯串联接在 220V 的电源上使用,是否可以? 为什么?

5. 图 1-69 所示电路中,已知 $I_1 = 1A$,$I_2 = 3A$,确定通过元件 3 的电流 I_3 及其两端电压 U_3 ,并说明该元件是电源还是负载。校验整个电路的功率是否平衡。

6. 求图 1-70 所示电路中的电压 U_{ab}。

7. 求图 1-71 所示电路中的电流 I 、I_1 和 I_2 。

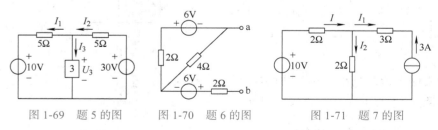

图 1-69　题 5 的图　　　图 1-70　题 6 的图　　　图 1-71　题 7 的图

8. 写出图 1-72 所示各电路中电压 U 和电流 I 的表达式(伏安特性)。

9. 在图 1-73 所示电路中,(1)负载电阻 R_L 中的电流 I 及其两端的电压 U 各为多少? (2)求各元件的功率,并分析功率平衡关系。

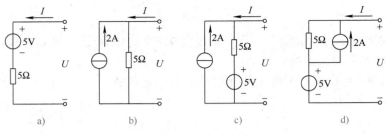

图 1-72　题 8 的图

10. 图 1-74 所示电路中，分别求开关 S 断开和闭合时，A 点的电位 U_A。

11. 某发电机的电动势 $E = 230V$，内阻 $R_0 = 1\Omega$，负载电阻 $R_L = 22\Omega$ 时，试用电源的两种等效电路分别求负载电流及负载两端电压，并计算两种等效电源内部的功率损耗和内阻电压降。

12. 试用电压源和电流源等效变换的方法计算图 1-75 中 1Ω 电阻上的电流（解题时要画出变换过程的电路图）。

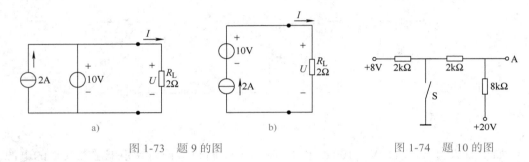

图 1-73　题 9 的图　　　　　　　　　　图 1-74　题 10 的图

13. 图 1-76 所示电路中，已知 $R_1 = R_2 = 1\Omega$，$I_{S1} = 1A$，$I_{S2} = 2A$，$U_{S1} = U_{S2} = 1V$，试求 A、B 两点之间的电压 U_{AB}。

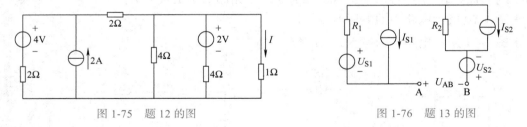

图 1-75　题 12 的图　　　　　　　　　　图 1-76　题 13 的图

14. 用支路电流法列出图 1-77 所示电路的方程式。

15. 求图 1-78 所示电路中各支路电流。

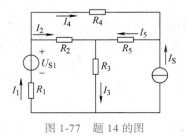
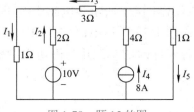

图 1-77　题 14 的图　　　　　　　　　　图 1-78　题 15 的图

16. 用电源等效法求图 1-79 所示电路中 R_5 支路电流。其中 $U_{S1} = 20\text{V}$ ， $I_{S3} = 100\text{A}$ ， $I_{S6} = 40\text{A}$ ， $R_1 = 2\Omega$ ， $R_2 = 3\Omega$ ， $R_3 = 0.1\Omega$ ， $R_4 = 5\Omega$ ， $R_5 = 10\Omega$ ， $R_6 = 4\Omega$ 。

17. 试用叠加原理求图 1-80 中的电流 I 。

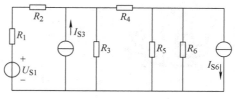
图 1-79　题 16 的图

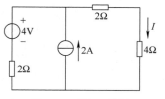
图 1-80　题 17 的图

18. 试用戴维南定理求图 1-81 所示电路中的电流 I 。

19. 在图 1-82 所示电路中，已知 $U_S = 16\text{V}$ ， $R_1 = 8\Omega$ ， $R_2 = 4\Omega$ ， $R_3 = 20\Omega$ ， $R_4 = R_5 = 3\Omega$ ， $I_S = 1\text{A}$ ，试用戴维南定理求通过 R_4 的电流 I 。

20. 用戴维南定理计算图 1-83 所示电路中的电流 I 。

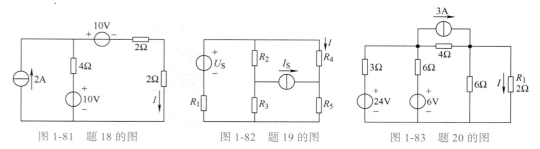

图 1-81　题 18 的图　　　　　图 1-82　题 19 的图　　　　　图 1-83　题 20 的图

21. 在图 1-84 所示电路中，求电流 I_4 ，并计算恒流源的功率，说明是产生还是消耗功率？

22. 求图 1-85 所示电路中流过电阻 R 上的电流。

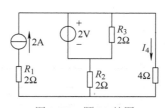
图 1-84　题 21 的图

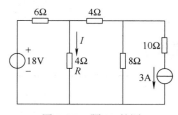
图 1-85　题 22 的图

第 **2** 章

一阶暂态电路

【内容导图】

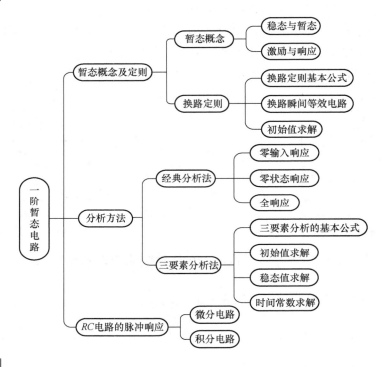

【教学要求】

知识点	相关知识	基本要求
换路定则及初始值的确定	暂态的概念	理解
	换路定则	掌握
	换路瞬间等效电路及初始值的确定	掌握
一阶电路的暂态分析	零输入响应经典分析法	理解
	零状态响应经典分析法	理解
	全响应经典分析法	理解
三要素法	基本公式	掌握
	初始值、稳态值、时间常数的求解	掌握
	电路的求解方法	掌握
RC 电路的应用——脉冲响应	微分电路	理解
	积分电路	理解

【项目引例】

图 2-1 所示为 MCS–51 单片机典型电路中的上电复位原理图，主要由电源、复位电路和按钮组成。当电源上电时，电容 C 充电，RST 复位端电压由高电平逐渐降低，保持高电平（+3.3V 以上）时间超过单片机晶振的两个机器周期后，单片机即复位。电容充满电后，无电流流过，RST 复位端电压恒为 0V，单片机正常工作。由此看来，利用换路时电路的暂态过程可使 MCS–51 单片机实现复位功能。因此，学习暂态电路是有用且必需的。

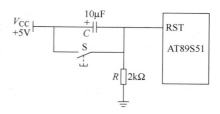

图 2-1　MCS-51 单片机上电复位原理图

本章在基本电路内容的基础上，讨论一阶暂态电路，主要包括换路定则、换路初始值的确定、零输入响应、零状态响应和全响应的经典分析法和三要素法。

前一章所讨论的电路问题属于电路的稳态情况。本章将讨论有关电路的暂态问题，主要分析 RC 和 RL 一阶线性电路的暂态过程。重点分析暂态电路中电压和电流随时间变化的规律以及影响电路暂态过程长短的时间常数问题。

自然界一切事物的运动，在特定条件下处于一种稳定状态，一旦条件改变，就要过渡到另一种新的稳定状态。例如驱动机床运转的主轴电动机，从静止状态起动，其转速由零逐渐上升到额定转速；当停车时电动机转速又由一种恒定转速逐步降至零。又如电动机通电运转时，就要发热，温度从零逐渐上升，最后达到稳态值；当电动机冷却时，温度又逐渐下降到零。总之，事物的能量是不能突变的。

在电路结构不变以及电源恒定的情况下，电路中的电流和电压都稳定在一定的数值（交流电路中电压、电流的幅值和频率保持稳定）而不随时间变化，这时电路处于稳定状态，简称稳态。通常把电路接通、断开、局部短路以及电源或元件参数改变等，引起电路状态发生变化称为电路换路。所谓暂态是指在含有储能元件 L、C 的电路中，当电路发生换路时，电路从一种稳定状态变化到另一种稳定状态需要经历一个过程，这个过程称为过渡过程，处于过渡过程中的电路状态，属于暂稳定状态，简称为暂态。

为什么换路后电路不是由一种稳态立即跳变到另一种新的稳态，而是要经历一个暂态过程呢？这是因为在任何能量系统（如电路、机械、热能等系统）中，能量是不可以突变的，即能量的积累和释放都需要一定时间。在含有储能元件 L、C 的电路中，电流、电压的改变必然伴随着磁场、电场能量的变化。例如对于电感元件来说，它所储存的磁场能量 $W=Li^2/2$，与电感中电流的二次方成正比；对于电容元件来说，它所储存的电场能量 $W=Cu^2/2$，与电容两端的电压二次方成正比。那么，如果电感中的电流或电容两端的电压发生突变，就意味着磁场或电场能量发生突变，则功率 $P=dW/dt$ 为无穷大，这在实际电路中是不可能的。因此，电感中通过的电流以及电容两端电压只能渐变，或者说连续变化，这就决定了含储能元件的电路在换路时存在暂态过程。

对于电阻元件来说，因为它是一个耗能元件，其电流、电压突变并不伴随着能量的突变，因此，由单一电阻元件构成的电路是没有暂态过程的。

尽管电路的暂态过程是短暂（数秒甚至数微秒）的，但在工程应用中颇为重要。如荧光灯就是利用电感支路在突然断开时产生的高压来使水银蒸气电离，从而使荧光灯起辉。

又如电子时间继电器则是利用电容器充电或放电的快慢程度来控制延时的时间。在电子技术中，信号的变换、开关特性的研究以及电路速度的提高等无一不与暂态问题紧密相关。电路在暂态过程中还会出现过电压或过电流现象，有时还会损坏设备，造成严重事故。总之，暂态问题也是电路中的一个重要问题。

2.1 换路定则及初始值的确定

求解电路的暂态问题和求解电路的稳态问题一样，都可以先对电路列方程，然后通过求解电路方程获得解。但是，含有储能元件 L 或 C 的电路方程是微分方程。求解微分方程，需要依据初始条件来确定积分常数。所以，确定暂态过程的初始值是求解电路暂态问题的一个重要环节。

设 $t=0$ 为换路瞬间，用 $t=0_-$ 表示换路前的终了瞬间，用 $t=0_+$ 表示换路后的初始瞬间。这样确定电路的初始状态，也就是确定 $t=0_+$ 时电路的电流值或电压值。

如前所述，电感中的电流和电容两端的电压不能突变，因此电感电流和电容电压在换路后的初始值应等于换路前的终了值，这一规律称为电路的换路定则。换路定则可表示为

$$\begin{cases} u_C(0_+) = u_C(0_-) \\ i_L(0_+) = i_L(0_-) \end{cases} \tag{2-1}$$

换路定律仅适用于换路瞬间，利用它可以确定暂态过程中的 $u_C(0_+)$ 或 $i_L(0_+)$，并由此求得电路中其他电流、电压的初始值，求解步骤和原则如下：

1）换路瞬间，电容元件视为恒压源。如果 $u_C(0_-)=0$，则 $u_C(0_+)=0$，电容元件在换路瞬间相当于短路。

2）换路瞬间，电感元件视为恒流源。如果 $i_L(0_-)=0$，则 $i_L(0_+)=0$，电感元件在换路瞬间相当于开路。

3）运用 KCL、KVL 及直流电路中的分析方法计算电路在换路瞬间电压、电流的初始值。

【例 2-1】图 2-2a 所示电路，$R_1=20\text{k}\Omega$，$R_2=30\text{k}\Omega$，$U_S=10\text{V}$，$C=0.1\mu\text{F}$。已知在开关打开前，电路原已处于稳态。求开关打开后各电压、电流的初始值。

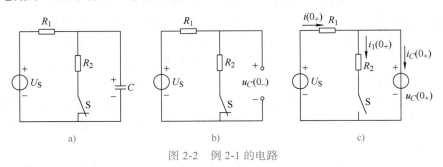

图 2-2 例 2-1 的电路

【解】（1）先求出开关 S 未打开前电容两端电压。根据已知条件，此时电路处于稳态，电容可看作开路，得 $t=0_-$ 时的等效电路如图 2-2b 所示。由此可解得

$$u_C(0_-) = \frac{R_2}{R_1 + R_2}U_S = \frac{30}{20 + 30} \times 10\text{V} = 6\text{V}$$

（2）依据换路定则得

$$u_C(0_+) = u_C(0_-) = 6\text{V}$$

因此在 $t=0_+$ 的这一瞬间，电容相当于一个电压源，电压为电容电压的初始值。画出此时的等效电路，如图 2-2c 所示。

（3）根据 $t=0_+$ 等效电路，可得

$$i_1(0_+) = 0$$

$$i(0_+) = i_C(0_+) = \frac{U_S - u_C(0_+)}{R_1} = \frac{10 - 6}{20}\text{mA} = 0.2\text{mA}$$

$$u_{R_1}(0_+) = R_1 i(0_+) = 20 \times 0.2\text{V} = 4\text{V}$$

$$u_{R_2}(0_+) = u_C(0_+) = 30 \times 0.2\text{V} = 6\text{V}$$

【例 2-2】确定图 2-3a 所示电路在换路后（S 闭合）各电流和电压的初始值。设开关 S 闭合前（换路前）电容元件和电感元件均未储存能量。

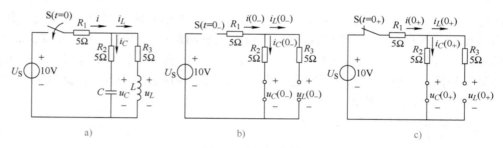

图 2-3　例 2-2 的图

【解】（1）先求出 S 闭合前的 $u_C(0_-)$ 及 $i_L(0_-)$ 值。可根据已知条件画出 $t=0_-$ 时的等效电路，如图 2-3b 所示。因电容未储能，$u_C(0_-) = 0$，其两端短路。电感未储能，$i_L(0_-) = 0$，做开路处理。由图可见，除 $U_S = 10\text{V}$ 外，所有元件上的电压和电流均为零。

（2）画出 $t=0_+$ 时的等效电路，如图 2-3c 所示。此电路就是换路后初始瞬间的电路结构。因 $u_C(0_+) = u_C(0_-) = 0$，$i_L(0_+) = i_L(0_-) = 0$，所以电容元件和电感元件仍分别以短路和开路处理。

（3）根据 $t=0_+$ 时的等效电路可求出

$$i(0_+) = i_C(0_+) = \frac{U_S}{R_1 + R_2} = \frac{10}{5 + 5}\text{A} = 1\text{A}$$

$$u_{R_1}(0_+) = i(0_+)R_1 = 1 \times 5\text{V} = 5\text{V}$$

$$u_{R_2}(0_+) = i_C(0_+)R_2 = 1 \times 5\text{V} = 5\text{V}$$

$$u_{R_3}(0_+) = i_L(0_+)R_3 = 0\text{V}$$

$$u_L(0_+) = u_{R_2}(0_+) = 5\text{V}$$

从计算结果可见，尽管电感中的电流和电容两端的电压不能突变，但 $i_C(0_+) \neq i_C(0_-)$、$u_L(0_+) \neq u_L(0_-)$，发生了跃变。

【例 2-3】图 2-4 所示电路中，已知电压表的内阻 R_V 为 $100\text{k}\Omega$ 且换路前电路已处于稳定状态，开关 S 在 $t=0$ 时断开，求 $i(0_+)$、$u_L(0_+)$ 以及电压表的端电压 $u_V(0_+)$。

【解】先求出换路前的电流 $i(0_-)$ 为

$$i(0_-) = \frac{U_S}{R} = \frac{50}{50}\text{A} = 1\text{A}$$

由换路定律得

$$i(0_+) = i(0_-) = 1\text{A}$$

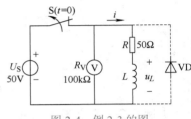

图 2-4　例 2-3 的图

$$u_L(0_+) = -u_V(0_+) - u_R(0_+) = -(100000+50) \times 1\text{V} = -100050\text{V}$$

$$u_V(0_+) = R_V i(0_+) = 100 \times 10^3 \times 1\text{V} = 100000\text{V}$$

由计算结果可知，当电感元件从电源切除时，会在电感元件两端产生瞬时过电压，这将对电气设备造成损坏。为了限制过电压，可在电感两端反向并联一个二极管，如图 2-4 中虚线所示。换路前，二极管 VD 因承受反向电压而截止。开关 S 断开时，电感 L 产生的自感电动势使二极管 VD 承受正向电压而导通，其电压降近似为零，因此线圈两端电压降几乎为零，从而保护了相关电气设备。

【练习与思考】

2.1.1　含有储能元件的电路在换路时是否一定有暂态过程发生？

2.1.2　换路定则是否对所有电路元件构成的电路都成立？

2.1.3　在确定电路中电压或电流的初始值时，如果电容电压为零则可把电容看作短路，如果电感电流为零则可把电感看作开路，为什么？如果电容电压不为零或电感电流不为零时应怎样处理？

2.1.4　图 2-5 所示电路在稳定状态下断开开关 S，该电路有没有稳态过程？请说明理由。

2.1.5　图 2-6 所示电路开关 S 断开前已达稳定状态，在 $t=0$ 瞬间将开关 S 断开，试求 $i(0_+)$。

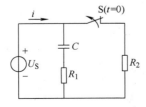

图 2-5　练习与思考 2.1.4 的图

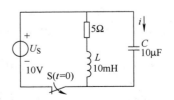

图 2-6　练习与思考 2.1.5 的图

2.2　一阶电路的暂态分析

当电路中仅含有一个储能元件或可等效为一个储能元件时，它的电路方程为一阶微分方程。通常把这种仅含有一个储能元件，且电路方程为一阶微分方程的线性电路称为一阶线性电路。

2.2.1　零输入响应

所谓零输入，是指电路无电源激励。输入电源为零，仅由电容元件的初始状态 $u_C(0_+)$ 或电感元件的初始状态 $i_L(0_+)$ 所产生的电路响应，称为零输入响应。

1. RC 电路的零输入响应

RC 电路的零输入响应实质上就是电容的放电过程。图 2-7a 所示的电路中，开关 S 原来处于"1"位置，电路已处于稳定状态。此时，电路中的电流为零，电阻上的电压也为零，电容上的电压 u_C 等于电源电压 U_S。

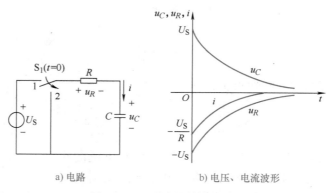

a) 电路　　　　　b) 电压、电流波形

图 2-7　RC 电路的零输入响应

在 $t=0$ 瞬间，开关 S 由"1"位置切换到"2"位置，使电路脱离电源。此时电路的激励源为零，但由于储能元件 C 已储有电荷，即具有初始能量，因此它通过电阻 R 放电。电容电压将由初始值 U_S 随着时间的增长而逐渐减小直至为零。下面讨论电容在放电过程中电压和电流的变化规律。

根据 KVL 对换路以后的电路列方程，有

$$u_R + u_C = 0 \tag{2-2}$$

而 $u_R = iR$，$i = C\dfrac{\mathrm{d}u_C}{\mathrm{d}t}$，代入式（2-2）得

$$RC\frac{\mathrm{d}u_C}{\mathrm{d}t} + u_C = 0 \tag{2-3}$$

式（2-3）是一阶线性常系数齐次微分方程。根据微分方程解的理论，此方程的通解为

$$u_C = Ae^{pt} \tag{2-4}$$

式中，A 为积分常数；p 为微分方程所对应的特征方程的根。

式（2-3）所对应的特征方程为

$$RCp + 1 = 0 \tag{2-5}$$

解出

$$p = -\frac{1}{RC} \tag{2-6}$$

代入方程式（2-4），得

$$u_C = A\mathrm{e}^{-\frac{t}{RC}} = A\mathrm{e}^{-\frac{t}{\tau}} \tag{2-7}$$

式中，$\tau = RC$，称为电路的时间常数，具有时间的量纲，单位为 s。

根据换路定则 $u_C(0_+) = u_C(0_-) = U_\mathrm{S}$。将此初始条件代入式（2-7），确定积分常数 A，得 $A = U_\mathrm{S}$，则微分方程的解为

$$u_C(t) = U_\mathrm{S}\mathrm{e}^{-\frac{t}{\tau}} \tag{2-8}$$

电阻两端的电压为

$$u_R = -u_C = -U_\mathrm{S}\mathrm{e}^{-\frac{t}{\tau}} \tag{2-9}$$

电流为

$$i = \frac{u_R}{R} = -\frac{U_\mathrm{S}}{R}\mathrm{e}^{-\frac{t}{\tau}} \tag{2-10}$$

电流也可由电容的伏安特性求出，即

$$i = C\frac{\mathrm{d}u_C}{\mathrm{d}t} = -C\frac{U_\mathrm{S}}{\tau}\mathrm{e}^{-\frac{t}{\tau}} = -\frac{U_\mathrm{S}}{R}\mathrm{e}^{-\frac{t}{\tau}}$$

式（2-9）和式（2-10）中的负号表示电阻电压和电流的实际方向与图中的参考方向相反。电路中各电压、电流随时间变化的波形如图 2-7b 所示，它们都是按指数规律衰减的。

电路的时间常数 τ 决定着电路暂态过程的长短，它表示电压和电流衰减到初始值的 36.8% 时所需的时间。它的物理意义也很明确，当 R 一定时，C 越大，在相同电压下电容储存的电荷或能量越多，将电荷通过电阻释放或把能量在电阻上消耗所需的时间就越长，即时间常数越大。当 C 一定时，R 越大，在一定的电压下则电流 i 越小，能量消耗越慢，时间常数也就越大。时间常数 τ 对 u_C 波形的影响如图 2-8 所示。

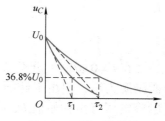

图 2-8　不同 τ 情况下 u_C 的曲线

理论上 $\mathrm{e}^{-\frac{t}{\tau}}$ 衰减到零需要无限长时间，但指数函数衰减较快，见表 2-1。工程上一般认为 $t = 3\tau \sim 5\tau$ 时暂态过程结束，电路进入新的稳定状态。

综上所述，RC 电路的零输入响应是由电容的初始储能所引起的。在暂态过程中，电场能量不断被电阻消耗，电容电压和电流都按指数规律衰减，衰减的快慢由时间常数 $\tau = RC$ 决定，τ 越大衰减越慢，暂态过程越长。

表 2-1　$e^{-\frac{t}{\tau}}$ 随时间而衰减的情况

t	τ	2τ	3τ	4τ	5τ	6τ
$e^{-\frac{t}{\tau}}$	e^{-1}	e^{-2}	e^{-3}	e^{-4}	e^{-5}	e^{-6}
u_C	0.368	0.135	0.050	0.018	0.007	0.002

2. RL 电路的零输入响应

图 2-9a 所示电路中，换路前开关 S 长期处于 "1" 的位置，电路中的电流 $i = U_S/R$，电感在直流稳态时相当于短路，$u_L = 0$，电阻上的电压 $u_R = U_S$。

$t = 0$ 时开关 S 由 "1" 位置切换到 "2" 位置，这时电路与电源脱开，激励为零，但由于电感中的电流不能突变为零，电流将由初始值 U_S/R 随着时间的增长而逐渐减小直至为零。下面分析换路后电压、电流的变化情况。

根据 KVL 可得电路换路后的电压方程，即

$$u_R + u_L = 0 \tag{2-11}$$

因为 $u_L = L\dfrac{\mathrm{d}i}{\mathrm{d}t}$，而 $u_R = iR$，式（2-11）可写为

$$L\frac{\mathrm{d}i}{\mathrm{d}t} + iR = 0 \tag{2-12}$$

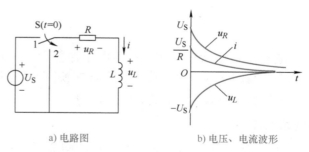

a) 电路图　　　　　　　b) 电压、电流波形

图 2-9　RL 电路的零输入响应

式（2-12）是一阶线性常系数齐次微分方程，它的通解为

$$i = Ae^{pt} \tag{2-13}$$

式中，p 可由微分方程所对应的特征方程得出，即

$$Lp + R = 0$$

$$p = -\frac{R}{L}$$

因此，

$$i = Ae^{-\frac{R}{L}t} = Ae^{-\frac{t}{\tau}} \tag{2-14}$$

积分常数 A 可由初始条件来确定，由换路定则得

$$i(0_+) = i(0_-) = \frac{U_\text{S}}{R}$$

代入式（2-14）解出积分常数 A，即

$$A = \frac{U_\text{S}}{R}$$

微分方程的解为

$$i(t) = \frac{U_\text{S}}{R}\text{e}^{-\frac{t}{\tau}}\qquad\qquad（2-15）$$

电阻电压为 $$u_R = iR = U_\text{S}\text{e}^{-\frac{t}{\tau}}\qquad\qquad（2-16）$$

电感电压为 $$u_L = -u_R = -U_\text{S}\text{e}^{-\frac{t}{\tau}}\qquad\qquad（2-17）$$

电感电压也可利用电感元件的伏安特性求解，则

$$u_L = L\frac{\text{d}i}{\text{d}t} = -L\frac{U_\text{S}}{R}\frac{1}{\tau}\text{e}^{-\frac{t}{\tau}} = -U_\text{S}\text{e}^{-\frac{t}{\tau}}$$

它们随时间变化的波形如图 2-9b 所示。

同样，RL 电路的时间常数决定着电路暂态过程的长短。RL 电路的时间常数 $\tau = L/R$，其物理意义也不难理解，当电感的初始电流一定时，电感 L 越大，储能越多，将这些能量耗尽所需的时间就越长；而 R 越大，消耗的功率 I^2R 就越大，耗尽能量所需的时间就越短，所以 τ 和 L 成正比，与 R 成反比。

2.2.2 零状态响应

所谓零状态，是指电路的初始状态为零，即电路中储能元件的初始能量为零。换句话说就是电容元件在换路的瞬间 $u_C(0) = 0$，或电感元件在换路的瞬间 $i_L(0) = 0$。在此条件下，电路在电源的激励下所产生的响应，称为零状态响应。

1. RC 电路的零状态响应

RC 电路的零状态响应实质上就是电容的充电过程。图 2-10a 所示电路中，换路前开关 S 在"2"的位置，电路已处于稳态，电容两端的电压 u_C 为零。$t = 0$ 时发生换路，开关 S 切换至"1"。根据换路定则可知，$u_C(0_+) = u_C(0_-) = 0$，因而，电容的初始储能为零。

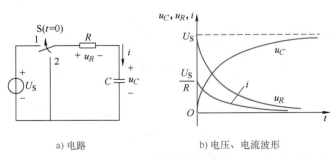

a) 电路　　　　　　　　b) 电压、电流波形

图 2-10　RC 电路的零状态响应

换路后的电路由 KVL 列出电路方程，即

$$u_R + u_C = U_S \tag{2-18}$$

因为 $i = C\dfrac{\mathrm{d}u_C}{\mathrm{d}t}$ 和 $u_R = iR$，代入式（2-18）得

$$RC\frac{\mathrm{d}u_C}{\mathrm{d}t} + u_C = U_S \tag{2-19}$$

式（2-19）是一阶线性常系数非齐次微分方程，根据线性微分方程解的理论，此方程的通解由两部分组成。一部分是原方程的任意一个特解，另一部分为原方程所对应齐次方程的解，即

$$u_C = u_C' + u_C'' \tag{2-20}$$

原方程所对应的齐次方程为 $RC\dfrac{\mathrm{d}u_C''}{\mathrm{d}t} + u_C'' = 0$，在前面分析零输入响应时已知此方程的通解为

$$u_C'' = A\mathrm{e}^{-\frac{t}{RC}} = A\mathrm{e}^{-\frac{t}{\tau}}$$

特解是满足原方程的任意一个解，由于方程是依据换路以后的电路列出的，所以它可以描述电路换路以后的所有状态。为简便起见，可以把电路达到稳态后的状态作为特解。显然，当 $t \to \infty$ 时，$u_C \to U_S$，即

$$u_C' = U_S \tag{2-21}$$

所以原方程的通解为

$$u_C = u_C' + u_C'' = U_S + A\mathrm{e}^{-\frac{t}{\tau}} \tag{2-22}$$

为确定积分常数 A，把初始条件 $u_C(0_+) = 0$ 代入方程的通解（2-22），可得出 $A = -U_S$。所以方程的解为

$$u_C = U_S - U_S\,\mathrm{e}^{-\frac{t}{\tau}} = U_S(1 - \mathrm{e}^{-\frac{t}{\tau}}) \tag{2-23}$$

电阻电压为

$$u_R = U_S - u_C = U_S\,\mathrm{e}^{-\frac{t}{\tau}} \tag{2-24}$$

电流为

$$i = \frac{u_R}{R} = \frac{U_S}{R}\mathrm{e}^{-\frac{t}{\tau}} \tag{2-25}$$

或

$$i = C\frac{\mathrm{d}u_C}{\mathrm{d}t} = C\frac{\mathrm{d}}{\mathrm{d}t}U_S(1 - \mathrm{e}^{-\frac{t}{\tau}}) = \frac{U_S}{R}\mathrm{e}^{-\frac{t}{\tau}}$$

式中，τ 为电路的时间常数。

RC 电路零状态响应电压、电流随时间 t 变化的曲线如图 2-10b 所示。u_C 的初始值为零，按指数规律上升，当 $t = \infty$ 时它的稳态值是电源电压 U_S。电流 i 和电阻电压 u_R 的初始

值分别为 U_{S}/R 和 U_{S} ，按指数规律衰减到零。

2. RL 电路的零状态响应

图 2-11a 所示 RL 电路中，由于换路前 S 处于断开状态， $i=0$ ，换路后的初始瞬间 $i(0_+)=0$ ，储能元件的初始能量为零，因此也是讨论其零状态响应的问题。

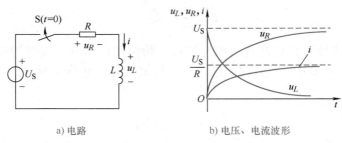

a) 电路　　　　　　　　b) 电压、电流波形

图 2-11　RL 电路的零状态响应

利用 KVL 对换路后的电路列方程，即

$$u_R + u_L = U_{\mathrm{S}} \tag{2-26}$$

将 $u_R = iR$ 和 $u_L = L\dfrac{\mathrm{d}i}{\mathrm{d}t}$ 代入式（2-26）得

$$L\frac{\mathrm{d}i}{\mathrm{d}t} + iR = U_{\mathrm{S}} \tag{2-27}$$

式（2-27）也是一阶线性常系数非齐次微分方程。

同样，此方程的解由两部分组成，即

$$i = i' + i''$$

其中， i'' 是原方程所对应的齐次方程 $L\dfrac{\mathrm{d}i''}{\mathrm{d}t} + i''R = 0$ 的通解，由上述零输入响应分析可知

$$i'' = A\mathrm{e}^{-\frac{R}{L}t} = A\mathrm{e}^{-\frac{t}{\tau}}$$

电路的稳态解为特解 $i' = \dfrac{U_{\mathrm{S}}}{R}$ ，则有

$$i = i' + i'' = \frac{U_{\mathrm{S}}}{R} + A\mathrm{e}^{-\frac{t}{\tau}} \tag{2-28}$$

将初始条件 $i(0_+)=0$ 代入，确定出积分常数

$$A = -\frac{U_{\mathrm{S}}}{R}$$

所以

$$i = \frac{U_{\mathrm{S}}}{R} - \frac{U_{\mathrm{S}}}{R}\mathrm{e}^{-\frac{t}{\tau}} = \frac{U_{\mathrm{S}}}{R}(1 - \mathrm{e}^{-\frac{t}{\tau}}) \tag{2-29}$$

$$u_L = L\frac{\mathrm{d}i}{\mathrm{d}t} = U_\mathrm{S}\mathrm{e}^{-\frac{t}{\tau}} \tag{2-30}$$

$$u_R = iR = U_\mathrm{S}(1 - \mathrm{e}^{-\frac{t}{\tau}}) \tag{2-31}$$

RL 电路零状态响应的波形如图 2-11b 所示。

2.2.3　全响应

所谓全响应，是指电路的初始状态不为零，而且输入也不为零时，电路的响应由激励和初始储能共同作用产生。前面讨论了一阶电路的零输入响应和零状态响应。下面以 RC 电路为例来讨论电路的全响应。

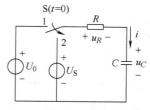

图 2-12　RC 电路的全响应

图 2-12 所示电路中，换路前开关在"1"位置，而且电路已处于稳态，这时电容上的电压 $u_C = U_0$，初始状态不为零。在 $t = 0$ 时发生换路，开关切换到"2"位置。

为了分析电路在换路后的状态，由 KVL 得换路后的电路方程为

$$u_R + u_C = U_\mathrm{S} \tag{2-32}$$

把 $i = C\dfrac{\mathrm{d}u_C}{\mathrm{d}t}$ 和 $u_R = iR$ 代入得

$$RC\frac{\mathrm{d}u_\mathrm{S}}{\mathrm{d}t} + u_C = U_\mathrm{S} \tag{2-33}$$

该方程的解由两部分构成

$$u_C = u'_C + u''_C \tag{2-34}$$

式中，u'_C 是原方程的特解，仍选用电路的稳态解为特解，即 $u'_C = U_\mathrm{S}$；u''_C 是原方程所对应的齐次方程的通解。

由零状态响应的分析可知

$$u''_C = A\mathrm{e}^{-\frac{t}{RC}} = A\mathrm{e}^{-\frac{t}{\tau}} \tag{2-35}$$

则有

$$u_C = U_\mathrm{S} + A\mathrm{e}^{-\frac{t}{\tau}} \tag{2-36}$$

由换路定则可知

$$u_C(0_+) = u_C(0_-) = U_0$$

代入式（2-36）可得

$$A = U_0 - U_\mathrm{S}$$

因此方程的解为

$$u_C = U_\mathrm{S} + (U_0 - U_\mathrm{S})\mathrm{e}^{-\frac{t}{\tau}} \tag{2-37}$$

或

$$u_C = U_\mathrm{S}(1 - \mathrm{e}^{-\frac{t}{\tau}}) + U_0\mathrm{e}^{-\frac{t}{\tau}} \tag{2-38}$$

由式（2-37）和式（2-38）可见，电路的全响应 u_C 可以分解为零输入响应与零状态响应之和，同时还可以分解为稳态响应和暂态响应之和。u_C 的变化规律与 U_0 和 U_S 的相对大小有关。当 $U_0 > U_S$ 时，电容放电，变化曲线如图 2-13a 所示。当 $U_0 < U_S$ 时，电容充电，变化曲线如图 2-13b 所示。

【例 2-4】图 2-14 所示电路，换路前已处于稳定状态，在 $t = 0$ 时开关 S 闭合。试求开关闭合后的电容电压 u_C。

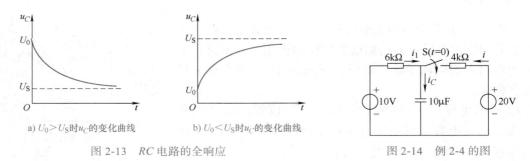

a) $U_0 > U_S$ 时 u_C 的变化曲线　　　b) $U_0 < U_S$ 时 u_C 的变化曲线

图 2-13　RC 电路的全响应　　　　图 2-14　例 2-4 的图

【解】$t = 0_-$ 时，$u_C(0_-) = 10\text{V}$，所以 $u_C(0_+) = 10\text{V}$，$t \geqslant 0$ 时，根据 KCL 得 $i_C = i_1 + i$，其中

$$i_C = C\frac{du_C}{dt}, \quad i_1 = \frac{10 - u_C}{6}, \quad i = \frac{20 - u_C}{4}$$

代入电流方程整理得

$$0.12\frac{du_C}{dt} + 5u_C = 80$$

解得

$$u_C = u_C' + u_C'' = \left(16 + A e^{-\frac{t}{24 \times 10^{-3}}}\right)\text{V}$$

根据 $u_C(0_+) = 10\text{V}$，得

$$A = -6$$

所以

$$u_C = \left(16 - 6e^{-\frac{t}{24 \times 10^{-3}}}\right)\text{V}$$

【例 2-5】图 2-15 所示电路，换路前已处于稳定状态，在 $t = 0$ 时开关 S 断开。试求开关断开后的电流 i。

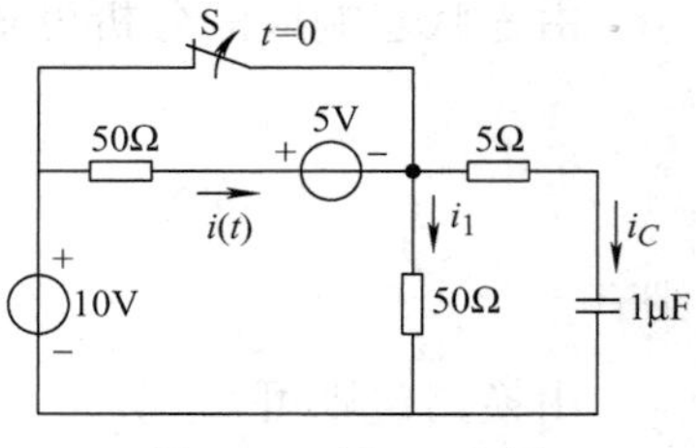

【解】$u_C(0_+) = u_C(0_-) = 10\text{V}$，$t \geqslant 0$ 时，$i = i_1 + i_C$

其中，$i_C = C\frac{du_C}{dt}$，$i_1 = \frac{5i_C + u_C}{50}$。

由 KVL 得

$$10 = 50i + 5 + 5i_C + u_C$$

所以

$$i = \frac{5 - u_C - 5C\dfrac{du_C}{dt}}{50}$$

代入电流方程整理得

$$6 \times 10^{-5}\frac{du_C}{dt} + 2u_C = 5$$

图 2-15　例 2-5 的图

解得
$$u_C = u'_C + u''_C = \left(2.5 + Ae^{-\frac{t}{3\times10^{-5}}}\right)V$$

由 $u_C(0_+) = 10V$，得
$$A = 7.5$$

所以
$$u_C = \left(2.5 + 7.5e^{-\frac{t}{3\times10^{-5}}}\right)V$$

解得
$$i = i_C + i_1 = C\frac{du_C}{dt} + \frac{5i_C + u_C}{50}$$
$$i = \left(50 - 125e^{-\frac{t}{3\times10^{-5}}}\right)mA$$

【例 2-6】图 2-16 所示电路，换路前电路已处于稳定状态，在 $t = 0$ 时开关 S 断开。试求开关断开后的电流 i。

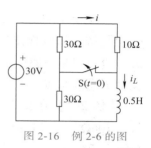

图 2-16　例 2-6 的图

【解】$i_L(0_+) = i_L(0_-) = \dfrac{30}{30//10}A = 4A$

$t \geqslant 0$ 时，$i = i_L$，由 KVL 得 $30 = 10i + L\dfrac{di_L}{dt}$，

所以，$0.5\dfrac{di}{dt} + 10i = 30$。

解得 $i = i' + i'' = (3 + Ae^{-20t})A$，根据 $i_L(0_+) = 4A$，

得 $A = 1$，所以 $i = i' + i'' = (3 + e^{-20t})A$。

【练习与思考】

2.2.1　在一阶电路中，R 一定，则 C 或 L 越大，换路时的暂态过程进行得越慢。这种说法正确吗？

2.2.2　能否用 $u = L\dfrac{di}{dt}$ 计算电感元件电路，当突然断开电路时电感元件两端的电压是多少？

2.2.3　求图 2-17 所示电路的时间常数 τ 和电流 i_L。

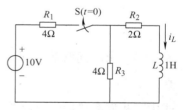

图 2-17　练习与思考 2.2.3 图

2.3　三要素法

由上述分析可知，含有一个储能元件的线性电路，不论电路复杂与简单，按换路后列出的方程都是一阶常系数线性微分方程，它的解是由两部分构成的，可写出一般表达式为
$$f(t) = f'(t) + f''(t)$$

其中，$f'(t)$ 是原方程的一个特解，在电路分析中一般取稳态解，即 $f'(t) = f(\infty)$。而 $f''(t)$

总是具有形式
$$f''(t) = Ae^{-\frac{t}{\tau}}$$

所以
$$f(t) = f(\infty) + Ae^{-\frac{t}{\tau}} \tag{2-39}$$

把初始条件代入可以确定积分常数，即

$$A = f(0_+) - f(\infty)$$

所以一阶电路全响应的一般表达式为

$$f(t) = f(\infty) + \left[f(0_+) - f(\infty) \right] e^{-\frac{t}{\tau}} \qquad (2\text{-}40)$$

由式（2-40）可见，求解一阶线性电路的响应，只需求出稳态值 $f(\infty)$、初始值 $f(0_+)$ 和电路的时间常数 τ，就可以根据式（2-40）直接写出解，从而避免了列电路方程、解微分方程等一系列运算。通常把稳态值 $f(\infty)$、初始值 $f(0_+)$ 和电路的时间常数 τ 称为一阶电路暂态分析的三要素。把求出三要素，并直接由式（2-40）求解电路的方法称为三要素法。

需要指出的是，在一阶电路的暂态情况下，除了 u_C 或 i_L 外，电路中的其他电压和电流也是按照指数规律从它们的初值变到稳态值。所以，式（2-40）中的 $f(t)$ 既可以是 u_C 或 i_L，也可以是电路中的其他电压或电流。下面通过例子来说明用三要素法求解一阶线性电路的方法和步骤。

【例 2-7】 在图 2-18 所示电路中，已知 $R_1 = R_3 = 200\Omega$，$R_2 = 100\Omega$，$C = 10\mu F$，$U_S = 10V$，在 $t = 0$ 时开关 S 闭合。求 S 闭合后的 u_C。设电路原已处于稳态。

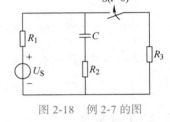

图 2-18　例 2-7 的图

【解】（1）首先求电容电压的初始值，即

$$u_C(0_+) = u_C(0_-) = U_S = 10V$$

（2）求电容电压的稳态值，即

$$u_C(\infty) = U_S \frac{R_3}{R_1 + R_3} = 10 \times \frac{200}{200 + 200} V = 5V$$

（3）求时间常数，即

$$\tau = RC$$

式中，R 为换路后的电路除去电源和储能元件后，从储能元件看进去的无源二端网络的等效电阻，即

$$R = R_2 + R_1 /\!/ R_3 = (100 + 200 /\!/ 200)\Omega = 200\Omega$$

$$\tau = RC = 200 \times 10 \times 10^{-6} s = 2 \times 10^{-3} s$$

（4）由式（2-40）可得

$$u_C = u_C(\infty) + \left[u_C(0_+) - u_C(\infty) \right] e^{-\frac{t}{\tau}} = \left[5 + (10 - 5) e^{-\frac{t}{2 \times 10^{-3}}} \right] V = (5 + 5 e^{-500t}) V$$

【例 2-8】 图 2-19 所示电路中，已知 $U_S = 10V$，$I_S = 5A$，$R_1 = R_2 = 5\Omega$，$L = 200mH$，开关 S 闭合前电路已处于稳态，$t = 0$ 时开关 S 闭合。求换路后电感中的电流 i_L 及电压 u_L。

【解】（1）首先求电感电流的初始值，即

$$i_L(0_+) = i_L(0_-) = I_S = 5A$$

（2）求电感电流的稳态值。可采用叠加原理求解，U_S 单独作用时

$$i'_L(\infty) = \frac{U_S}{R_1 + R_2} = \frac{10}{5+5}A = 1A$$

I_S 单独作用时

$$i''_L(\infty) = \frac{R_1}{R_1 + R_2}I_S = \frac{5}{5+5} \times 5A = 2.5A$$

所以

$$i_L(\infty) = i'_L(\infty) + i''_L(\infty) = 3.5A$$

（3）求时间常数，即

$$\tau = \frac{L}{R} = \frac{L}{R_1 + R_2} = \frac{200 \times 10^{-3}}{5+5}s = 0.02s$$

（4）写出电流 i_L 和 u_L 的表达式，即

$$i_L = i_L(\infty) + [i_L(0_+) - i_L(\infty)]e^{-\frac{t}{\tau}} = \left[3.5 + (5-3.5)e^{-\frac{t}{0.02}}\right]A = (3.5 + 1.5e^{-50t})A$$

$$u_L = L\frac{di_L}{dt} = 0.2 \times (-50) \times 1.5e^{-50t}V = -15e^{-50t}V$$

【例 2-9】 图 2-20a 所示电路中，要求用三要素法求 S 闭合后的 u_3，并画出其变化曲线。设电路原已处于稳定状态。已知 $U = 12V$，$R_1 = R_3 = 5k\Omega$，$R_2 = 10k\Omega$，$C = 100pF$。

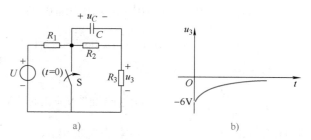

a)　　　　　　　　　　b)

图 2-20　例 2-9 的图

【解】（1）首先求电容电压的初始值为

$$u_C(0_+) = u_C(0_-) = \frac{R_2 U}{R_1 + R_2 + R_3} = \frac{10 \times 12}{5+10+5}V = 6V$$

由 KVL 可知

$$u_3(0_+) + u_C(0_+) = 0$$

所以

$$u_3(0_+) = -u_C(0_+) = -6V$$

（2）求稳态值，即

$$u_3(\infty) = 0$$

（3）时间常数，即

$$\tau=RC=(R_2//R_3)C=\frac{R_2R_3}{R_2+R_3}C=\frac{10\times5}{10+5}\times10^3\times100\times10^{-12}\text{s}=\frac{1}{3}\times10^{-6}\text{s}$$

（4）电压为 $\qquad u_3(t)=u_3(\infty)+[u_3(0_+)-u_3(\infty)]e^{-\frac{t}{\tau}}=-6e^{-3\times10^6t}\text{V}$

u_3 的变化曲线如图 2-20b 所示。它按指数规律衰减到零。曲线在横轴以下，说明 u_3 为负值，衰减时 u_3 电压的实际极性与电路中设定的参考方向相反。

【例 2-10】 图 2-21a 所 示 电 路 中，已 知 $U_S=12\text{V}$，$R_2=5\text{k}\Omega$，$R_1=R_3=20\text{k}\Omega$，$C=10\mu\text{F}$，$t=0$ 时开关 S_1 闭合，$t=0.1\text{s}$ 时开关 S_2 闭合。求 S_2 闭合后电阻 R_2 上的电压 u_{R_2}。设 $u_C(0_-)=0$。

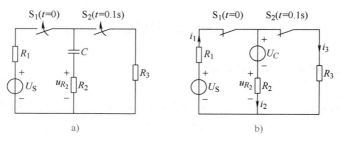

图 2-21　例 2-10 的图

【解】（1）$t=0$ 时，S_1 闭合，S_2 断开，应用三要素法先求出 u_C

确定初始值，即 $\qquad u_C(0_+)=u_C(0_-)=0$

确定稳态值，即 $\qquad u_C(\infty)=U_S=12\text{V}$

确定时间常数，即 $\qquad \tau_1=(R_1+R_2)C=25\times10^3\times10\times10^{-6}\text{s}=0.25\text{s}$

可得 $\qquad u_C(t)=u_C(\infty)+[u_C(0_+)-u_C(\infty)]e^{-\frac{t}{\tau_1}}=12(1-e^{-4t})\text{V}$

由 KVL 可得 $\qquad u_{R_1}+u_{R_2}=U_S-u_C=12e^{-4t}\text{V}$

$$u_{R_2}=\frac{R_2}{R_1+R_2}(u_{R_1}+u_{R_2})=\frac{1}{5}\times12e^{-4t}\text{V}=2.4e^{-4t}\text{V}$$

（2）$t=0.1\text{s}$ 时，S_1 闭合，S_2 闭合，应用三要素法先求出 u_{R_2}

确定初始值，即 $u_C(0.1\text{s})=12(1-e^{-4\times0.1})\text{V}=12\times(1-0.67)\text{V}=3.96\text{V}$

此时电路在 0.1_+ 时刻的等效电路图，如图 2-21b 所示。根据 KCL、KVL 有

$$\begin{cases}i_1=i_2+i_3\\20\times10^3i_1+5\times10^3i_2=12-u_c(0.1\text{s})\\20\times10^3i_3-5\times10^3i_2=u_c(0.1\text{s})\end{cases}$$

可得 $\qquad\begin{cases}i_1=0.368\text{mA}\\i_2=0.136\text{mA}\\i_3=0.232\text{mA}\end{cases}$

$$u_{R_2}(0.1s) = 5 \times 10^3 \times 0.136 \times 10^{-3} \, \text{V} = 0.68 \, \text{V}$$

确定稳态值，即

$$u_{R_2}(\infty) = 0$$

确定时间常数，即

$$\tau_2 = (R_1 // R_3 + R_2)C = 15 \times 10^3 \times 10 \times 10^{-6} \, \text{s} = 0.15 \text{s}$$

可得

$$u_{R_2} = u_{R_2}(\infty) + [u_{R_2}(0.1s) - u_{R_2}(\infty)]e^{-\frac{t-0.1}{\tau_2}} = 0.68 e^{-\frac{t-0.1}{0.15}} \, \text{V}$$

【例 2-11】在图 2-22 所示的电路中，$t=0$ 时开关闭合，闭合前电路处于稳态，求 $t \geqslant 0$ 时电流 i，并绘出其波形。

【解】（1）首先求电感电流的初始值 $i_L(0_+)$，如图 2-23a 所示，即

$$i_L(0_+) = i_L(0_-) = 1 \text{A}$$

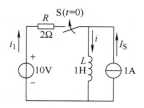

图 2-22　例 2-11 的图

（2）求电路稳定后的电感电流 $i_L(\infty)$，如图 2-23b 所示，根据 KCL 可得

$$i_L(\infty) = i_S + i_1 = \left(1 + \frac{10}{2}\right) \text{A} = 6 \text{A}$$

（3）求时间常数，即 $\tau = \dfrac{L}{R}$，其中 R 是换路后的等效电路，如图 2-23c 所示，除去电源和储能元件后，从储能元件看进去的无源二端网络的等效电阻，即

$$\tau = \frac{L}{R} = \frac{1}{2} \text{s} = 0.5 \text{s}$$

（4）由式（2-40）可得

$$i_L = i_L(\infty) + [i_L(0_+) - i_L(\infty)]e^{-\frac{1}{\tau}} = (6 - 5e^{-2t}) \text{A}$$

其波形如图 2-24 所示。

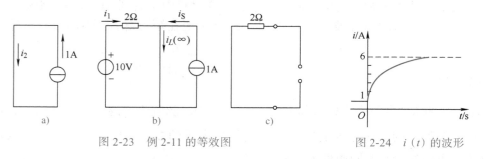

图 2-23　例 2-11 的等效图　　　　　　　图 2-24　$i(t)$ 的波形

通过上述例题可知，利用三要素法求解一阶电路的暂态问题，关键是正确求得 3 个要素 $f(0_+)$、$f(\infty)$ 和 τ。3 个要素的求解方法总结如下：

（1）初始值 $f(0_+)$ 的求取　首先利用换路前的电路求出 $u_C(0_-)$ 或 $i_L(0_-)$，然后由换路定则得到 $u_C(0_+)$ 或 $i_L(0_+)$，再将 $u_C(0_+)$ 或 $i_L(0_+)$ 代入换路后求解 $t=0_+$ 时的等效电路，求出 $f(0_+)$。

（2）稳态值 $f(\infty)$ 的求取　利用换路后的电路，并设电路已达到稳定状态，求解稳态电路，即可求得 $f(\infty)$。

（3）电路的时间常数 τ　一阶 RC 电路的时间常数 $\tau=RC$，一阶 RL 电路的时间常数 $\tau=L/R$，式中的 C 或 L 是储能元件电容或电感的参数值，R 是等效电阻，是电路换路后从储能元件 C 或 L 两端向电路看进去（电路除源后）的等效电阻。

例题分析

最后，根据公式 $f(t)=f(\infty)+\left[f(0_+)-f(\infty)\right]\mathrm{e}^{-\frac{t}{\tau}}$ 直接写出一阶电路的暂态响应。

【练习与思考】

2.3.1　在对含有储能元件的电路进行分析时，电容有时看成开路，有时却又看成短路，电感也有同样情况，为什么？

2.3.2　试说明一阶电路的三要素法不仅可用于求取电路中的 $u_C(t)$ 或 $i_L(t)$，而且对一阶电路中的任意电压或电流都适用。

2.3.3　试求图 2-25 所示电路的时间常数和电容电压初始值、稳态值。

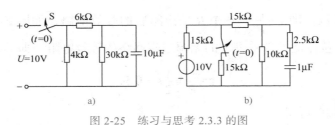

a)　　　　　　　　　　　b)

图 2-25　练习与思考 2.3.3 的图

2.4　RC 电路的应用——脉冲响应

脉冲信号是电子技术中常见的信号波形，它在传递过程中常受到 RC 电路的影响，而 RC 电路本身就是最常用的脉冲波形变换电路。本节讨论在矩形脉冲激励下 RC 电路的响应。

2.4.1　微分电路

图 2-26a 所示的 RC 电路中，输入信号 u_i 是幅度为 U、脉宽为 t_p 的矩形脉冲信号，如图 2-26b 所示，电阻上的电压作为输出信号 u_o。输出电压的波形与电路的参数和输入信号的脉宽有关，下面讨论在不同条件下的输出电压。

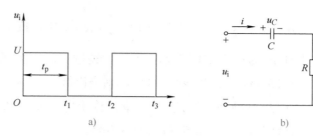

图 2-26　在电阻两端输出时 RC 电路及脉冲信号

1. $\tau \ll t_{\mathrm{p}}$

假设电容上没有初始储能，即 $u_C(0_-)=0$。$t=0$ 时发生换路，将脉冲信号加到输入端，电源电压由 0 变到 U。根据换路定则 $u_C(0_+)=u_C(0_-)=0$，由换路后的电路可以得到 $u_{\mathrm{o}}(0_+)=U$。如果电源电压一直保持为 U，电路将达到稳态。此时电路中的电流为零，输出电压 $u_{\mathrm{o}}(\infty)=0$。由三要素法可得

$$u_{\mathrm{o}} = u_{\mathrm{o}}(\infty) + \left[u_{\mathrm{o}}(0_+) - u_{\mathrm{o}}(\infty)\right]\mathrm{e}^{-\frac{t}{\tau}} = U\mathrm{e}^{-\frac{t}{\tau}}$$

可见输出电压 u_{o} 在 $t=0$ 时跳变到 U，然后按指数规律变化达到零。由于 τ 和 t_{p} 相比很小，电压下降很快形成一个尖脉冲。到 t_1 时电路早已达到稳态，这时 $u_C(t_1)=U$。在 $t=t_1$ 时，输入电压又由 U 跳变到零。根据换路定则 $u_C(t_{1+})=u_C(t_{1-})=U$，则 $u_{\mathrm{o}}(t_{1+})=-U$。如果电源电压保持为零，稳态时 $u_{\mathrm{o}}(\infty)=0$，故

$$u_{\mathrm{o}} = -U\mathrm{e}^{-\frac{t-t_1}{\tau}} \quad (\ t > t_1\ )$$

此时，输出电压的波形为一负的尖脉冲。以此类推，输出波形如图 2-27a 所示，此波形与矩形波的微分波形相像，所以把此电路称为微分电路。

需要强调注意以下两个问题。

一是 RC 电路称为微分电路必须具备以下两个条件：

① $\tau \ll t_{\mathrm{p}}$；②从电阻两端输出。

二是此微分电路常用于电子电路中把矩形脉冲变换为尖脉冲。一般不用作运算电路，因为 $u_R = iR = RC\dfrac{\mathrm{d}u_C}{\mathrm{d}t}$，而只有 $u_C = u_{\mathrm{i}}$ 时输出和输入之间才是微分关系，但是在脉冲出现时，此关系恰好不成立。

2. $\tau \gg t_{\mathrm{p}}$

图 2-26b 所示的电路不变，输入也是一矩形波，同前面的分析相同，在 $[0, t_1]$ 这一段时间 $u_{\mathrm{o}} = U\mathrm{e}^{-\frac{t}{\tau}}$。由于电路时间常数 τ 比脉冲宽度大得多，电压变化非常缓慢。当 $t=t_1$ 时，电源又变为零，但第一个暂态远没有结束，在 $t=t_{1-}$ 时，$u_{\mathrm{o}}(t_{1-})=U\mathrm{e}^{-\frac{t_1}{\tau}}$，电容两端的电压 $u_C(t_{1-})=U-u_{\mathrm{o}}(t_{1-})=U(1-\mathrm{e}^{-\frac{t_1}{\tau}})$。在 $t=t_1$ 电源变化后，根据换路定则 $u_C(t_{1+})=u_C(t_{1-})=$

$U(1-\mathrm{e}^{-\frac{t_1}{\tau}})$，由此得 $u_o(t_{1+}) = -U(1-\mathrm{e}^{-\frac{t_1}{\tau}})$，所以在 $[t_1,t_2]$ 这段时间内 $u_o(t) = -U(1-\mathrm{e}^{-\frac{t_1}{\tau}})$ $\mathrm{e}^{-\frac{t-t_1}{\tau}}$，以此类推，输出电压 u_o 的波形如图 2-27b 所示。经过一段时间后电路波形稳定。当 $\tau \gg t_p$ 时，在一个 t_p 间隔内指数曲线的下降可忽略，则输出波形基本上是输入波形的平移，它的平均值为零，只有交流分量而没有直流分量，输出电压 u_o 的波形如图 2-27c 所示。把这种情况下的 RC 电路称为阻容耦合电路或隔直电路。

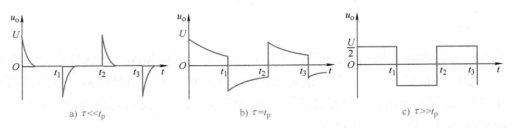

图 2-27　RC 电路电阻两端的脉冲响应波形

比较图 2-27a、b、c 所示的输出波形，可见，同样的电路结构和输入波形，只要电路的时间常数 τ 与输入脉冲的宽度 t_p 的相对大小不同，则输出波形不同，电路的功能不同。

在电子技术电路中，常应用微分电路把矩形脉冲变换为尖脉冲，作为触发信号。

【例 2-12】图 2-28 中，脉冲宽度 $t_p = 0.5\mathrm{ms}$ 的矩形序列分别作用于图电路的 a 和 b 端，试绘出输出电压 u_o 的波形。

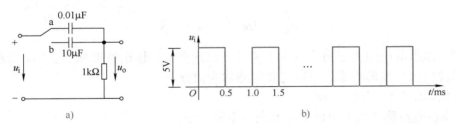

图 2-28　例 2-12 的图

【解】（1）矩形波加在 a 端时

$$\tau = RC = 1 \times 10^3 \times 0.01 \times 10^{-6}\mathrm{s} = 0.01\mathrm{ms}$$

而 $t_p = 0.5\mathrm{ms}$，$t_p \geqslant \tau$，因而电路是微分电路。当 u_i 为图 2-29a 所示波形时，其 u_o 波形如图 2-29b 所示。

（2）矩形波加于 b 端时

$$\tau = RC = 1 \times 10^3 \times 10 \times 10^{-6}\mathrm{s} = 10\mathrm{ms}$$

而 $t_p = 0.5\mathrm{ms}$，$t_p \leqslant \tau$，因而电路是耦合电路，其 u_o 波形如图 2-29c 所示。

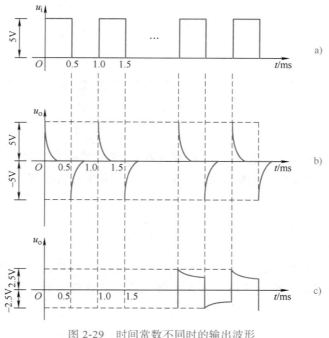

图 2-29   时间常数不同时的输出波形

2.4.2   积分电路

图 2-26b 所示的 RC 串联电路，如果在矩形脉冲激励下，由电容两端输出，如图 2-30 所示，输入仍为一方波。在 $[0, t_1]$ 区间内输出电压为 $u_o(t) = U(1 - e^{-\frac{t}{\tau}})$，第一个脉冲结束时 $u_o(t_1) = U(1 - e^{-\frac{t_1}{\tau}})$，在 $[t_1, t_2]$ 区间内输出电压为 $u_o(t) = U(1 - e^{-\frac{t_1}{\tau}}) e^{-\frac{t}{\tau}}$，以此类推。

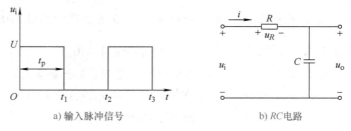

a) 输入脉冲信号   b) RC 电路

图 2-30   电容两端输出时 RC 电路及脉冲信号

如果 $\tau \ll t_p$，则在每一个区间结束时电路都已达到稳态，即 $u_o(t_1) = U$，$u_o(t_2) = 0$……其波形如图 2-31a 所示。

如果 $\tau = t_p$，其波形如图 2-31b 所示。

如果 $\tau \gg t_p$，则在每个区间结束时电路远没有达到稳态。输出电压仅为指数曲线上的一小段，它近似为一段直线。将该情况下的 RC 电路称为积分电路，输出电压波形如图 2-31c 所示。

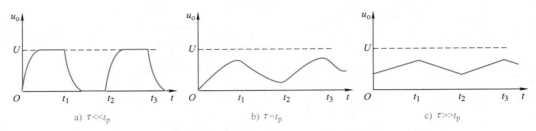

a) $\tau \ll t_\mathrm{p}$ b) $\tau = t_\mathrm{p}$ c) $\tau \gg t_\mathrm{p}$

图 2-31 *RC* 电路电容两端的脉冲响应波形

由上述分析可知，积分电路是一波形变换电路。当输入脉冲信号且满足时间常数 $\tau \gg t_\mathrm{p}$ 的条件下，将在 *RC* 电路的电容 *C* 两端输出三角波或锯齿波。积分电路在电子技术中也被广泛应用。

本章小结

1. 含有储能元件的电路，当从一种稳定状态变为另一种稳定状态时，由于能量不能跃变，必然经历一个暂态过程。换路定律是求解电路暂态过程初始值的重要定律。换路定律的公式为

$$u_C(0_+) = u_C(0_-); i_L(0_+) = i_L(0_-)$$

2. 一阶电路的暂态响应包括零输入响应、零状态响应和全响应。全响应的表达式为

$$u_C = u_C(\infty)\left(1 - \mathrm{e}^{-\frac{t}{\tau}}\right) + u_C(0_+)\mathrm{e}^{-\frac{t}{\tau}} = u_C(\infty) + [(u_C(0_+) - u_C(\infty)]\mathrm{e}^{-\frac{t}{\tau}}$$

$$i_L = i_L(\infty)\left(1 - \mathrm{e}^{-\frac{t}{\tau}}\right) + i_L(0_+)\mathrm{e}^{-\frac{t}{\tau}} = i_L(\infty) + [i_L(0_+) - i_L(\infty)]\mathrm{e}^{-\frac{t}{\tau}}$$

全响应是零输入响应与零状态响应之和，也可看成稳态响应与暂态响应之和。

3. 一阶电路暂态分析的重点是三要素分析法，即通过求得初始值 $f(0_+)$、稳态值 $f(\infty)$ 和电路时间常数 τ 3 个要素，就可根据公式 $f(t) = f(\infty) + \left[f(0_+) - f(\infty)\right]\mathrm{e}^{-\frac{t}{\tau}}$ 直接求出电流或电压的响应。此种方法概念清楚，求解电路简单、迅速。3 个要素的求解方法总结如下：

1）初始值 $f(0_+)$ 的求取。根据换路前的电路中求出 $u_C(0_-)$ 或 $i_L(0_-)$，由换路定则得到 $u_C(0_+)$ 或 $i_L(0_+)$，将其代入 $t = 0_+$ 时的等效电路，求出 $f(0_+)$。

2）稳态值 $f(\infty)$ 的求取。根据换路后的电路，并设电路已达到稳定状态的情况下求解电路，得到 $f(\infty)$。

3）电路的时间常数 τ。电路的时间常数 $\tau = RC$ 或 $\tau = L/R$，式中的 *C* 或 *L* 是储能元件电容或电感的参数值。*R* 是电路的等效电阻，即从储能元件两端向除源后的电路看进去的等效电阻。时间常数 τ 的大小反映暂态过程的长短，τ 越小，暂态过程越短。工程上认为 $t = (3 \sim 5)\tau$ 时，暂态过程基本结束。

4. 当脉冲信号作为 *RC* 电路的激励时，从电阻两端或从电容两端输出可以得到不同的输出波形。当满足 $\tau \ll t_\mathrm{p}$ 和从电阻两端输出的条件时，则构成微分电路。微分电路可以把

矩形脉冲变换为正、负尖顶波。而当满足 $\tau \gg t_p$ 和从电容两端输出的条件时，则构成积分电路。积分电路可以把矩形脉冲变换为三角波或锯齿波。

基本概念自检题 2

以下每小题中提供了可供选择的答案，请选择一个或多个正确答案填入空白处。

1. 以下情况使得电路换路的是_____。

a. 开关闭合或打开　　　　　　　　b. 电源电压（或电流）发生变化

c. 电路元件参数发生变化　　　　　d. 电路结构发生变化

2. 产生暂态过程的条件是_____。

a. 电路在换路时

b. 含有容性元件的电路且在换路时

c. 含有感性元件的电路且在换路时

d. 含有储能元件的电路且在换路时

3. 以下说法正确的是_____。

a. 零输入响应是外加的电源激励为零，储能元件含有初始储能，即 $u_C(0_-) \neq 0$ 或 $i_L(0_-) \neq 0$，由储能元件的初始值在电路中产生的电压或电流。

b. 零状态响应是储能元件的初始储能为零，即 $u_C(0_-)=0$ 或 $i_L(0_-)=0$，由外加的电源激励在电路中所产生的电压或电流。

c. 全响应是外加电源激励和储能元件初始值均不为零，由它们共同作用在电路中所产生的电流或电压，即全响应 = 零输入响应 + 零状态响应。

4. 换路瞬间不会发生突变的是_____。

a. 电容和电感的电压、电流　　　　b. 电容电压和电感电流

c. 电容电流和电感电压

5. 换路瞬间电容元件可以等效成电压源的是_____。

a. $u_C(0_-) \neq 0$　　　　　　　　b. $u_C(0_+) = u_C(0_-)$

c. $u_C(t) \neq 0$

6. 换路瞬间电感元件可等效为开路的是_____。

a. $i_L(0_+) = i_L(0_-) = 0$　　　　　b. $i_L(0_-) = 0$

c. $i_L(t) = 0$

7. 对于一阶暂态电路，以下说法正确的是_____。

a. 暂态过程的时间可持续几秒

b. 在暂态过程中只有电容电压和电感电流按指数规律变化

c. 在电阻电容电路中，电阻值一定，电容越大，其暂态过程越长

8. 对时间常数的描述正确的是_____。

a. 反映了暂态过程进行的快慢

b. 时间常数越大，暂态过程就越长

c. 时间常数越小，暂态过程就越长

习　题　2

1. 图 2-32 所示电路中，$U_S = 100\text{V}$，$R_1 = 1\Omega$，$R_2 = 99\Omega$，$C = 10\mu\text{F}$，试求：（1）S 闭合瞬间各支路电流及各元件两端电压；（2）S 闭合后到达稳定状态时各支路电流及各元件两端电压的数值。

2. 图 2-33 所示电路中，$U_S = 12\text{V}$，$R_1 = 3\Omega$，$R_2 = 1\Omega$，换路前电路已处于稳态，$t=0$ 时，开关 S 闭合，试求 $i_1(0_+)$、$i_L(0_+)$、$i_K(0_+)$、$u_L(0_+)$。

图 2-32　题 1 的图　　　　　　　　图 2-33　题 2 的图

3. 图 2-34 所示电路中，换路前电路已处于稳态，求开关断开瞬间的 $i_C(0_+)$、$u_L(0_+)$、$u_C(0_+)$。

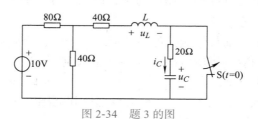

图 2-34　题 3 的图

4. 图 2-35 所示电路中，开关 S 闭合后电路已达稳态，已知 $U=10\text{V}$，$R_1 = 20\text{k}\Omega$，$R_2 = 30\text{k}\Omega$，$C=10\mu\text{F}$。求 S 断开后各支路电流及电容两端电压。

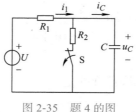

图 2-35　题 4 的图

5. 图 2-36 所示电路中，已知 $U_S = 10\text{V}$，$R_1 = R_3 = 10\text{k}\Omega$，$R_2 = 20\text{k}\Omega$，$C = 10\mu\text{F}$，开关在"1"位置时，电路已处于稳态。当 $t=0$ 时，将开关由"1"切换到"2"位置，求 $i(t)$。

6. 图 2-37 所示电路中，开关 S 闭合后电路已达稳态，已知 $U_S = 10\text{V}$，$R_1 = 20\text{k}\Omega$，$R_2 = 30\text{k}\Omega$，$C = 10\mu\text{F}$。求 S 断开后各支路电流及电容两端电压。

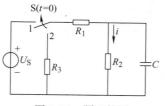

图 2-36 题 5 的图

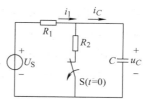

图 2-37 题 6 的图

7. 图 2-38 所示电路中，已知 $R_1 = 1\text{k}\Omega$，$R_2 = 2\text{k}\Omega$，$C = 3\mu\text{F}$，$U_{S1} = 3\text{V}$，$U_{S2} = 5\text{V}$，开关长期置于"1"位置，在 $t = 0$ 时，把它切换到"2"位置上，试求 $u_C(t)$。

8. 图 2-39 所示电路中，在 $t = 0$ 时开关闭合，设电感 L 中原来无储能。求：（1）开关闭合瞬间和闭合电路达稳定后电感两端的电压；（2）写出开关闭合后电感中电流随时间的变化规律。

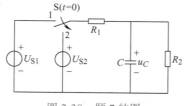

图 2-38 题 7 的图

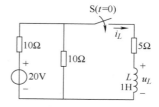

图 2-39 题 8 的图

9. 电路如图 2-40 所示，开关闭合前电路处于稳态，求开关闭合后 i_1、i_2 随时间变化的表达式，并画出 i_1、i_2 的曲线。

10. 图 2-41 所示电路原已稳定，开关 S 在 $t = 0$ 时闭合，求闭合后的 i_L、i_1 和 i_2。

11. 图 2-42 所示电路原已稳定，开关 S 在 $t = 0$ 时闭合，求闭合后的 $i(t)$。

12. 图 2-43 所示电路，电感在 $t < 0$ 时没有储存能量。若开关 S_1 在 $t = 0$ 时闭合，经过 1s 以后开关 S_2 闭合。求 $i_L(t)$，并画出其随时间变化的曲线。

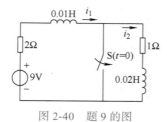

图 2-40 题 9 的图

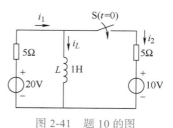

图 2-41 题 10 的图

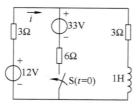

图 2-42 题 11 的图

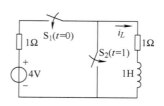

图 2-43 题 12 的图

13. 图 2-44 所示电路中，$U_S = 12V$，$I_S = 1mA$，$R_1 = 60k\Omega$，$R_2 = R_3 = 20k\Omega$，$C = 2\mu F$，开关 S_1 在 $t = 0$ 时打开，打开前电路已处稳态。开关 S_2 在 $t = 0.1s$ 时闭合。求电容电压 $u_C(t)$，并画出其随时间变化的曲线。

14. 电路如图 2-45 所示，试用三要素法求 $t \geqslant 0$ 时的 i_1、i_2 及 i_L。

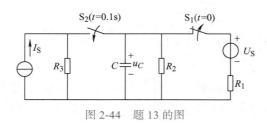

图 2-44　题 13 的图

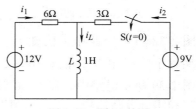

图 2-45　题 14 的图

第 **3** 章

正弦交流电路

【内容导图】

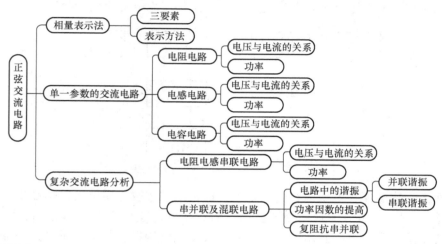

【教学要求】

知识点	相关知识	教学要求
正弦交流电的三要素	有效值和幅值	理解
	频率和周期	理解
	初相位和相位差	理解
正弦交流电的表示方法	正弦量的三要素	了解
	相量表示法	掌握
单一参数的交流电路	电压与电流的关系，相量分析法	掌握
	有功功率、无功功率及视在功率的概念	掌握
RLC 串联交流电路	电压与电流关系，相量分析法	掌握
	功率分析与计算	掌握
RLC 并联交流电路	相量关系式	理解
	电路分析与应用	理解
功率因数的提高	功率因数提高的意义与方法	掌握
交流电路的谐振	串联谐振及应用	掌握
	并联谐振及应用	理解

【 项目引例 】

正弦交流电广泛应用于现代工农业生产和日常生活中，如加工机床的驱动电动机，加热用的电炉，家用电器中的空调、电视、电磁炉以及手机充电等都离不开交流电。即使是需要直流电的场合，通常也是由交流电经过整流后获得的。

目前传统发电厂由于石油、天然气和煤三大能源的不断减少及环境的污染等因素面临转型升级，太阳能、水能、风能等新型清洁能源发电系统应运而生。在太阳能应用中，光伏发电技术是解决能源危机的重要手段之一，其未来前景有无穷潜力。图 3-1 所示为光伏发电系统电路原理框图，主要由光伏电池阵列、SPWM 控制电路和 DC/AC 降压转换器等组成。由光伏电池将光能转换为电能，输出合适功率的直流电压，再由正弦波脉宽调制（SPWM）技术，将其转换为 220V 工频正弦交流电后与传统交流电网并网运行，由清洁能源发出并到达用户的电也是正弦交流电。可见，正弦交流电的应用十分广泛。

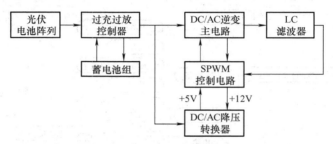

图 3-1　光伏发电系统电路原理框图

本章在大学物理课程电学内容的基础上，讨论单相正弦交流电的基础知识，包括正弦交流电的表示方法、单一参数的交流电路、*RLC* 串并联交流电路、电路中的谐振和功率因数提高等。这一章是电工技术课程中学习有关交流电的重要基础，所讨论的基本概念和分析方法必须很好地掌握并会运用，为今后学习有关供电与用电电路分析及相关电气设备打下基础。

3.1　正弦量的三要素与相量表示法

3.1.1　正弦量的三要素

随时间按正弦规律变化的电压和电流称为正弦交流量，简称为正弦量。以正弦电流为例，其波形如图 3-2 所示，它的数学表达式为

$$i = I_{\mathrm{m}} \sin(\omega t + \varphi) \qquad （3-1）$$

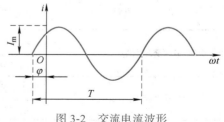

图 3-2　交流电流波形

式中，i 表示交流电流在某一瞬时的实际值，称为瞬时值；I_{m} 称为最大值或幅值；ω 表示正弦交流电变化的快慢，称为角频率；φ 表示正弦交流电变化的起始位置，称为初相角或初相位。当幅值 I_{m}、角频率 ω 和初相位 φ 这三个量已知时，则这一正弦量就唯一被确定。因此 I_{m}、ω 和 φ 常称为正弦量的三要素，它们是区别不同正弦

量的主要因素。

1. 频率和周期

正弦量往复变化一周所需的时间称为周期，用 T 表示，单位为秒（s）。每秒变化的次数称为频率，用 f 表示，单位是赫兹（Hz）。周期和频率互为倒数，即

$$f = \frac{1}{T} \tag{3-2}$$

我国规定电力系统供电的标准频率是 50Hz。世界上除英国、日本等少数国家规定 60Hz 为标准频率外，大多数国家以 50Hz 为标准频率。但在通信系统中，使用的频率范围就十分广泛了，许多电信号频率远高于 50Hz，因此常用的频率单位还有 kHz 和 MHz。

正弦交流电经历一个周期的时间，角度变化 2π 弧度，所以角频率为

$$\omega = \frac{2\pi}{T} = 2\pi f \tag{3-3}$$

单位是弧度 / 秒（rad/s），它反映了正弦量变化的快慢。

2. 有效值

表示正弦量大小的物理量有瞬时值、幅值和有效值。瞬时值和幅值仅表示某一瞬时的值，不能全面反映交流电做功的实际效应。因此，引入有效值来计量正弦量的大小。

交流电的有效值是从电流热效应的角度来规定的。如果正弦电流通过电阻 R 在一周期时间内所消耗的电能和某一直流电流通过同一电阻 R，且在相同的时间内所消耗的电能相等，则这个直流电流的量值就称为该正弦电流的有效值，用大写字母 I 表示。

由上述有效值的定义，可以得到

$$\int_0^T i^2 R \mathrm{d}t = I^2 RT$$
$$I = \sqrt{\frac{1}{T} \int_0^T i^2 \mathrm{d}t} \tag{3-4}$$

即正弦交流电的有效值等于其函数式的二次方在一周期内的平均值再开二次方根，简称"方均根"值。这一结论适用于任何周期性变化的电压、电流。

设正弦电流的函数式为

$$i = I_m \sin(\omega t + \varphi)$$

代入式（3-4）中，求得交流电流的有效值为

$$I = \sqrt{\frac{1}{T} \int_0^T [I_m \sin(\omega t + \varphi)]^2 \mathrm{d}t} = \sqrt{\frac{I_m^2}{T} \int_0^T \frac{1 - \cos 2(\omega t + \varphi)}{2} \mathrm{d}t} = \frac{I_m}{\sqrt{2}} = 0.707 I_m \tag{3-5}$$

同理，正弦电压和电动势的有效值分别为

$$U = \frac{U_m}{\sqrt{2}} = 0.707 U_m, \quad E = \frac{E_m}{\sqrt{2}} = 0.707 E_m \tag{3-6}$$

式（3-5）和式（3-6）表明了交流电的有效值与幅值之间的关系。工程上凡谈到正弦量

的数值而又不特别说明时，都是指有效值。不难看出，用有效值表示正弦量的大小也是一种等效的概念，这是一种整体上的等效，即有效值 U、I、E 只是在总的做功效果上可等效的代表各自的正弦量，但不能反映正弦量每一瞬时的值。

常用的交流电压 220V 或 380V 等，即为有效值。各种交流电气设备铭牌标出的额定电压、额定电流也都是指有效值，交流电压表和交流电流表的读数也都是有效值。

【例 3-1】用交流电压表测得一交流接触器的电压为 220V，问交流电源的幅值是多少？若已知通入交流接触器的电流 $i = 28\sqrt{2}\sin\omega t\,\text{A}$，试求电流 i 的幅值和有效值。

【解】（1）依据式（3-6）可求得电源的幅值为 $U_m = 220\sqrt{2}\text{V}=311\text{V}$。

（2）依据式（3-5）可求得电流的幅值为 $I_m = 28\sqrt{2}=39.6\text{A}$，所以有效值为 28A。

3. 初相位、相位差

正弦量是随时间变化的函数，对应于不同的时间 t，具有不同的 $\omega t + \varphi$，正弦交流电也就变化到不同的数值。所以 $\omega t + \varphi$ 反映了交流电变化的进程，称为相位角或相位。$t = 0$ 时的相位角 φ，则称为初相位或初相角。

初相角的大小和正负与计时起点（$t = 0$）的选取有关，如图 3-3 所示。当选 $t = 0$ 时刻作为计时起点时，即初始值 $i(0) = I_m\sin\varphi = 0$，$\sin\varphi = 0$，则初相位 $\varphi = 0$；同理，当选 $i>0$ 的某一时刻作为计时起点时，则 $\sin\varphi > 0$，$\varphi > 0$；当选 $i<0$ 的某一时刻作为计时起点时，则 $\sin\varphi < 0$，$\varphi < 0$。可见，选取计时起点不同，正弦量的初相位不同，其初始值也就不同。但要注意，规定的初相位 $|\varphi| \le \pi$。

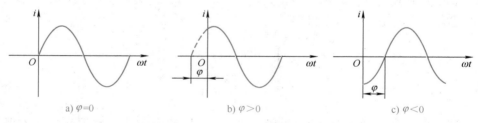

a) $\varphi=0$ b) $\varphi>0$ c) $\varphi<0$

图 3-3　初相位与计时起点的关系

在同一电路中电压和电流的频率是相同的，但其初相位不一定相同，例如

$$u = U_m\sin(\omega t + \varphi_1),\ i = I_m\sin(\omega t + \varphi_2) \tag{3-7}$$

它们的初相位分别为 φ_1 和 φ_2。两个同频率正弦量的相位角之差或初相位之差称为相位差，用 φ 表示，在式（3-7）中，u 和 i 的相位差为

$$\varphi = (\omega t + \varphi_1) - (\omega t + \varphi_2) = \varphi_1 - \varphi_2 \tag{3-8}$$

由式（3-8）可知，两个同频率正弦量的相位随时间而改变，但两者之间的相位差却始终保持不变。相位差反映了两个同频率正弦量随时间变化"步调"上的先后。根据不同的相位差，两个正弦量之间（以 u 与 i 为例）的相位关系大致可分以下几种情况。

1）当 $\varphi_1 = \varphi_2$ 时，u 与 i 之间的相位差 $\varphi = \varphi_1 - \varphi_2 = 0$，即 u 与 i 将同时达到正的最大值或零值，它们的变化步调是一致的，如图 3-4a 所示，这时称 u 和 i 同相。

2）当 $\varphi_1 > \varphi_2$ 时，u 与 i 之间的相位差 $\varphi = \varphi_1 - \varphi_2 > 0$，即 u 比 i 先达到正的最大值。此时它们的相位关系是 u 超前于 i，或者说 i 滞后于 u，如图 3-4b 所示。

3）当 $\varphi = \varphi_1 - \varphi_2 = \pm\pi$ 时，如图 3-4c 所示，u 与 i 的相位相反，称 u 与 i 反相。

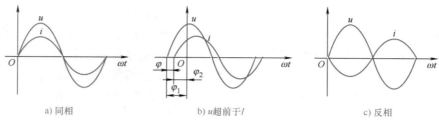

　　　a）同相　　　　　　　b）u超前于i　　　　　　　c）反相

图 3-4　正弦量相位关系

在分析计算正弦交流电路时，通常是先选定某一正弦量为参考量（通常设初相位等于零），然后再求其他正弦量与参考量之间的相位关系。

须指出的是，相位差反映的是同频率正弦量之间的相位关系。对频率不同的正弦量，它们的相位差是时间的函数，不是固定值，在此不予研究。

【例 3-2】已知一实验室供电交流电源的频率 $f = 50\text{Hz}$，有效值 $U = 380\text{V}$，初相位 $\varphi = 60°$，试求：（1）电源电压的幅值；（2）电压的角频率并写出瞬时值表达式。

【解】（1）电压幅值为　　　$U_m = 380\sqrt{2}\text{V} \approx 537\text{V}$

（2）电压角频率为　　　$\omega = 2\pi f = 2\pi \times 50\text{rad/s} \approx 314\text{rad/s}$

电压瞬时值表达式为　　　$u = \sqrt{2}U\sin(\omega t + \varphi_u) = 380\sqrt{2}\sin(314t + 60°)\text{V}$

【例 3-3】一荧光灯接在电压 $U = 220\text{V}$ 的正弦交流电源上，已知电源频率 $f = 50\text{Hz}$，初相位 $\varphi_u = 30°$，电路中电流 $I = 0.8\text{A}$，初相位 $\varphi_i = -30°$，试求：（1）电压与电流的相位差 φ；（2）电压与电流的瞬时表达式，并画出波形图。

【解】（1）u、i 的相位差 $\varphi = \varphi_u - \varphi_i = 30° - (-30°) = 60°$

（2）u、i 的瞬时表达式

$$u = \sqrt{2}U\sin(\omega t + \varphi_u) = 220\sqrt{2}\sin(314t + 30°)\text{V} = 311\sin(314t + 30°)\text{V}$$

$$i = \sqrt{2}I\sin(\omega t + \varphi_i) = 0.8\sqrt{2}\sin(314t - 30°)\text{A}$$

u、i 的波形如图 3-5 所示。

【练习与思考】

3.1.1　有一电风扇的额定电压为 220V，则它能承受的最大电压是多少？

3.1.2　设电路中的电流 $i = 20\sin\left(314t - \dfrac{\pi}{4}\right)\text{mA}$，试指出它的频率、周期、角频率、幅值、有效值及初相位各为多少，并画出波形图。

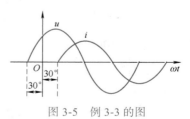

图 3-5　例 3-3 的图

3.1.3　两个正弦量在下列情况下是否有一确定的相位差？为什么？（1）频率相同，计时起点改变；（2）频率相同，其中一个改变参考方向；（3）频率不同，幅值相同。

3.1.2 正弦量的相量表示法

由上述讨论可知，正弦量用三角函数式和波形图表示时，清楚地反映了正弦量的大小和相位关系，这是表达正弦量的基本方法。但在分析和计算电路的过程中，经常需要将几个同频率的正弦量进行加减、微分和积分的运算，如果直接用上述两种表示法进行运算，计算过程相当烦琐。因此，为了能简便地进行运算，正弦量常用相量来表示。相量表示法的基础是复数，即用复数来表示正弦量。这种表示方法能把正弦函数的运算转化为简单的复数运算。因此，首先复习复数的有关知识，然后再讨论相量表示法。

动画演示

1. 复数的表示形式

复数是一个由实部 a 和虚部 b 组成的数，用 A 表示，即

$$A = a + jb \qquad (3-9)$$

式中，j 为虚单位，在数学中是用 i 来表示的，在电工技术中，为了不与瞬时电流混淆，改用 j 来表示。

复数可以用几何方法表示，如图 3-6 所示。由图可知，复数的模和辐角分别为

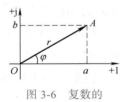

图 3-6 复数的几何表示法

$$r = \sqrt{a^2 + b^2}, \quad \varphi = \arctan \frac{b}{a}$$

因为

$$a = r\cos\varphi \text{ 和 } b = r\sin\varphi$$

所以

$$A = a + jb = r\cos\varphi + jr\sin\varphi = r(\cos\varphi + j\sin\varphi) \qquad (3-10)$$

根据欧拉公式

$$\cos\varphi = \frac{e^{j\varphi} + e^{-j\varphi}}{2} \text{ 和 } \sin\varphi = \frac{e^{j\varphi} - e^{-j\varphi}}{2j}$$

可得

$$A = re^{j\varphi} \qquad (3-11)$$

或简写为

$$A = r\angle\varphi \qquad (3-12)$$

由此得到复数的几种表示式：代数式(3-9)、三角函数式(3-10)、指数式(3-11)和极坐标式(3-12)。上述几种表示式可根据运算需要进行互换。同时还可以看出，不论复数是哪种表示形式，都只含有模和辐角两个要素。因此，只要模和辐角已知，其对应的复数即可确定。

2. 复数的代数运算

设有两个复数：$A_1 = a_1 + jb_1$，$A_2 = a_2 + jb_2$。下面以 A_1 和 A_2 为例，分别讨论复数的几种基本运算情况。

（1）复数的加法和减法运算　当复数进行加法和减法运算时，通常将复数化成代数形式，然后实部与实部相加减，虚部与虚部相加减，从而得到新的复数 A，即

$$A = A_1 \pm A_2 = (a_1 \pm a_2) + j(b_1 \pm b_2) \qquad (3-13)$$

复数的加、减运算也可以在复平面上通过平行四边形法则实现，如图 3-7、图 3-8 所示。

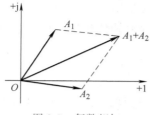

图 3-7　复数相加

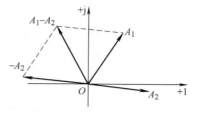

图 3-8　复数相减

（2）复数的乘法和除法运算　当复数进行乘法和除法运算时，通常先将复数化成极坐标形式，然后对复数的模进行乘除运算，而辐角则进行加减运算，即

$$A_1 = a_1 + jb_1 = r_1\angle\theta_1, \quad A_2 = a_2 + jb_2 = r_2\angle\theta_2$$

$$A = A_1A_2 = r_1r_1\angle(\theta_1 + \theta_2) \tag{3-14}$$

$$A = \frac{A_1}{A_2} = \frac{r_1}{r_2}\angle(\theta_1 - \theta_2) \tag{3-15}$$

【例 3-4】已知复数 $A_1 = 3 + j4$，$A_2 = 8 - j6$，试计算 A_1A_2 和 $A = \dfrac{A_1}{A_2}$。

【解】解法 1：采用复数的指数形式计算。先将 A_1 和 A_2 化为指数形式，即

$$A_1 = 3 + j4 = 5e^{j53.1°}, \quad A_2 = 8 - j6 = 10e^{-j36.9°}$$

$$A_1A_2 = 5e^{j53.1°} \times 10e^{-j36.9°} = 50e^{j[53.1°+(-36.9°)]} = 50e^{j16.2°}$$

$$A = \frac{A_1}{A_2} = \frac{5e^{j53.1°}}{10e^{-j36.9°}} = \frac{5}{10}e^{j[53.1°-(-36.9°)]} = 0.5e^{j90°}$$

解法 2：采用复数的极坐标形式计算。先将 A_1 和 A_2 化为极坐标形式，即

$$A_1 = 3 + j4 = 5\angle53.1°, \quad A_2 = 8 - j6 = 10\angle-36.9°$$

$$A_1A_2 = 5\angle53.1° \times 10\angle-36.9° = 50\angle[53.1°+(-36.9°)] = 50e^{j16.2°}$$

$$A = \frac{A_1}{A_2} = \frac{5\angle53.1°}{10\angle-36.9°} = \frac{5}{10}\angle[53.1°-(-36.9°)] = 0.5\angle90°$$

3. 正弦量的相量表示法

将复数的指数式 $A = re^{j\varphi}$ 推广为时间 t 的函数，则

$$A = re^{j(\omega t+\varphi)} \tag{3-16}$$

式（3-16）为一随时间变化的复数函数，应用欧拉公式后变换成

$$A = r\cos(\omega t+\varphi) + jr\sin(\omega t+\varphi) \tag{3-17}$$

由式（3-17）可知，复数函数 A 的虚部为一正弦量。可见，当正弦量的 r、ω、φ 一定时，将唯一确定式（3-1）的正弦函数，同时也唯一确定式（3-16）的随时间变化的复数函数，即复数函数与正弦量的三要素有一一对应的关系。

基于以上所述，的确可以用复数来表示正弦量。需要指出的是，由于在同一正弦交流电路中，各正弦量的角频率是相同的，因此，只要由其幅值和初相位这两个要素就能确定一个正弦量。式（3-16）可写成

$$A = re^{j\omega t}e^{j\varphi} \qquad (3\text{-}18)$$

将其中 $e^{j\omega t}$ 略去，仅用 $A = re^{j\varphi}$ 就可以表示一个正弦量。这样，复数的模即为正弦量的幅值，复数的辐角即为正弦量的初相位。为了与一般的复数相区别，把表示正弦量的复数称为相量，并在大写字母上方加 "·"。于是表示正弦电压、电流的相量为

$$\dot{U}_m = U_m(\cos\varphi_1 + j\sin\varphi_1) = U_m e^{j\varphi_1} = U_m \angle \varphi_1 \qquad (3\text{-}19)$$

$$\dot{I}_m = I_m(\cos\varphi_2 + j\sin\varphi_2) = I_m e^{j\varphi_2} = I_m \angle \varphi_2 \qquad (3\text{-}20)$$

以上相量均以正弦量的幅值为模，称为幅值相量。若以正弦量的有效值为相量的模，则称为有效值相量，上述正弦量的有效值相量为

$$\dot{U} = \frac{U_m}{\sqrt{2}} e^{j\varphi_1} = U \angle \varphi_1 \qquad (3\text{-}21)$$

$$\dot{I} = \frac{I_m}{\sqrt{2}} e^{j\varphi_2} = I \angle \varphi_2 \qquad (3\text{-}22)$$

有效值相量是最常用的形式，本书简称为相量。须指出的是，相量是表示正弦量的复数，而正弦量是随时间变化的正弦函数。因此，相量本身不等于正弦量，它仅仅是正弦量的一种表示形式而已。此外还应明确，相量仅能表示正弦量，不能表示非正弦量。

由于相量表示法，实质上就是用与之相对应的复数来表示一个正弦量。所以，可以应用在数学中所掌握的各种复数运算的方法，把正弦量烦琐的加减运算转化为较简便的代数运算。

有时为了能得到较为清晰的概念，可以把相量画出来作为辅助之用。把按照各个正弦量的大小和相位关系在复平面上用矢量表示的图形，称为相量图。例如将式（3-21）和式（3-22）用相量图表示，如图3-9所示。由相量图可以清楚地看出电压和电流两个正弦量的大小和相位关系。显然，运用相量图分析各正弦交流量之间的关系，其概念清晰，又简明实用，因此它也是分析正弦交流电路的方法之一。

【例3-5】已知电炉两端电压 $u = 100\sqrt{2}\sin(\omega t - 60°)\text{V}$，试写出它的相量式并画出相量图。

【解】电压的相量为

$$\dot{U} = 100e^{j(-60°)}\text{V} = 100\angle(-60°)\text{V} = [100\cos(-60°) + j100\sin(-60°)]\text{V} = (50 - j86.6)\text{V}$$

相量图如图3-10所示。

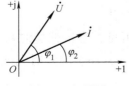

图 3-9 相量图

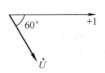

图 3-10 例 3-5 的图

本例写出了电压相量的指数式、极坐标式、三角函数式及代数式四种表示形式。需要指出的是，在以后求解电路中，不必将几种表示形式同时写出，可以根据具体情况用其中的一种或两种表示式即可。

【例 3-6】已知某正弦交流电路中的电压和电流分别为 $u_1 = 10\sin\omega t\,\mathrm{V}$，

$u_2 = 10\sqrt{2}\sin(\omega t + 60°)\mathrm{V}$，$i = -5\sin(\omega t + 90°)\mathrm{A}$，试写出它们的相量并画出相量图。

【解】（1）电压 u_1 和 u_2 的相量和幅值相量分别为

$$\dot{U}_1 = \frac{10}{\sqrt{2}}\angle 0°\mathrm{V}\ ,\quad \dot{U}_{1m} = 10\angle 0°\mathrm{V}$$

$$\dot{U}_2 = 10\angle 60°\mathrm{V}\ ,\quad \dot{U}_{2m} = 10\sqrt{2}\angle 60°\mathrm{V}$$

（2）写出电流的正弦函数表示式，再写出相量和幅值相量。

$$i = -5\sin(\omega t + 90°)\mathrm{A} = 5\sin(\omega t + 90° - 180°)\mathrm{A} = 5\sin(\omega t - 90°)\mathrm{A}$$

$$\dot{I} = \frac{5}{\sqrt{2}}\angle -90°\mathrm{A}\ ,\quad \dot{I}_m = 5\angle -90°\mathrm{A}$$

（3）电压和电流的相量如图 3-11 所示。

【例 3-7】已知两个线圈并联在交流电路中，各支路电流为
$i_1 = 8\sin(\omega t + 60°)\mathrm{A}$，$i_2 = 6\sin(\omega t - 30°)\mathrm{A}$，试求正弦电流之和
$i = i_1 + i_2$。

【解】（1）运用相量图计算。i_1 和 i_2 的最大值相量为

$$\dot{I}_{1m} = 8\angle 60°\mathrm{A}\ ,\quad \dot{I}_{2m} = 6\angle -30°\mathrm{A}$$

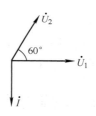

图 3-11　例 3-6 的图

画出相量图，如图 3-12 所示。由图可得总电流相量的幅值和初相位分别为

$$I_m = \sqrt{I_{1m}^2 + I_{2m}^2} = \sqrt{8^2 + 6^2}\,\mathrm{A} = 10\,\mathrm{A}$$

$$\varphi = \mathrm{arcot}\frac{I_{1m}}{I_{2m}} - 30° = 53.1° - 30° = 23.1°$$

所以总电流为

$$i = i_1 + i_2 = I_m\sin(\omega t + \varphi) = 10\sin(\omega t + 23.1°)\mathrm{A}$$

（2）运用相量式计算。各电流的幅值相量分别为

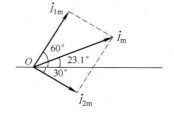

图 3-12　例 3-7 的图

$$\dot{I}_{1m} = 8\angle 60°\mathrm{A} = (8\cos 60° + \mathrm{j}8\sin 60°)\mathrm{A} = (4 + \mathrm{j}4\sqrt{3})\,\mathrm{A}$$

$$\dot{I}_{2m} = 6\angle -30°\mathrm{A} = [6\cos(-30°) + \mathrm{j}6\sin(-30°)]\mathrm{A} = (3\sqrt{3} - \mathrm{j}3)\,\mathrm{A}$$

总电流的幅值相量为

$$\dot{I}_m = \dot{I}_{1m} + \dot{I}_{2m} = (4 + \mathrm{j}4\sqrt{3} + 3\sqrt{3} - \mathrm{j}3)\,\mathrm{A} = [(4 + 3\sqrt{3}) + \mathrm{j}(4\sqrt{3} - 3)]\mathrm{A} = 10\angle 23°\mathrm{A}$$

所以总电流为
$$i = 10\sin(\omega t + 23°)\mathrm{A}$$

由上述例题分析可知，表示正弦量的相量有两种形式：相量图和复数式（即相量式）。也就是说，正弦量的相量法包括两方面的内容：一是相量解析法，即先将正弦量变换为复数形式，然后再应用复数的四则运算分析、求解正弦交流电路；二是相量图法，即先把同频率正弦量的大小和相位关系在复平面上用图形表示，然后借助相量图的几何关系计算待求量。相量图和复数式（即相量式）的分析方法贯穿于整个交流电路的分析之中，希望读者注意熟练掌握。

4. 复数中 j 的几何意义

在运用相量表示法分析交流电路中，有时会遇到相量乘以 j 或 −j。下面说明 j 的几何意义。设 $\dot{I} = Ie^{j\varphi}$，由于

$$e^{\pm j90°} = \cos 90° \pm j\sin 90° = \pm j \quad\quad (3\text{-}23)$$

所以

$$j\dot{I} = e^{j90°}Ie^{j\varphi} = Ie^{j(\varphi+90°)}$$

$$-j\dot{I} = e^{j-90°}Ie^{j\varphi} = Ie^{j(\varphi-90°)}$$

分别画出 $\dot{I}$、$j\dot{I}$、$-j\dot{I}$ 的相量图，如图 3-13 所示。由图可见，相量 $\dot{I}$ 乘以 j，就是把相量 $\dot{I}$ 逆时针旋转 90°；相量 $\dot{I}$ 乘以 −j，就是把相量 $\dot{I}$ 顺时针旋转 90°。故 j 称为旋转 90° 的算子。

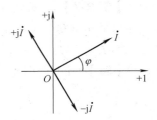

图 3-13 j 的几何意义

【**练习与思考**】

3.1.4 把下列相量转化为极坐标形式。

（1）$\dot{I}_1 = (10 + j10)\text{A}$ （2）$\dot{I}_2 = (10 - j10)\text{A}$

（3）$\dot{I}_3 = (-10 + j10)\text{A}$ （4）$\dot{I}_4 = (-10 - j10)\text{A}$

3.1.5 已知复数 $\dot{A}_1 = 3 + j4$，$\dot{A}_2 = 4 + j3$，$\dot{A}_3 = 4\angle 60°$，试求：

（1）$\dot{A}_1 + \dot{A}_2$ （2）$\dot{A}_2\dot{A}_3$ （3）$\dot{A}_1 - \dot{A}_3$ （4）$\dfrac{\dot{A}_3}{\dot{A}_2}$

并由此总结出进行复数四则运算时，采用复数的何种表示式较为简便。

3.1.6 指出下列各式中的错误，并改正。

（1）$i = 5\sin(\omega t - 30°) = 5\angle -30°\text{A}$ （2）$I = 15\sin(314t + 45°)\text{A}$

（3）$I = 5\angle 45°\text{A}$ （4）$\dot{U} = 100e^{20°}\text{V}$

3.2 单一参数的交流电路

电阻 R、电感 L、电容 C 是电路的三个参数，在正弦交流电路中，由于电源是交变信号，所以一般表征电路特性的这三个参数是同时存在的，但在特定条件下只有一种参数起主要作用，而其余参数忽略不计时，就可以处理为单一参数的交流电路，即只含有一种理想元件的电路。例如电炉、白炽灯、电阻器的交流电路通常处理为纯电阻电路，而当实际线圈的电阻小到可以忽略不计时，则这种线圈电路被认为是纯电感电路。

分析正弦交流电路时，主要分析电路中电压和电流之间的大小和相位关系以及能量转换和功率问题。

　　最简单的交流电路是由电阻、电感、电容单一元件组成的电路。不同的实际电路只不过是一些单一元件的不同组合而已。因此，必须首先掌握单一元件交流电路的基本规律，在此基础上再进一步分析较为复杂的电路。

3.2.1　电阻电路

1. 电压和电流的关系

　　线性电阻元件的交流电路如图 3-14a 所示。在正弦交流电压 u 的激励下，电路中产生电流 i，它们之间的关系由欧姆定律确定。在图示正方向下，则有

$$i = \frac{u}{R} \tag{3-24}$$

　　设正弦电压的初相位为零，即 $u = U_{\mathrm{m}} \sin \omega t$，则电路中的电流为

$$i = \frac{u}{R} = \frac{U_{\mathrm{m}}}{R} \sin \omega t = I_{\mathrm{m}} \sin \omega t = \sqrt{2} I \sin \omega t \tag{3-25}$$

　　由此可见，电阻元件交流电路的电压和电流是同频率的正弦量且相位相同。它们的大小关系为

$$\frac{U_{\mathrm{m}}}{I_{\mathrm{m}}} = \frac{U}{I} = R \quad \text{或} \quad U = IR \tag{3-26}$$

　　若用相量表示电压与电流的关系，则为

$$\dot{U}_{\mathrm{m}} = \dot{I}_{\mathrm{m}} R \quad \text{或} \quad \dot{U} = \dot{I} R \tag{3-27}$$

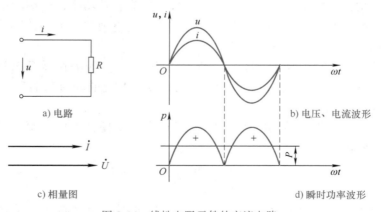

a) 电路　　　　　　　　　　b) 电压、电流波形

c) 相量图　　　　　　　　　　d) 瞬时功率波形

图 3-14　线性电阻元件的交流电路

　　式（3-27）为欧姆定律的相量形式，它既表示了电阻电压和电流的大小关系，也表示了电阻电压与电流的同相位关系。电阻元件的电压、电流波形和相量图如图 3-14b 和图 3-14c 所示。

　　【例 3-8】将一个阻值为 4Ω 的电阻丝，接到 $u = 8\sqrt{2} \sin(\omega t - 30°)\mathrm{V}$ 的电源上，试求通

过电阻丝的电流 i 及其相量 $\dot{I}$。

【解】由于电压相量 $\qquad \dot{U} = 8\angle -30°\text{V}$

所以电流相量为 $\qquad \dot{I} = \dfrac{\dot{U}}{R} = \dfrac{8\angle -30°}{4}\text{A} = 2\angle -30°\text{A}$

于是电流 $\qquad i = 2\sqrt{2}\sin(\omega t - 30°)\text{A}$

2. 功率

电阻元件通入正弦交流电压后,电路的瞬时功率为

$$P = ui = U_{\text{m}}\sin\omega t \cdot I_{\text{m}}\sin\omega t = UI(1 - \cos 2\omega t) \qquad (3\text{-}28)$$

上式表明瞬时功率是由固定分量 UI 和交变量 $UI\cos 2\omega t$ 组成,其变化规律如图 3-14d 所示。从图中可以看出,瞬时功率总是正值,即 $p > 0$,这说明电阻在任何时刻都从电源取用电能,并把它转换成热能散发至周围空间介质中,这种由电能转换为热能的能量转换过程是不可逆的。

电阻元件瞬时功率在一周期内的平均值,称为平均功率,用大写字 P 表示。根据式(3-28)电阻电路的平均功率为

$$P = \frac{1}{T}\int_0^T p\,\mathrm{d}t = \frac{1}{T}\int_0^T UI(1 - 2\cos\omega t)\,\mathrm{d}t$$

即 $\qquad P = UI = I^2 R = \dfrac{U^2}{R} \qquad (3\text{-}29)$

式(3-29)表明,电阻元件交流电路的平均功率等于电压、电流有效值的乘积,它和直流电路中计算功率的公式具有相同的形式。从物理意义上讲,由于交流电的有效值就是等于与它们的热效应相等的直流电的值,因此,正弦交流电阻电路平均功率的形式必然与直流电阻电路中的功率形式相同。但要注意在交流电路中,平均功率的电压和电流均指有效值。由于平均功率是电阻实际消耗的功率,故又称为有功功率,简称功率。功率的单位是瓦(W)或千瓦(kW)、毫瓦(mW)等。通常所说的电阻炉、电烙铁以及白炽灯是多少瓦都是指平均功率,即有功功率。

【例 3-9】有一只功率 60W、电压 220V 的白炽灯,将其接到频率 50Hz、电压 220V 的交流电源上,试求:(1)通过白炽灯的电流;(2)电流的瞬时值表达式;(3)当电源电压降低到 208V 时,白炽灯实际消耗的功率。

【解】(1)由于白炽灯接到电压为 220V 的电源上,使其工作在额定状态,因此通过白炽灯的电流有效值为

$$I = \frac{P}{U} = \frac{60}{220}\text{A} \approx 0.27\text{A}$$

(2)设电源电压的初相位为 0°。因通过白炽灯的电流与其两端电压同相位,故电流的瞬时值为 $\qquad i = 0.27\sqrt{2}\sin 314t\,\text{A}$

(3)由额定值求出电阻 $\qquad R = \dfrac{U_{\text{N}}^2}{P_{\text{N}}} = \dfrac{220^2}{60}\Omega \approx 806.7\Omega$

当电源电压降为 208V 时,设白炽灯的等效电阻不变,则流过白炽灯的电流和实际消

耗的功率为
$$I = \frac{U}{R} = \frac{208}{806.7} \text{A} \approx 0.258\text{A}$$

$$P = UI = 208 \times 0.258\text{W} \approx 54\text{W}$$

【例 3-10】已知电阻炉由两根各为 20Ω 的镍铬丝并联组成，如图 3-15 所示，电压 $u = 311\sin(314t + 30°)\text{V}$。试求总电流 i、电路的功率及每一根电阻丝的功率。

【解】（1）电阻炉并联电阻

$$R = \frac{20 \times 20}{20 + 20}\Omega = 10\Omega$$

交流电压的有效值为

$$U = \frac{1}{\sqrt{2}} U_\text{m} = \frac{311}{\sqrt{2}}\text{V} \approx 220\text{V}$$

图 3-15　例 3-10 的图

流过电阻电流的有效值为

$$I = \frac{U}{R} = \frac{220}{10}\text{A} = 22\text{A}$$

由于电压和电流同相位，所以

$$i = 22\sqrt{2}\sin(314t + 30°)\text{A}$$

（2）求出电炉的功率为

$$P = UI = 220 \times 22\text{W} = 4.84\text{kW}$$

（3）由分流原理可知，每根电阻丝流过的电流为 $\frac{1}{2}I = \frac{1}{2} \times 22\text{A} = 11\text{A}$，因此，每一根电阻丝的功率为
$$P_R = I^2 R = 11^2 \times 20\text{W} = 2.42\text{kW}$$

可见，电阻元件交流电路中的总功率等于各个电阻元件上消耗的功率之和。

3.2.2　电感电路

1.电压和电流的关系

线性电感元件的交流电路如图 3-16a 所示。图中标出了电压、电流及感应电动势的参考方向。设通过电感元件的电流为 $i = I_\text{m}\sin\omega t$，则电感元件两端的电压为

$$U = L\frac{\text{d}i}{\text{d}t} = L\frac{\text{d}(I_\text{m}\sin\omega t)}{\text{d}t} = I_\text{m}\omega L\cos\omega t = U_\text{m}\sin(\omega t + 90°) \tag{3-30}$$

由式（3-30）可知，在电感元件的交流电路中，电压与电流仍然是同频率的正弦量，但在相位上电压超前于电流 90°，或者说电流在相位上滞后于电压 90°。其波形如图 3-16b 所示。为什么电阻元件的电压与电流同相，而电感元件的电压与电流在相位上相差 90°？这是因为电感元件上产生的自感电势企图阻止电流的变化，因此使得电感电流的变化落后于电感电压的变化。至于电压与电流之间存在 90° 的相位差，则是由式（3-24）具体确定的。电感元件电压与电流的大小关系由式（3-30）可得

$$\frac{U_{\mathrm{m}}}{I_{\mathrm{m}}} = \frac{U}{I} = \omega L \tag{3-31}$$

令

$$X_L = \omega L = 2\pi f L \tag{3-32}$$

则

$$\frac{U}{I} = X_L \quad 或 \quad I = \frac{U}{X_L} \tag{3-33}$$

式中，X_L 是电感电压与电流最大值或有效值之比，称为电感电抗，简称感抗，单位是欧姆（Ω）。

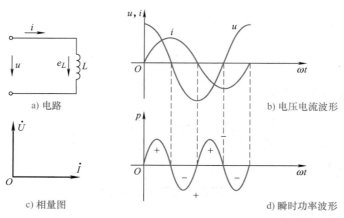

a) 电路　　　b) 电压电流波形　　　c) 相量图　　　d) 瞬时功率波形

图 3-16　电感元件交流电路

需要强调指出的是，感抗 X_L 是交流电路中的一个重要的物理量，它表示电感对交流电流阻碍作用的大小，这种阻碍作用和电阻的作用类似，但是性质不同。电阻是由于电荷定向运动与导体分子之间碰撞摩擦引起的，而感抗的阻碍作用则是由自感电动势反抗电流的变化而引起的。感抗 X_L 的大小正比于电感 L 和通过电感线圈的电流频率 f。频率愈高，意味着 $\frac{\mathrm{d}i}{\mathrm{d}t}$ 变化率愈大，自感电动势愈大，它对电路中电流的阻力也愈大，电压一定时，电流愈小。所以自感电动势对电流的阻碍作用是通过感抗 X_L 反映出来的。在直流电路中，电源频率 $f = 0$，$X_L = 0$，它对直流电无阻碍作用，可以视为短路。当电压有效值一定时，电流的有效值 I 与频率 f 成反比。X_L、I 与 f 的关系曲线如图 3-17 所示。

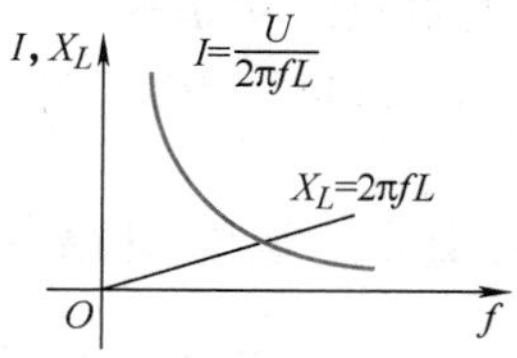

图 3-17　X_L 和 I、f 的关系曲线

若用相量表示电感元件两端电压和电流的关系为

$$\dot{I} = I\angle 0° = I\mathrm{e}^{\mathrm{j}0°}, \qquad \dot{U} = U\angle 90° = U\mathrm{e}^{\mathrm{j}90°}$$

所以

$$\frac{\dot{U}}{\dot{I}} = \frac{U\mathrm{e}^{\mathrm{j}90°}}{I\mathrm{e}^{\mathrm{j}0°}} = X_L\mathrm{e}^{\mathrm{j}90°} = \mathrm{j}X_L$$

或

$$\dot{U} = \mathrm{j}\dot{I}X_L \tag{3-34}$$

式（3-34）为电感元件交流电路中欧姆定律的相量形式。它同时表明了电感元件交流电路中电压与电流的大小和相位关系，相量图如图 3-16c 所示。需要注意的是，感抗 X_L

为有效值 U 与 I 之比，而不是瞬时值 u_L 与 i_L 之比。

2. 功率

电感电路中的瞬时功率为

$$p = ui = U_m I_m \sin(\omega t + 90°) \sin \omega t = U_m I_m \cos \omega t \sin \omega t$$
$$= \frac{U_m I_m}{2} \sin 2\omega t = UI \sin 2\omega t \qquad (3-35)$$

瞬时功率的变化曲线如图 3-16d 所示。从图中可以看出它与电阻电路的瞬时功率波形完全不同，其波形有正有负且完全对称，所以在一个周期内的平均值显然为零，即

$$P = \frac{1}{T} \int_0^T p \mathrm{d}t = 0 \qquad (3-36)$$

式（3-36）表明在交流电路中纯电感不消耗电能，这是由于理想电感元件本身没有电阻，所以没有能量消耗。

由图 3-16d 所示的瞬时功率波形图可以看出，在第一和第三个 1/4 周期内，由于 u 和 i 同为正值或同为负值，所以瞬时功率 p 为正值，期间电流的绝对值增大，这说明电感从电源吸收电能，并把电能转换为磁场能储存在线圈的磁场中；在第二和第四个 1/4 周期内，u 和 i 同方向相反，所以 p 为负值，这时电流的绝对值减小，磁场能减小，说明电感元件在此期间释放能量，把原来储存在线圈中的磁场能变换成电能返送回电源。

由上述讨论可知，在电流变化的一周期内，电感向电源吸取的电能和返送给电源的能量相等，所以在理想电感元件的交流电路中，没有能量的消耗，只有电感与电源之间的能量交换，或者说不断进行能量的"吞吐"。显然，这是一个可逆的能量转换过程。电感元件交流电路的这一特性值得注意。

电感虽然不消耗能量，但它时而从电源取得能量，时而向电源返回能量，这就必然给电源造成一定的负担。为了衡量电感与电源之间能量交换规模的大小，通常用瞬时功率的最大值，即电感电压和电流有效值的乘积来表示，称为无功功率，并用符号 Q_L 表示，即

$$Q_L = U_L I_L = I^2 X_L \qquad (3-37)$$

需要提醒的是，式（3-37）无功功率 Q_L 的表达式，形式上与有功功率相似，但 Q_L 不代表电感元件消耗的电功率，与 P 有本质的区别，它仅反映了电感元件与电源进行能量互换的规模，单位是乏（var）或千乏（kvar）。

综上所述，电感在交流电路中有以下三种作用：一是"限流"，其作用的大小具体体现在感抗 X_L 数值上，也就是说在电源电压值一定时是由电感参数的大小和电源的频率所决定；二是"移相"，即通过电感的电流在相位上比电感两端的电压滞后 90°；三是"吞吐能量"，规模的大小用无功功率 Q_L 来表示。

【例 3-11】有一电感 $L = 10\mathrm{mH}$ 的线圈，将其分别接到 $f_1 = 200\mathrm{kHz}$ 和 $f_2 = 2\mathrm{kHz}$ 的交流电源上，设电源电压均为 0.2V，试求线圈的感抗 X_L 和电流 I。

【解】（1）当电源 $f_1 = 200\mathrm{kHz}$ 时感抗为

$$X_L = \omega L = 2\pi f_1 L = 2 \times 3.14 \times 200 \times 10^3 \times 10 \times 10^{-3} \Omega = 12560\Omega$$

电流为
$$I = \frac{U}{X_L} = \frac{0.2}{12560}\text{A} \approx 0.02\text{mA}$$

（2）当电源 $f_2 = 2\text{kHz}$ 时感抗为

$$X_L = \omega L = 2\pi f_2 L = 2 \times 3.14 \times 2 \times 10^3 \times 10 \times 10^{-3}\Omega = 125.6\Omega$$

电流为
$$I = \frac{U}{X_L} = \frac{0.2}{125.6}\text{A} = 1.59\text{mA}$$

【例 3-12】某一线圈的电感 $L=28.8\text{mH}$，电阻忽略不计。将它接入电源电压 $u = 110\sqrt{2}\sin(314t + 30°)\text{V}$ 的交流电源上。求：（1）感抗 X_L；（2）电流 i 和无功功率 Q_L；（3）若电源电压频率提高一倍，再求 X_L、I_L、Q_L。

【解】（1）感抗为

$$X_L = \omega L = 314 \times 28.8 \times 10^{-3}\Omega \approx 9\Omega$$

（2）电源电压的相量为

$$\dot{U} = 110\angle 30°\text{V}$$

则
$$\dot{I} = \frac{\dot{U}}{jX_L} = \frac{110\angle 30°}{j9}\text{A} = \frac{110\angle 30°}{9\angle 90°}\text{A} \approx 12.22\angle -60°\text{A}$$

所以
$$i = 12.22\sqrt{2}\sin(\omega t - 60°)\text{A}$$

无功功率为 $\quad Q_L = U_L I_L = 110 \times 12.22\text{var} \approx 1.34\text{kvar}$

（3）当电源频率提高一倍时

$$X_L = \omega L = 2\pi f L = 2\pi \times 2 \times 50 \times 28.8 \times 10^{-3}\Omega \approx 18\Omega$$

$$I_L = \frac{U}{X_L} = \frac{110}{18}\text{A} \approx 6.11\text{A}$$

$$Q_L = U_L I_L = 110 \times 6.11\text{var} = 672.1\text{var}$$

可见，当电源的电压不变而频率增大时，电感元件的感抗增加，电流则减小。

3.2.3 电容电路

1. 电压和电流的关系

线性电容元件的交流电路如图 3-18a 所示。设电容两端电压 $u = U_m\sin\omega t$，则电容元件电路中的电流为

$$
\begin{aligned}
i &= C\frac{\mathrm{d}u}{\mathrm{d}t} = C\frac{\mathrm{d}(U_m\sin\omega t)}{\mathrm{d}t} = U_m\omega C\cos\omega t \\
&= I_m\sin(\omega t + 90°)
\end{aligned}
\tag{3-38}
$$

可见，电容元件电路中的电流也是同频率的正弦量。电流在相位上超前于电容电压 $90°$，其波形如图 3-18b 所示。由式（3-38）可得

$$I_{\mathrm{m}} = U_{\mathrm{m}} \omega C \ \text{或} \ \frac{U_{\mathrm{m}}}{I_{\mathrm{m}}} = \frac{U}{I} = \frac{1}{\omega C} \tag{3-39}$$

令

$$X_C = \frac{1}{\omega C} = \frac{1}{2\pi f C} \tag{3-40}$$

式中，X_C 称为容抗，单位是欧姆（Ω）。容抗 X_C 表示电容对交流电的阻碍作用。其阻碍作用的大小与电容 C 和频率 f 成反比，这是因为在一定电压下，电容愈大，频率愈高，充放电的电流就愈大，表现出的容抗就愈小。因此，电容对高频信号阻碍作用小，可视作短路；而对直流 $f = 0, X_C = \infty$，电路中的电流为零，即电容有隔直作用。当电压 U 和电容 C 一定时，容抗 X_C、电流 I 与频率 f 的关系曲线如图 3-19 所示。

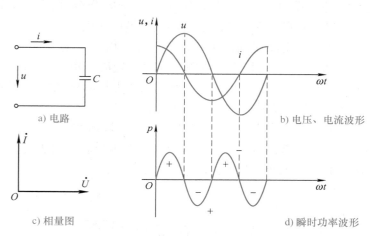

a) 电路　　　　b) 电压、电流波形
c) 相量图　　　　d) 瞬时功率波形

图 3-18　电容元件的交流电路

若用相量表示电压、电流的关系，则为

$$\dot{U} = U\mathrm{e}^{\mathrm{j}0} = U\angle 0° , \quad \dot{I} = I\mathrm{e}^{\mathrm{j}90} = I\angle 90°$$

$$\frac{\dot{U}}{\dot{I}} = \frac{U\angle 0°}{I\angle 90°} = X_C\angle -90° = -\mathrm{j}X_C$$

所以

$$\dot{U} = -\mathrm{j}\dot{I}X_C \tag{3-41}$$

式（3-41）为电容元件交流电路中欧姆定律的相量形式，相量图如图 3-18c 所示。

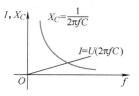

图 3-19　I、X_C 与 f 的关系曲线

2. 功率

电容元件电路中的瞬时功率为

$$\begin{aligned}
p = ui &= U_{\mathrm{m}}I_{\mathrm{m}} \sin \omega t \sin(\omega t + 90°) \\
&= \frac{U_{\mathrm{m}}I_{\mathrm{m}}}{2} \sin 2\omega t = UI \sin 2\omega t
\end{aligned} \tag{3-42}$$

电容元件电路瞬时功率变化曲线如图 3-18d 所示。在第一和第三个 1/4 周期内，i 和 u 同为正值或同为负值，瞬时功率 $p>0$，在这段时间内，电压 u 的绝对值增大，电容被充

电，此时电容吸收电源的电能并将其转换成电场能；在第二和第四个 1/4 周期内，i 和 u 方向相反，瞬时功率 $p<0$，在这段时间内 u 的绝对值减小，电容器放电，此时电场能又被转换成电能返送回电源。显然，理想电容元件交流电路中，平均功率同电感元件一样也是为零。因此，电容元件在电路中也不消耗能量，而是和电源不断地进行能量互换（或"吞吐"），这也是一个可逆的能量转换过程。电容同电感一样，在电路中虽然不消耗能量，但由于吞吐能量给电源造成一定的负担。通常也用无功功率 Q 来衡量其能量互换的规模，即

$$Q_C = U_C I_C = I^2 X_C \qquad\qquad (3\text{-}43)$$

单位也是乏（var）或千乏（kvar）。

同样需要提醒的是，式（3-43）无功功率 Q_C 与 P 有本质的区别，不代表电容元件消耗的电功率，它仅反映了电容元件与电源进行能量互换的规模。

综上所述，电容在交流电路中同样也有以下三种作用：一是"限流"，其作用的大小具体体现在容抗 X_C 数值上，也就是说在电源电压值一定时，由电容参数的大小和电源的频率所决定；二是"移相"，即通过电容的电流在相位上比其两端的电压超前 90°；三是"吞吐能量"，能量吞吐规模的大小用无功功率 Q_C 来表示。

【例 3-13】有一容值 $C=47\mu F$ 的电容器接到正弦交流电路中，已知通过的电流 $i = 2\sqrt{2}\sin(314t + 30°)A$，试求：（1）电路的容抗和电容电压瞬时值表达式及无功功率 Q_C；（2）若流过该电路的电流频率增加一倍，再求 X_C、U_C、Q_C。

【解】（1）容抗为

$$X_C = \frac{1}{\omega C} = \frac{1}{314 \times 47 \times 10^{-6}}\Omega \approx 67.8\Omega$$

电容电压相量为

$$\dot{U}_C = -j\dot{I}_2 X_C = 2\angle 30° \times \angle -90° \times 67.8V = 135.6\angle -60°V$$

电容电压瞬时值表达式为

$$u_C = 135.6\sqrt{2}\sin(314t - 60°)V$$

无功功率为

$$Q_C = U_C I_C = 135.6 \times 2 var = 271.2 var$$

（2）电流频率提高一倍时

$$X_C = \frac{1}{\omega C} = \frac{1}{314 \times 2 \times 47 \times 10^{-6}}\Omega \approx 33.9\Omega$$

$$U_C = I X_C = 2 \times 33.9V = 67.8V$$

$$u_C = 67.8\sqrt{2}\sin(314t - 60°)V$$

$$Q_C = U_C I_C = 67.8 \times 2 var = 135.6 var$$

电阻、电感、电容元件在电路中电压、电流的大小和相位关系，以及功率问题是分析

交流电路问题的基础，将各种基本关系列于表 3-1 中，以供参考。

表 3-1　电阻、电感、电容元件在正弦交流电路中的作用和性质

电路参数		R	L	C
电路图		u_R R (i)	u_L L (i)	u_C C (i)
基本关系式		$u_R = iR$	$u_L = L\dfrac{\mathrm{d}i}{\mathrm{d}t}$	$i = C\dfrac{\mathrm{d}u_C}{\mathrm{d}t}$
瞬时值表示式		$i = \sqrt{2}I\sin\omega t$ $U_R = \sqrt{2}IR\sin\omega t$	$i = \sqrt{2}I\sin\omega t$ $U_L = \sqrt{2}IX_L\sin(\omega t + 90°)$	$i = \sqrt{2}I\sin\omega t$ $U_C = \sqrt{2}IX_C\sin(\omega t - 90°)$
复阻抗		$R\angle 0°$	$jX_L = X_L\angle 90°$	$-jX_C = X_C\angle -90°$
电压电流关系	有效值	$U_R = IR$	$U_L = IX_L$ $X_L = \omega L$	$U_C = IX_C$ $X_C = \dfrac{1}{\omega C}$
	相位差	i 与 u_R 同相	i 落后 u_L 相位 90°	i 超前 u_C 相位 90°
	相量图	$\dot{I}$ $\dot{U}_R$	$\dot{U}_L$ $\dot{I}$	$\dot{I}$ $\dot{U}_C$
	相量式	$\dot{U}_R = \dot{I}R$	$\dot{U}_L = j\dot{I}X_L$	$\dot{U}_C = -j\dot{I}X_C$
平均功率		$P_R = U_R I = I^2 R = \dfrac{U_R^2}{R}$	$P_L = 0$	$P_C = 0$
无功功率		$Q_R = 0$	$Q_L = U_L I = I^2 X_L = \dfrac{U_L^2}{X_L}$	$Q_C = U_C I = I^2 X_C = \dfrac{U_C^2}{X_C}$

【练习与思考】

3.2.1　为什么感抗 X_L 与交流电频率成正比？容抗 X_C 与交流电频率成反比？并说明在直流电路中电感相当于短接、电容相当于开路的道理。

3.2.2　在正弦交流电路中，如何理解电感电流滞后电压 90°？电容电压滞后电流 90°？

3.2.3　无功功率是否是无用的？如何理解有功功率、无功功率的含义？

3.2.4　在电感元件的正弦交流电路中，$L=100\text{mA}$，$f=50\text{Hz}$，（1）已知 $i = 7\sqrt{2}\sin\omega t\,\text{A}$，求电压 u；（2）已知 $\dot{U} = 127\angle -30°\text{V}$，求 i，并画出相量图。

3.2.5　指出下列各式中的错误表达式，并写出它的正确形式。

（1）在纯电阻电路中 $U_m = iR, u = iR, U = IR, U = iR, Z = R, Z = jR, Z = Re^{j0°}$

（2）在纯电感电路中　　$u = iX_L, u = i\omega L, U = I\omega L, u = X_L i$

$$\dot{U} = j\omega L\dot{I},\ Z = \omega L,\ Z = j\omega L, Z = X_L e^{j90°}$$

（3）在纯电容电路中

$$u = iX_C, \ U = I\omega C, \ Z = \omega C, \quad Z = -jX_L, Z = X_C\,e^{-j90°}, \dot{U} = \dot{I}j\omega C$$

3.3 电阻、电感和电容串联交流电路

上一节分析的纯电阻、纯电感和纯电容交流电路实际上是不存在的，经常遇到的电气设备或器件可以看成是由若干理想元件的组合，如电动机、交流接触器、荧光灯电路可以看作由电阻元件和电感元件串联而成的电路模型。电子技术中的某一单元电路，如收录机输入回路又往往可以等效为电阻、电感、电容串联电路。下面讨论典型的电阻、电感、电容串联交流电路的电压、电流的关系以及功率问题，为后续章节变压器、电动机、电气控制器件的分析与实际应用打下基础。

3.3.1 电压与电流的关系

图 3-20a 所示电路中，在外加交流电源 u 的作用下，电路中的电流为 i。设 R、L、C 元件上的电压分别为 u_R、u_L 和 u_C。依据 KVL 可得

$$u = u_R + u_L + u_C \tag{3-44}$$

式（3-44）中的 u_R、u_L 和 u_C 都是同频率的正弦量，因此可以用相量式来表示，即

$$\dot{U} = \dot{U}_R + \dot{U}_L + \dot{U}_C \tag{3-45}$$

又

$$\dot{U}_R = \dot{I}R, \quad \dot{U}_L = j\dot{I}X_L, \quad \dot{U}_C = -j\dot{I}X_C$$

故得

$$\begin{aligned}
\dot{U} &= \dot{I}R + j\dot{I}X_L - j\dot{I}X_C \\
&= \dot{I}\left[R + j(X_L - X_C)\right] \tag{3-46} \\
&= \dot{I}(R + jX) = \dot{I}Z
\end{aligned}$$

或

$$Z = \frac{\dot{U}}{\dot{I}}, \quad \dot{I} = \frac{\dot{U}}{Z} \tag{3-47}$$

$$Z = R + j(X_L - X_C) = |Z|\angle\varphi \tag{3-48}$$

式（3-48）称为欧姆定律的相量形式，式中的 Z 称为复数阻抗，简称阻抗。必须注意，复阻抗与相量 $\dot{U}$、$\dot{I}$ 等不同，它表示的不是正弦量，只是一般的复数计算量，不是相量，因此在字母 Z 上不加点。$|Z|$ 称为阻抗模，辐角 φ 称为阻抗角，它们分别为

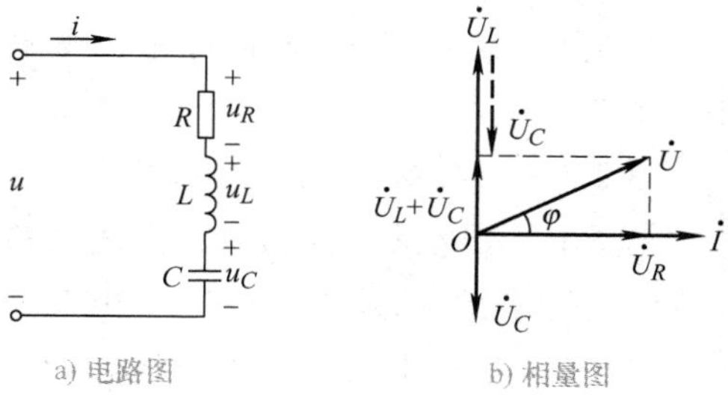

$$|Z| = \sqrt{R^2 + X^2} = \sqrt{R^2 + (X_L - X_C)^2} \tag{3-49}$$

a) 电路图　　　　b) 相量图

图 3-20　电阻、电感、电容串联交流电路

$$\varphi = \arctan\frac{X_L - X_C}{R} \tag{3-50}$$

式（3-50）反映了 RLC 串联电路对正弦电流的阻碍作用。在这里，它概括了电阻、电感、

电容的性质。

RLC 串联交流电路中电压、电流的关系，还可以通过图 3-20b 所示的相量图来表示。作相量图时，考虑到串联电路中各元件中通过的是同一电流，故选电流 $\dot{I}$ 作为参考相量。从相量图中可以看出，电压 $\dot{U}$、$\dot{U}_R$ 及 $\dot{U}_L+\dot{U}_C$ 三者的大小构成了直角三角形，称为电压三角形，如图 3-21 所示，利用该电压三角形可求得总电压的有效值，即

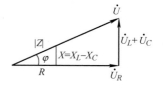

图 3-21　阻抗、电压三角形

$$U=\sqrt{U_R^2+(U_L-U_C)^2}=\sqrt{(IR^2)+(IX_L-IX_C)^2}=I\sqrt{R^2+(X_L-X_C)^2}=I|Z| \quad （3-51）$$

阻抗模 $|Z|$、电抗 X（X_L–X_C）和电阻 R 三者的数量关系也是直角三角形三个边的关系。该直角三角形称为阻抗三角形，它与电压三角形相似。利用电压三角形或阻抗三角形也可求出电压与电流的相位差，即

$$\varphi=\arctan\frac{U_L-U_C}{U_R}=\arctan\frac{I(X_L-X_C)}{IR}=\arctan\frac{X_L-X_C}{R} \quad （3-52）$$

由式（3-52）可知，电压与电流的相位差 φ 的大小和正负完全由电路的参数 R、X_L、X_C 来决定，且与频率有关。设电阻 R 一定，讨论式（3-52）中，X_L 和 X_C 取不同数值时的情况：

若 $X_L>X_C$（即 $X>0$），则 $\varphi>0$，说明电路总电压超前于电流，这时电路中的电感作用大于电容作用，称这种电路为电感性电路；

若 $X_L<X_C$（即 $X<0$），则 $\varphi<0$，说明电路总电压滞后于电流，这时电路中的电感作用小于电容作用，称这种电路为电容性电路；

若 $X_L=X_C$（即 $X=0$），则 $\varphi=0$，则电压 u 与电流 i 同相，这时电感作用和电容作用相互抵消，这种电路称为电阻性电路，这是电路的一种特殊情况，又称为串联谐振电路，将在 3.6.1 节中详细讨论。电路性质不同时的相量图分别如图 3-22a、b、c 所示。

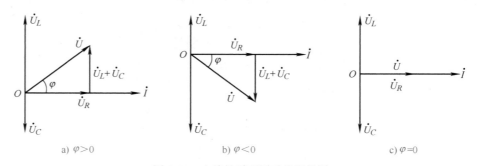

a) $\varphi>0$　　　　b) $\varphi<0$　　　　c) $\varphi=0$

图 3-22　电路性质不同时的相量图

【例 3-14】 图 3-20 所示 *RLC* 串联交流电路中，已知 $R=20\Omega$，$L=120\text{mH}$，$C=47\mu\text{F}$，$u=220\sqrt{2}\sin(314t)\text{V}$。试求：（1）电流 i；（2）各元件上的电压；（3）画出相量图。

【解】（1）先求出复阻抗 Z

$$X_L = 2\pi fL = \omega L = 314 \times 120 \times 10^{-3}\,\Omega \approx 37.7\,\Omega$$

$$X_C = \frac{1}{2\pi fC} = \frac{1}{\omega C} = \frac{1}{314 \times 47 \times 10^{-6}}\,\Omega \approx 67.8\,\Omega$$

$$Z = R + jX = R + j(X_L - X_C)$$
$$= [20 + j(37.7 - 67.8)]\,\Omega = (20 - j30.1)\,\Omega = 36.1\angle -56.4°\,\Omega$$

电压相量为
$$\dot{U} = 220\angle 0°\,\text{V}$$

所以
$$\dot{I} = \frac{\dot{U}}{Z} = \frac{220\angle 0°}{36.1\angle -56.4°}\,\text{A} \approx 6\angle 56.4°\,\text{A}$$

$$i = 6\sqrt{2}\sin(314t + 56.4°)\,\text{A}$$

（2）先求出各部分电压的相量，然后再求瞬时表达式。

$$\dot{U}_R = \dot{I}R = 20 \times 6\angle 56.4°\,\text{V} = 120\angle 56.4°\,\text{V}$$

$$u_R = 120\sqrt{2}\sin(314t + 56.4°)\,\text{V}$$

$$\dot{U}_L = j\dot{I}X_L = 6\angle 56.4° \times 37.7\angle 90°\,\text{V} = 226.2\angle 146.4°\,\text{V}$$

$$u_L = 226.2\sqrt{2}\sin(314t + 146.4°)\,\text{V}$$

$$\dot{U}_C = -j\dot{I}X_C = 6\angle 56.4° \times 67.8\angle -90°\,\text{V} = 406.8\angle -33.6°\,\text{V}$$

$$u_C = 406.8\sqrt{2}\sin(314t - 33.6°)\,\text{V}$$

（3）由于 RLC 串联交流电路中，流过各个元件的电流是相同的，因此通常选取电流作为参考量画相量图。但此例中给定电压的初相位为零，故以电压作为参考量画出相量图，如图 3-23 所示。

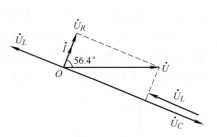

图 3-23　例 3-14 的图

【例 3-15】图 3-24a 所示电路为实际测量电感线圈参数的实验电路，其中 RL 为实际电感线圈的等效电路，R_1 为外接电阻。已知三个交流电压表的读数分别是 $U = 36\,\text{V}$，$U_1 = 20\,\text{V}$，$U_2 = 22.4\,\text{V}$，电阻 $R_1 = 10\,\Omega$，电源频率为 50Hz，试求线圈的参数 R 和 L。

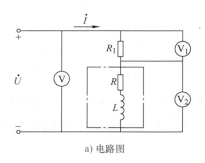

a）电路图

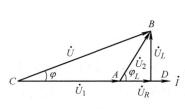

b）相量图

图 3-24　例 3-15 的图

【解】（1）运用相量图法求解。

首先定性画出各电压、电流的相量图，如图 3-24b 所示。由于图 3-24 是串联电路，各元件上通过的电流相同，因此以电流 $\dot{i}$ 作为参考相量。$\dot{U}_1$ 与 $\dot{i}$ 同相位，$\dot{U}_2$ 超前 $\dot{i}$。故电压 $\dot{U}$、$\dot{U}_1$ 和 $\dot{U}_2$ 构成 $\triangle ABC$。在 $\triangle ABC$ 中，因 U_1、U_2、U 均已知，即三角形的三个边长已知，所以用余弦定律可求出 φ，即为总电压 u 与总电流 i 的相位差。

由

$$AB^2 = CB^2 + CA^2 - 2CB \times CA \times \cos\varphi$$

得

$$\cos\varphi = \frac{36^2 + 20^2 - 22.4^2}{2 \times 36 \times 20} \approx 0.829$$

所以

$$\varphi = 34°$$

在 Rt $\triangle BCD$ 中

$$U_L = U\sin\varphi = 36 \times \sin 34° \text{V} \approx 20.1\text{V}$$

又因

$$I = \frac{U_1}{R_1} = \frac{20}{10}\text{A} = 2\text{A}$$

$$X_L = \frac{U_L}{I} = \frac{20.1}{2}\Omega \approx 10.1\Omega$$

所以

$$L = \frac{X_L}{2\pi f} = \frac{10.1}{314}\text{H} \approx 32.2\text{mH}$$

$$U_1 + U_R = U\cos\varphi = 36 \times \cos 34° \text{V} \approx 29.8\text{V}$$

$$U_R = 29.8 - U_1 = (29.8 - 20)\text{V} = 9.8\text{V}$$

所以

$$R = \frac{U_R}{I} = \frac{9.8}{2}\Omega = 4.9\Omega$$

（2）运用相量解析法求解。

以电流 $\dot{i}$ 为参考相量，则

$$\dot{U}_1 = \dot{I}R_1 \qquad ①$$

$$\dot{U}_2 = \dot{I}(R + jX_L) \qquad ②$$

$$\dot{U} = \dot{U}_1 + \dot{U}_2 = \dot{I}\left[(R_1 + R) + jX_L\right] \qquad ③$$

由式①得

$$\dot{U}_1 = \dot{I}R_1 = IR_1\angle 0° = U_1\angle 0° = 20\angle 0°\text{V}$$

又因

$$I = \frac{U_1}{R_1} = \frac{20}{10}\text{A} = 2\text{A} , \quad \dot{I} = 2\angle 0°\text{A}$$

由式②得

$$R + jX_L = \frac{\dot{U}_2}{\dot{I}} = \frac{22.4\angle\varphi_L}{2\angle 0°}\Omega = 11.2\angle\varphi_L\Omega \qquad ④$$

式中，φ_L 是线圈的相位差角。

由式③得

$$(R_1 + R) + jX_L = \frac{\dot{U}}{\dot{I}} = \frac{36\angle\varphi}{2\angle 0°}\Omega = 18\angle\varphi\Omega \qquad ⑤$$

式中，φ 是总电压与总电流之间的相位差角。

由式④得
$$R^2 + X_L^2 = (11.2)^2 \qquad ⑥$$

由式⑤得
$$(R_1 + R)^2 + X_L^2 = 18^2 \qquad ⑦$$

联立式⑥和式⑦，求解得

$$R = 4.9\Omega, \quad X_L = 10.1\Omega, \quad L = \frac{X_L}{2\pi f} = \frac{10.1}{314}\text{H} \approx 32.2\text{mH}$$

【例 3-16】 图 3-25a 所示 RC 串联电路中，已知 $R = 1\text{k}\Omega$，$u_i = \sqrt{2}\sin\omega t\text{V}$，$C = 0.2\mu\text{F}$，$f = 50\text{Hz}$，试求输出电压 $\dot{U}_o$ 的大小和 $\dot{U}_o$ 与 $\dot{U}_i$ 的相位差 φ；若频率改为 10kHz，则 U_o 和 φ 又是多大？画出上述两种情况下的相量图，并说明 $\dot{U}_o$ 与 $\dot{U}_i$ 的大小，以及相位与频率和参数的关系。

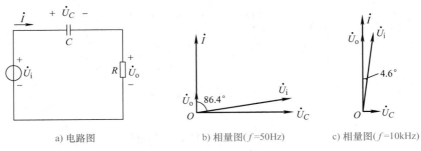

a) 电路图　　　　　　b) 相量图(f=50Hz)　　　　　c) 相量图(f=10kHz)

图 3-25　例 3-16 的图

【解】（1）当 $f = 50\text{Hz}$ 时，

$$X_C = \frac{1}{2\pi fC} = \frac{1}{2 \times 3.14 \times 50 \times 0.2 \times 10^{-6}}\Omega \approx 15.92\text{k}\Omega$$

$$|Z| = \sqrt{R^2 + X_C^2} = \sqrt{1^2 + (15.92)^2}\text{k}\Omega \approx 15.95\text{k}\Omega$$

$$I = \frac{U_i}{|Z|} = \frac{1}{15.95}\text{mA} \approx 0.0627\text{mA}$$

所以
$$U_o = IR = 0.0627 \times 1\text{V} = 0.0627\text{V}$$

因 $\dot{U}_o$ 与 $\dot{I}$ 同相，$\dot{U}_i$ 与 $\dot{I}$ 的相位差即是 $\dot{U}_i$ 与 $\dot{U}_o$ 的相位差 φ，即

$$\varphi = \arctan\frac{-X_C}{R} = \arctan\frac{-15.92}{1} = -86.4° \quad（电容性电路）$$

总电压 $\dot{U}_i$ 滞后 $\dot{I}$（或 $\dot{I}$ 超前 $\dot{U}_i$）86.4°，其相量图如图 3-25b 所示。

（2）当 $f = 10\text{kHz}$ 时，

$$X_C = \frac{1}{2\pi fC} = \frac{1}{2 \times 3.14 \times 10^4 \times 0.2 \times 10^{-6}}\Omega \approx 79.62\Omega$$

$$|Z| = \sqrt{R^2 + X_C^2} = \sqrt{(10^3)^2 + (79.62)^2}\Omega \approx 1003.2\Omega$$

$$I = \frac{U_i}{|Z|} = \frac{1}{1003.2} \text{A} \approx 0.997 \text{mA}$$

所以
$$U_o = IR = 0.997 \times 1 \text{V} = 0.997 \text{V}$$

$$\varphi = \arctan \frac{-X_C}{R} = \arctan \frac{-79.58}{1000} = -4.6°$$

总电压 $\dot{U}_i$ 滞后 $\dot{I}$（或 $\dot{I}$ 超前 $\dot{U}_i$）4.6°，相量图如图 3-25c 所示。

由上述计算结果可知，频率愈高，$\dot{U}_o$ 与 $\dot{U}_i$ 的相位差愈小，且两者的电压有效值接近相等。同样在一定功率下，通过改变电容的大小也可达到此目的。因此，通过改变信号源的频率和电容量，即可实现 $\dot{U}_o$ 与 $\dot{U}_i$ 的大小和相位变化的要求。

当频率升高时，从 $\dot{U}_o$ 与 $\dot{U}_i$ 电压有效值接近相等来看，这时图 3-25a 实际上是电子技术交流放大器中常用的耦合电路，它起到隔断直流传递交流的作用。为此，只要根据信号频率选择合适的电容值，使 $X_C \ll R$，即可满足耦合电路的要求。从 $\dot{U}_o$ 与 $\dot{U}_i$ 相位的改变来看，图 3-25a 也可作为移相电路，通过改变 C 或 R 的数值可达到移相的目的，在电子技术的振荡电路中常常会用到。

3.3.2　功率

在电阻、电感、电容串联交流电路中，由于电路中既有电阻又有电感和电容，所以必然存在两种性质不同的功率。电路中总的有功功率取决于电阻 R 消耗能量的情况，而电路中总的无功功率取决于电感 L 和电容 C "吞吐电能" 的情况。

以电流为参考相量，即 $i = I_m \sin \omega t$，设 u 与 i 相位差为 φ，则 $u = U_m \sin(\omega t + \varphi)$。

电路的瞬时功率为

$$
\begin{aligned}
p = ui &= U_m \sin(\omega t + \varphi) I_m \sin \omega t \\
&= \sqrt{2} U \sin(\omega t + \varphi) \sqrt{2} I \sin \omega t \\
&= 2UI \sin(\omega t + \varphi) \sin \omega t \\
&= UI \cos \varphi - UI \cos(2\omega t + \varphi)
\end{aligned}
\tag{3-53}
$$

有功功率为

$$P = \frac{1}{T} \int_0^T p \, dt = \frac{1}{T} \int_0^t \left[UI \cos \varphi - UI \cos(2\omega t + \varphi) \right] dt = UI \cos \varphi \tag{3-54}$$

式（3-54）是计算交流电路有功功率的一般公式，它说明有功功率的大小不仅与电压、电流有效值的乘积有关，还取决于电压、电流间相位差角的余弦（$\cos \varphi$）。由图 3-21 所示的电压三角形中可得出

$$U \cos \varphi = U_R = IR$$

因此，有功功率还可表示为

$$P = U_R I = I^2 R = \frac{U^2}{R} \tag{3-55}$$

由上述电压三角形还可得出，$(U_L - U_C) = U \sin\varphi$，则电路中总的无功功率为

$$Q = UI \sin\varphi \tag{3-56}$$

式（3-56）表明，交流电路中总的无功功率不仅与电压、电流有效值的乘积有关，而且与电压、电流之间相位差 φ 的正弦成正比。式（3-56）为计算交流电路无功功率的一般公式。在此电路中，由于电感吸收能量时电容放出能量，而当电容吸收能量时电感放出能量，二者互相补偿，与电源进行交换的只是它们的差值。因此，电路总的无功功率还可表示为

$$Q = Q_L - Q_C \tag{3-57}$$

式（3-57）表明，在电阻、电感、电容串联交流电路中，电感、电容"能量吞吐"的作用是相互抵消的，由图 3-20b 相量图也可以看出。若 $Q_L > Q_C$，电路为电感性，反之则为电容性。

为了衡量电源设备总的供电能力，或者说交流电路对电源所造成总的负担，通常用电压有效值和电流有效值的乘积来表征，称为视在功率，用字母 S 表示，即

$$S = UI \tag{3-58}$$

视在功率的单位用伏·安（V·A）或千伏·安（kV·A）表示。

交流电源在工作时既可能输出有功功率 P，又可能输出无功功率 Q，不管两种功率各为多少，只要保证电路总的电压、电流不超过其额定值，就可以保证电源能够正常工作。因此，交流电源设备，如交流发电机、变压器等一般都是按照规定的额定电压 U_N 和额定电流 I_N 来设计和使用的。把额定电压和额定电流的乘积称为额定视在功率（或称为额定容量），即

$$S_N = U_N I_N \tag{3-59}$$

以上论述了有功功率 P、无功功率 Q 和视在功率 S，它们分别代表着三种含义不同的功率，而三种功率之间又相互联系，即

$$S^2 = P^2 + Q^2 \tag{3-60}$$

$$S = \sqrt{P^2 + Q^2} \tag{3-61}$$

$$\varphi = \arctan\frac{Q}{P} \tag{3-62}$$

因此，P、Q、S 三者之间的关系也可以用直角三角形来表示，称为功率三角形。在同一电阻、电感、电容串联交流电路中，阻抗、电压和功率三个三角形是相似三角形，如图 3-26 所示。应当强调指出的是：P、Q、S 三者虽然都称为"功率"，但它们所表示的意义却不同，P 是电路中电阻消耗的功率；Q 反映电源与储能元件之间能量交换的情况；S 则是用来表征电气设备的容量。P、Q 和 S 均不是正弦量，因此不能

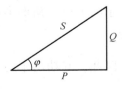

图 3-26　功率三角形

用相量来表示。功率三角形中的三条边只是代表它们的数值关系。

在交流电路中，通常把有功功率与视在功率的比值称为电路的功率因数。由功率三角形可得功率因数为

$$\cos\varphi = \frac{P}{S} \qquad (3\text{-}63)$$

式中，φ 也称为功率因数角，它是由电路参数决定的。例如，在纯电阻电路中，$\varphi = 0$，功率因数 $\cos\varphi = 1$，电路有功功率 $P = UI$；纯电感或纯电容电路 $\varphi = \pm 90°$，功率因数 $\cos\varphi = 0$，电路有功功率 $P = 0$。在一般情况下，电路中有 R、L、C 元件存在，功率因数角为 $-90° < \varphi < +90°$，功率因数为 $0 < \cos\varphi < 1$，则 $0 < P < UI$。功率因数 $\cos\varphi$ 的大小直接影响电路运行的经济性，将在 3.5 节中进一步分析。

【例 3-17】有一无源二端网络，已知端电压 $u = 220\sqrt{2}\sin(314 - 30°)\text{V}$，电流 $i = 6.4\sqrt{2}\sin(314t + 33°)\text{A}$，试求：（1）电路的有功功率、无功功率和视在功率；（2）该网络的等效阻抗参数 R 和 X 的值。

【解】（1）该电路的阻抗角 φ 可由电压、电流相位差求得

$$\varphi = \varphi_u - \varphi_i = -30° - 33° = -63°$$

有功功率为 $\qquad P = UI\cos\varphi = 220 \times 6.4 \times \cos(-63°)\text{W} \approx 639.2\text{W}$

无功功率为 $\qquad Q = UI\sin\varphi = 220 \times 6.4 \times \sin(-63°)\text{var} \approx -1254.5\text{var}$

视在功率为 $\qquad S = UI = 220 \times 6.4\text{V} \cdot \text{A} = 1408\text{V} \cdot \text{A}$

（2）将该网络等效为 R、X 参数串联组成的电路，则网络等效阻抗为

$$|Z| = \frac{U}{I} = \frac{220}{6.4}\Omega \approx 34.4\Omega$$

在阻抗三角形中，$|Z|$ 和 φ 已求出，所以

$$R = |Z|\cos\varphi = 34.4 \times \cos(-63°)\Omega \approx 15.6\Omega$$

$$X = |Z|\sin\varphi = 34.4 \times \sin(-63°)\Omega \approx -30.7\Omega$$

R 和 X 也可由有功功率和无功功率表达式求得，即

$$R = \frac{P}{I^2} = \frac{639.2}{6.4^2}\Omega \approx 15.6\Omega$$

$$X = \frac{Q}{I^2} = \frac{1254.5}{6.4^2}\Omega \approx 30.6\Omega$$

【例 3-18】在电阻、电感、电容元件串联电路中，已知 $R = 20\Omega$，$L = 127\text{mH}$，$C = 47\mu\text{F}$，电源电压 $u = 220\sqrt{2}\sin(314t + 30°)\text{V}$。试求：（1）电流 i；（2）各部分电压的瞬时值；（3）有功功率 P 和无功功率 Q。

【解】（1）感抗为 $\qquad X_L = \omega L = 314 \times 127 \times 10^{-3}\Omega \approx 40\Omega$

容抗为
$$X_C = \frac{1}{\omega C} = \frac{1}{314 \times 47 \times 10^{-6}} \Omega \approx 67.8\Omega$$

阻抗为
$$|Z| = \sqrt{R^2 + (X_L - X_C)^2} = \sqrt{20^2 + (40 - 67 \cdot 8)^2} \Omega \approx 34.2\Omega$$

电流有效值为
$$I = \frac{U}{|Z|} = \frac{220}{34.2}\text{A} \approx 6.4\,\text{A}$$

阻抗角为
$$\varphi = \arctan\frac{X_L - X_C}{K} = \arctan\frac{40 - 67.8}{20} = -54.3°$$

上式中的负号说明此电路为电容性，电压落后电流 54.3°，已知 $\varphi_u = 30°$，$\varphi = \varphi_u - \varphi_i$，所以

$$\varphi_i = \varphi_u - \varphi = 30° - (-54.3°) = 84.3°$$

因此 i 的瞬时值为

$$i = \sqrt{2}I\sin(\omega t + \varphi_i) = 6.4\sqrt{2}\sin(314t + 84.3°)\text{A}$$

（2）由

$$U_R = IR = 6.4 \times 20\text{V} = 128\text{V}$$

得

$$u_R = 128\sqrt{2}\sin(314t + 84.3°)\text{V}$$

由

$$U_C = IX_C = 6.4 \times 67.8\text{V} \approx 434\,\text{V}$$

得

$$u_C = 434\sqrt{2}\sin(314t + 84.3° - 90°)\,\text{V} = 434\sqrt{2}\sin(314t - 5.7°)\,\text{V}$$

由

$$U_L = IX_L = 6.4 \times 40\text{V} = 256\,\text{V}$$

得

$$u_L = 256\sqrt{2}\sin(314t + 84.3° + 90°)\text{V} = 256\sqrt{2}\sin(314t + 174.3°)\,\text{V}$$

由上例可知，电阻、电感、电容串联交流电路中，$U \neq U_R + U_L + U_C$。

（3）求解 $P = UI\cos\varphi = 220 \times 6.4 \times \cos(-54.3°)\text{W} = 220 \times 6.4 \times 0.58\text{W} \approx 821.6\text{W}$

求解 $Q = UI\sin\varphi = 220 \times 6.4 \times \sin(-54.3°)\text{var} = 220 \times 6.4 \times (-0.81)\text{var} \approx -1140.5\text{var}$

【例 3-19】图 3-27 所示电路中，有一 220V、45W 的白炽灯与 $C = 4.7\mu\text{F}$ 的电容串联，接在 $f = 50\text{Hz}$、$U = 220\text{V}$ 的交流电源上。试求：（1）电流 i 的有效值及 u 与 i 的相位差；（2）白炽灯及电容两端的电压的有效值，画出各部分电压及电流的相量图；（3）有功功率 P、无功功率 Q、视在功率 S 及功率因数。

【解】（1）设白炽灯的内阻不变。由于

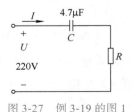

图 3-27　例 3-19 的图 1

$$P = UI = I^2 R = \frac{U^2}{R}$$

所以
$$R = \frac{U^2}{P} = \frac{220^2}{45}\Omega \approx 1075.6\Omega$$

$$X_C = \frac{1}{2\pi f C} = \frac{1}{2\pi \times 50 \times 4.7 \times 10^{-6}}\Omega \approx 677.6\Omega$$

$$|Z| = \sqrt{R^2 + X_C{}^2} = \sqrt{1075.6^2 + 677.6^2}\Omega \approx 1271.2\Omega$$

$$I = \frac{U}{|Z|} = \frac{220}{1271.2}\Omega \approx 0.17\Omega$$

$$\varphi = \arctan\frac{X_C}{R} = \arctan\frac{677.6}{1075.6} = 32.2°$$

（2）白炽灯上实际承受的电压为
$$U_R = IR = 0.17 \times 1075.6\text{V} \approx 182.9\text{V}$$

电容器上的电压为
$$U_C = IX_C = 0.17 \times 677.6\text{V} \approx 115\text{V}$$

以电流为参考相量，相量图如图 3-28 所示。

（3）有功功率为
$$P = U_R I = 182.9 \times 0.17\text{W} \approx 31\text{W}$$

无功功率为
$$Q = U_C I = 115 \times 0.17\text{var} \approx 20\text{var}$$

视在功率为
$$S = \sqrt{P^2 + Q^2} = \sqrt{31^2 + 20^2}\text{V}\cdot\text{A} \approx 36.9\text{V}\cdot\text{A}$$

功率因数为
$$\cos\varphi = \frac{P}{S} = \frac{31}{36.9} \approx 0.84$$

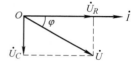

图 3-28　例 3-19 的图 2

由本例看出，额定电压为 220V 的白炽灯串联适当的电容器后，再接在 220V 的电源上使用时，可以降低加在白炽灯两端的电压及白炽灯消耗的功率，这对延长白炽灯的寿命及降低电能消耗方面均是有利的。此方法可用于楼内过道、上下步梯等公共场所。

【练习与思考】

3.3.1　在 RLC 串联交流电中，各元件上电压有效值与总电压有效值之间能否出现下列情况？若能出现，请指明必须满足何种条件。

$$U_R > U, U_L > U, U_R < U_C, U_R = U, U_L = U_C$$

3.3.2　RLC 串联交流电路的功率因数 $\cos\varphi$ 是否一定小于 1？

3.3.3　什么是瞬时功率、有功功率、无功功率和视在功率？正、负无功功率是什么意思？电路的总视在功率 S 是否等于各元件的视在功率之和？

3.3.4　某交流电源容量为 1000kV·A，现已输出有功功率 500kW，感性无功功率 200kvar，问其最多还可输出多少有功功率？

*3.4　复阻抗的串并联

如果电路由若干个复阻抗串联组成，如图 3-29 所示，根据基尔霍夫电压定律，电路

的总电压等于各部分电压的相量和，即

$$\dot{U} = \dot{U}_1 + \dot{U}_2 + \dot{U}_3 + \cdots = \dot{I}Z_1 + \dot{I}Z_2 + \dot{I}Z_3 + \cdots = \dot{I}(Z_1 + Z_2 + Z_3 + \cdots) = \dot{I}Z \qquad （3-64）$$

所以电路的等效阻抗为

$$Z = Z_1 + Z_2 + Z_3 + \cdots = R_1 + jX_1 + (R_2 + jX_2) + (R_3 + jX_3) + \cdots$$

$$= \sum_{k=1}^{n} R_k + j\sum_{k=1}^{n} X_k \quad k = 1, \ 2, \ 3, \ \cdots, \ n \qquad （3-65）$$

式（3-65）表明：串联电路的总阻抗等于各部分的阻抗相加，即串联总复阻抗的电阻等于各部分电阻之和，总电抗等于各部分电抗的代数和。必须指出：分析交流电路时要注意到各个交流量之间不仅有大小关系，而且还有相位关系。因此，总电压的有效值不一定等于各部分电压有效值的代数和。

并联是电路的另一种重要连接方式，所要解决的问题和分析方法与串联电路基本相同。

如果电路由若干个阻抗并联组成，如图 3-30 所示。并联电路的等效阻抗为

$$\frac{1}{Z} = \frac{1}{Z_1} + \frac{1}{Z_2} + \cdots + \frac{1}{Z_{n-1}} + \frac{1}{Z_n} = \sum_{k=1}^{n} \frac{1}{Z_k} \quad k = 1, \ 2, \ 3, \ \cdots, \ n \qquad （3-66）$$

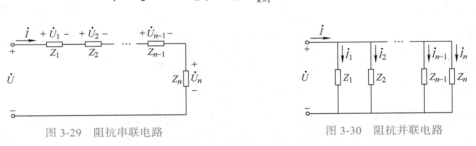

图 3-29　阻抗串联电路　　　　　　　　　图 3-30　阻抗并联电路

需要指出，在正弦交流电路中，应用相量法求解电路时，只要将电路中的各个参数及求解量用复数表示，直流电路的分析方法都可采用。

并联电路的有功功率 P 和无功功率 Q 既可根据电路总电压和总电流来计算，也可通过各个支路来求解，即总有功功率为

$$P = UI \sin\varphi \quad 或 P = P_1 + P_2 + \cdots = \Sigma P_k \qquad （3-67）$$

总无功功率为

$$Q = UI \sin\varphi \quad 或 Q = Q_1 + Q_2 + \cdots = \Sigma Q_k \qquad （3-68）$$

其中，电感性电路的无功功率取正号，电容性电路的无功功率取负号。

电路的视在功率为

$$S = UI = \sqrt{P^2 + Q^2} \qquad （3-69）$$

在分析计算并联交流电路时，还经常用到复导纳的概念，复数导纳是复数阻抗的倒数。若两个并联支路的复导纳分别为 $Y_1 = \dfrac{1}{Z_1}$，$Y_2 = \dfrac{1}{Z_2}$，则并联后的等效复导纳为

$$Y = \frac{1}{Z} = \frac{1}{Z_1} + \frac{1}{Z_2} = Y_1 + Y_2 \tag{3-70}$$

当有多个复导纳并联时，等效复导纳为

$$Y = Y_1 + Y_2 + \cdots + \sum Y_k \tag{3-71}$$

【例 3-20】 在图 3-31a 所示电路中，已知 $Z_1 = (4 + j10)\Omega$，$Z_2 = (8 - j6)\Omega$，$Z_3 = j8.33\Omega$，$U = 60\mathrm{V}$。求电流 $\dot{I}_1$、$\dot{I}_2$ 和 $\dot{I}_3$，并画出电压和电流的相量图。

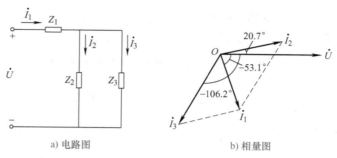

a) 电路图　　　　　　　b) 相量图

图 3-31　例 3-20 的图

【解】 以电压 $\dot{U}$ 为参考相量，即 $\dot{U} = U\angle 0° = 60\angle 0°\mathrm{V}$。
两并联负载的等效负阻抗为

$$Z_{23} = \frac{Z_2 Z_3}{Z_2 + Z_3} = \frac{(8 - j6)(j8.33)}{(8 - j6) + (j8.33)}\Omega = \frac{50 + j66.6}{8 + j2.33}\Omega = \frac{83.3\angle 53.1°}{8.33\angle 16.2°}\Omega = (8 + j6)\Omega$$

Z_1 和 Z_{23} 串联的等效负阻抗为

$$Z = Z_1 + Z_{23} = [(4 + j10) + (8 + j6)]\Omega = 20\angle 53.1°\Omega$$

电源输出电流为

$$\dot{I}_1 = \frac{\dot{U}}{Z} = \frac{60\angle 0°}{20\angle 53.1°}\mathrm{A} = 3\angle -53.1°\mathrm{A}$$

各支路电流为

$$\dot{I}_2 = \frac{Z_{23}\dot{I}_1}{Z_2} = \frac{10\angle 36.9° \times 3\angle -53.1°}{8 - j6}\mathrm{A} = \frac{30\angle -16.2°}{10\angle -36.9°}\mathrm{A} = 3\angle 20.7°\mathrm{A}$$

$$\dot{I}_3 = \frac{Z_{23}\dot{I}_1}{Z_3} = \frac{10\angle 36.9° \times 3\angle -53.1°}{j8.33}\mathrm{A} = 3.6\angle -106.2°\mathrm{A}$$

电压和电流的相量图如图 3-31b 所示。

【例 3-21】 图 3-32a 所示电路中，已知 $R_1 = 20\Omega$，$X_L = 50\Omega$，$R_2 = 10\Omega$，$X_C = 20\Omega$，$u = 220\sqrt{2}\sin 314t\ \mathrm{V}$，求各支路电流和总电流，并画相量图。

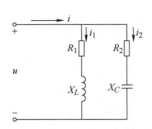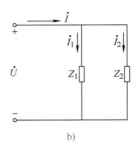

图 3-32　例 3-21 的图

【解】取电源电压为参考相量，即 $\dot{U} = 220\angle 0°\,\text{V}$

第一支路的复阻抗和复导纳分别为

$$Z_1 = R_1 + jX_L = (20 + j50)\Omega \approx 53.85\angle 68.2°\,\Omega$$

$$Y_1 = \frac{1}{Z_1} = \frac{1}{R_1 + jX_L} = \frac{1}{53.85\angle 68.2°}\,\text{S} \approx 0.0186\angle -68.2°\,\text{S}$$

第二支路的复阻抗和复导纳分别为

$$Z_2 = R_2 - jX_C = (10 - j20)\Omega \approx 22.36\angle -63.4°\,\Omega$$

$$Y_2 = \frac{1}{Z_2} = \frac{1}{R_2 - jX_C} = \frac{1}{22.36\angle -63.4°}\,\text{S} \approx 0.0447\angle 63.4°\,\text{S}$$

解法 1：借助相量图求总电流。画出相量图如图 3-33 所示。各支路电流为

$$I_1 = \frac{U}{|Z_1|} = \frac{220}{53.85}\,\text{A} \approx 4.09\,\text{A}$$

$$I_2 = \frac{U}{|Z_2|} = \frac{220}{22.36}\,\text{A} \approx 9.84\,\text{A}$$

$$i_1 = 4.09\sqrt{2}\sin(\omega t - 68.2°)\,\text{A}$$

$$i_2 = 9.84\sqrt{2}\sin(\omega t + 63.4°)\,\text{A}$$

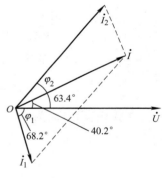

图 3-33　例 3-21 的图

依余弦定理得

$$I = \sqrt{I_1^2 + I_2^2 - 2I_1I_2\cos[180° - (\varphi_1 + \varphi_2)]} = \sqrt{I_1^2 + I_2^2 - 2I_1I_2\cos(\varphi_1 + \varphi_2)}$$

式中　　　　$\cos[180° - (\varphi_1 + \varphi_2)] = \cos(180° - 68.2° - 63.4°) = \cos 48.4° = 0.66$

所以 $I = \sqrt{(4.09)^2 + (9.84)^2 - 2\times 4.09\times 9.84\times 0.66}\,\text{A} \approx 7.8\,\text{A}$

$$\varphi = \arctan\frac{I_1\sin\varphi_1 + I_2\sin\varphi_2}{I_1\cos\varphi_1 + I_2\cos\varphi_2} = \arctan\frac{-4.09\times \sin 68.2° + 9.84\times \sin 63.4°}{4.09\cos 68.2° + 9.84\cos 63.4°}$$

$$= \arctan\frac{-4.09\times 0.93 + 9.84\times 0.89}{4.09\times 0.37 + 9.84\times 0.45} = \arctan\frac{5.01}{5.93} = 40.2°$$

求得
$$i = 7.8\sqrt{2}\sin(314t + 40.2°)A$$

解法 2：借助相量式计算各支路电流和总电流。先求出各支路电流，再求总电流，则

$$\dot{I}_1 = \frac{\dot{U}}{Z_1} = \frac{220\angle 0°}{53.85\angle 68.2°}A \approx 4.09\angle -68.2°A$$

$$\dot{I}_2 = \frac{\dot{U}}{Z_2} = \frac{220\angle 0°}{22.36\angle -63.4°}A \approx 9.84\angle 63.4°A$$

或
$$\dot{I}_1 = \dot{U} \cdot Y_1 = 220 \times 0.0186\angle -68.2°A \approx 4.09\angle -68.2°A$$

$$\dot{I}_2 = \dot{U} \cdot Y_2 = 220 \times 0.0447\angle 63.4°A \approx 9.84\angle 63.4°A$$

求得
$$\dot{I} = \dot{I}_1 + \dot{I}_2 = 4.09\angle -68.2° + 9.84\angle 63.4° = 1.519 - j3.798 + 4.406 + j8.798$$
$$= 5.925 + j5.01A \approx 7.8\angle 40.2°A$$

解法 3：先求出总电流，再运用分流公式求各分支电流。

总电流为 $\dot{I} = \dfrac{\dot{U}}{Z}$

总的复阻抗为 $Z = \dfrac{Z_1 Z_2}{Z_1 + Z_2} = \dfrac{53.85\angle 68.2° \times 22.36\angle -63.4°}{(20 + j50) + (10 - j20)}\Omega = \dfrac{1204.086\angle 4.8°}{30\sqrt{2}\angle 45°}\Omega \approx 28.38\angle -40.2°\Omega$

所以总电流为 $\dot{I} = \dfrac{\dot{U}}{Z} = \dfrac{220\angle 0°}{28.38\angle -40.2°}A \approx 7.8\angle 40.2°A$

支路电流为 $\dot{I}_1 = \dfrac{Z_2}{Z_1 + Z_2}\dot{I} = \dfrac{22.36\angle -63.4°}{30\sqrt{2}\angle 45°} \times 7.8\angle 40.2°A \approx 4.09\angle -68.2°A$

$$\dot{I}_2 = \dfrac{Z_1}{Z_1 + Z_2}\dot{I} = \dfrac{53.85\angle 68.2°}{30\sqrt{2}\angle 45°} \times 7.8\angle 40.2°A \approx 9.84\angle 63.4°A$$

【练习与思考】

3.4.1　在 RLC 并联交流电路中，下列各式或提法是否正确？（1）并联等效阻抗 $Z = R + j\left(\omega L - \dfrac{1}{\omega C}\right)$；（2）阻抗模 $|Z| = \sqrt{R^2 + \left(\omega L - \dfrac{1}{\omega C}\right)^2}$；（3）$X_L > X_C$ 时，电路呈电感性；$X_C > X_L$ 时，电路呈电容性。

3.4.2　在并联交流电路中，总电流是否一定大于每一支路的电流？试举例说明之。

3.4.3　二阻抗串联后的等效阻抗值是否一定大于串联的每一个阻抗值？试举例说明之。

3.5　功率因数的提高

如 3.3.3 节所述，功率因数 $\cos\varphi = P/S$ 表明了交流电路的有功功率 P 在总的视在功率中所占的比率。功率因数 $\cos\varphi$ 取决于负载的性质。功率因数是一项重要的电力经济指标。

例题分析

思政元素

1. 功率因数的分析

如果电路中没有储能元件 L 或 C，那么电路中无功功率 Q 等于零，这时电路总的视在功率 S 全部用于有功功率 P。从电压、电流的相位关系上分析，电路中仅有电阻 R 没有储能元件 L 或 C 时，电压与电流同相位，$\cos\varphi=1$，功率因数最高。

反之，如果电路中 L 或 C 的作用增大，则电路中无功功率 Q 增大，有功功率 P 在视在功率 S 中所占比例减小。由于 L 或 C 的"移相"作用，使电压与电流间出现较大的相位差，从而使 $\cos\varphi<1$，功率因数降低。

由上述分析可知，电压、电流间的相位差 φ 和电路中的无功功率 Q 之间存在着一定的内在联系。φ 愈大，$\cos\varphi$ 愈小，说明在电路总的视在功率 S 中，无功功率 Q 所占比例愈大，而有功功率 P 所占比例愈小；反之，φ 愈小，$\cos\varphi$ 愈大，在电路总的视在功率 S 中，无功功率 Q 所占比例愈小，而有功功率 P 所占比例愈大。

2. 提高功率因数的意义

功率因数是一项重要的电力经济指标。功率因数太低，会引起下述两个方面的问题。

（1）电源设备的容量不能充分利用　由于发电机、变压器等电源都有一定的额定电压和额定电流，工作时的电压和电流都不允许超过其额定值，所以当功率因数较低时电源所发出的有功功率就较小。而电源的作用是将尽可能多的电能送给负载，以转化为人们所需要的其他形式的能量。可见，电路功率因数愈低，电源的能力就愈得不到有效发挥。例如，容量为 800kV·A 的电源设备，当所接负载电路的功率因数 $\cos\varphi=0.9$ 时，能输出 720kW 的有功功率；当所接电路的功率因数 $\cos\varphi=0.6$ 时，则只能输出 480kW 的有功功率，电源设备的能力得不到充分发挥，其利用率就降低。

（2）输电线路的功率损耗大　当电源电压 U 和负载所需要的有功功率 P 一定时，输电线路上的电流，即 $I=P/(U\cos\varphi)$，其大小与负载的功率因数 $\cos\varphi$ 成反比，即功率因数愈低，输电线路上的电流愈大，而线路的功率损耗（$\Delta p=I^2r$）与电流成正比，所以 $\cos\varphi$ 愈低，功率损耗就愈大，输电线路的电压降也愈大。这样不仅影响输电效率，又影响供电质量。因此提高功率因数，不仅对企业本身提高了经济效益（国家有关职能部门颁布规定，凡功率因数值低于规定的用户要加收电费），而且还为国家节省了能源。

3. 提高功率因数的方法

在实际电网中电路的功率因数是不高的，其根本原因是由于电气设备大多为感性负载，如各种机床设备、各类电动机、家用电器（如空调、电扇、荧光灯）等。这样造成无功功率在负载与电源之间徒劳无益的交换。因此，要提高电路的功率因数，关键在于如何减少电源所负担的无功功率。我们知道，电感元件和电容元件在电路中都具有吸收能量和释放能量的作用，而且这种作用在同一时间内互为补偿。因此，一般可采用并联电容的方法使电路总功率因数达到规定的要求。

图 3-34a 所示为并联电容提高功率因数的电路。由图 3-34b 相量图可以看出，在未并联电容时，电路的总电流 $\dot{I}=\dot{I}_1$。并联电容后，电路总电流 $\dot{I}=\dot{I}_1+\dot{I}_C$，总电压与总电流的相位差 $\varphi<\varphi_1$，所以 $\cos\varphi>\cos\varphi_1$，即整个电路的功率因数提高了，总电流 I 比 I_1（未并电容之前的总电流）也减小了。由于电容不消耗功率，即 $P_C=0$，所以电路的有功功率不变。又因电容与负载并联，感性负载的端电压及负载参数均未变化，所以对原负载的工作

状态也无影响。

　　并联电容提高功率因数的实质，是利用电容中超前电压的无功电流（I_C）去补偿感性负载中滞后电压的无功电流（I_{y1}），以减小总电流的无功分量，即利用电容的无功功率去补偿感性负载的无功功率，从而减小总的无功功率。从能量的角度看，则是使部分磁场能量与电场能量在电路内部相互交换，从而减小了电源和负载之间的能量互换。可见，提高功率因数的结果

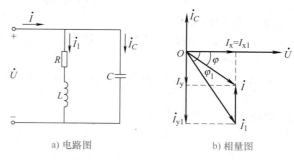

a) 电路图　　　　　　　　　b) 相量图

图 3-34　并联电容提高功率因数

减轻了无功电流施加于总电源的负担，使电源有可能更多地承担有功电流和有功功率，以充分利用电源设备的容量。

　　上述分析说明用并联电容来提高功率因数，没有影响原负载的工作状态，只是利用电容补偿了原负载所需的无功功率，从而减小了整个供电线路上的无功电流，改善了供电系统的功率因数。

　　【例 3-22】 图 3-34a 所示电路中，已知某车间交流电源电压为 220V，频率为 50Hz，额定容量等于 8.9kV·A。车间感性负载的功率因数为 0.7，所需有功功率为 5kW。（1）用并联电容的方法将电路的功率因数提高到 0.9，试求并联电容的电容值，并联电容前后总电流有多大变化？（2）若要将 $\cos\varphi$ 由 0.9 再提高到 1.0，电容值需要增加多少？

　　【解】（1）由图 3-34b 中的相量图可得

$$I_C = I_{y1} - I_y = I_1\sin\varphi_1 - I\sin\varphi = \left(\frac{P}{U\cos\varphi_1}\right)\sin\varphi_1 - \left(\frac{P}{U\cos\varphi}\right)\sin\varphi \ (P=P_1) = \frac{P}{U}(\tan\varphi_1 - \tan\varphi_2)$$

又因

$$I_C = \frac{U}{X_C} = U\omega C$$

所以

$$C = \frac{I_C}{U\omega} = \frac{P}{U^2\omega}(\tan\varphi_1 - \tan\varphi) \tag{3-72}$$

式中，φ_1 是原感性负载的功率因数角；φ 则是并联电容后整个电路的功率因数角。

　　已知 $\cos\varphi_1 = 0.7$，$\varphi_1 = 45.6°$；$\cos\varphi = 0.9$，$\varphi = 25.8°$

则

$$C = \frac{5\times10^3}{220^2\times314}(\tan45.6° - \tan25.8°)\text{F} \approx 177\mu\text{F}$$

　　未并联电容之前电路总电流为

$$I = I_1 = \frac{P}{U\cos\varphi_1} = \frac{5\times10^3}{220\times0.7}\text{A} \approx 32.5\text{A}$$

　　并联电容以后总电流为

$$I = \frac{P}{U\cos\varphi} = \frac{5\times10^3}{220\times0.9}\text{A} \approx 25.3\text{A}$$

可见，并联电容后，电路的总电流减小了。这样车间供电设备还可扩大供电负载，以提高设备利用率。

（2）将 $\cos\varphi$ 提高到 1，所需要增加的电容值为

$$C' = \frac{P}{U^2\omega}(\tan\varphi - \tan\varphi') = \frac{5\times10^3}{(220)^2\times314}(\tan25.8° - \tan0°)\,\text{F} \approx 159\,\mu\text{F}$$

此时电路中的总电流为

$$I' = \frac{P}{U\cos\varphi'} = \frac{5\times10^3}{220\times1}\text{A} \approx 22.7\,\text{A}$$

可见，继续提高功率因数，总电流减少幅度不明显，但所需电容值增加很多，显然投资与经济效益不成比例。因此，不要求用户把功率因数提高到 1，只要达到规定即可。

【练习与思考】

3.5.1　电感性负载串联电容能否提高电路的功率因数？为什么？

3.5.2　并联电容提高电路功率因数后，电路总电流如何变化？原负载电流和功率是否变化？

3.6　电路中的谐振及应用

如前所述，在电阻、电感、电容元件的正弦交流电路中，电路的复阻抗是电源频率的函数，随着频率的不同，它可以是电感性、电容性及电阻性三种电路状态。当适当改变电源的频率或电路的参数使整个电路呈现电阻状态时，这种现象称为电路的谐振。谐振现象在电子技术工程中得到广泛应用。但对电力系统，会因谐振而影响系统的稳定运行，甚至造成危害。因此，研究电路中的谐振是十分重要的。

根据电路的不同连接方式，分为串联谐振和并联谐振。

3.6.1　串联谐振

在图 3-35a 所示 RLC 串联电路中，当 $X = \omega L - \frac{1}{\omega C} = 0$ 时，电路呈电阻性，RLC 串联电路的这种状态称为串联谐振。

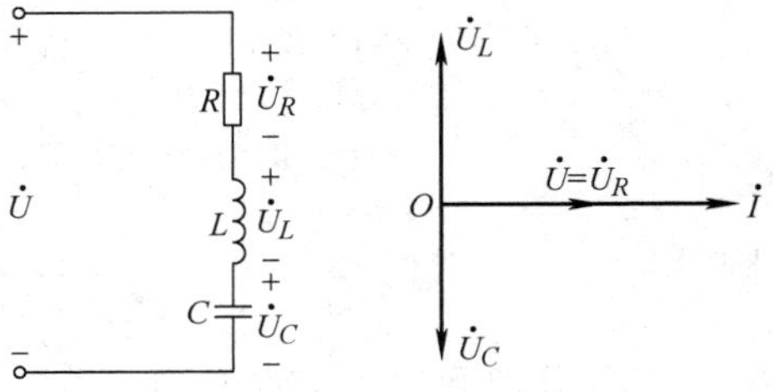

根据串联谐振的条件 $X = \omega L - \frac{1}{\omega C} = 0$

得　　　　　　$$\omega_0 = \frac{1}{\sqrt{LC}} \qquad (3\text{-}73)$$

式中，ω_0 称为串联谐振的角频率，又因 $\omega_0 = 2\pi f_0$，所以

a) 谐振电路　　　　b) 相量图

图 3-35　串联谐振电路及其相量图

$$f_0 = \frac{1}{2\pi\sqrt{LC}} \qquad (3\text{-}74)$$

式中，f_0 称为串联谐振电路的频率。由式（3-73）和式（3-74）可知，改变电源频率 f 或在一定频率下改变电路的参数 L 或 C，均可满足串联谐振的条件，使电路发生谐振。

串联谐振电路具有以下特点。

1）电路阻抗达到最小值且具有纯电阻性质，其阻抗为

$$|Z| = \sqrt{R^2 + (X_L - X_C)^2} = R = Z_0 \qquad （3-75）$$

当电路电压一定时，电路中的电流 $I = U / Z_0$ 达到最大值。阻抗和电流随频率变化的曲线如图 3-36 所示。

2）谐振时，电路总电压与总电流的相位差 $\varphi = 0$，因而 $\sin\varphi = 0$，总无功功率 $Q = UI\sin\varphi = |Q_L| - |Q_C| = 0$。可见，谐振时电感中的磁场能量与电容中的电场能量相互转换，相互补偿，此时电源与电路之间不发生能量互换，电源仅提供电路中 R 所消耗的有功功率。串联谐振电路时的相量图如图 3-35b 所示。

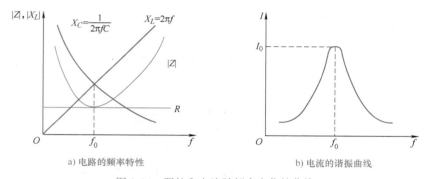

a) 电路的频率特性　　　　　　　　　　b) 电流的谐振曲线

图 3-36　阻抗和电流随频率变化的曲线

3）当电路的感抗或容抗远大于电阻时，谐振时电感和电容上的电压有可能远大于电源电压。即当 $X_L = X_C \gg R$ 时，$U_L = U_C \gg U_R$，又因谐振时 $U = U_R$，所以 $U_L = U_C \gg U$。可见，当电路发生谐振时，有可能出现 $U_L(U_C)$ 超过外加电压 U 许多倍的现象。因此，串联谐振又称为电压谐振。

在电子技术工程应用中，常常用到品质因数 Q 这个物理量，其定义为谐振时电容或电感上的电压高出电源电压的倍数，即

$$Q = \frac{U_C}{U} = \frac{U_L}{U} = \frac{X_C}{R} = \frac{X_L}{R} = \frac{1}{\omega_0 CR} = \frac{\omega_0 L}{R} \qquad （3-76）$$

由式（3-76）可知，当 $X_L = X_C \gg R$ 时，品质因数 Q 很高，电感电压或电容电压将大大超过外加电源电压。这种高电压有可能击穿电感线圈或电容器的绝缘而损坏设备。因此，在电力工程中一般应避免电压谐振或接近谐振情况的发生。但在通信工程中，恰好相反，由于工作信号比较微弱，往往利用电压谐振获得对应于某一频率信号的高电压，例如在无线传输的接收电路中则通过谐振来选择信号。

【**例 3-23**】图 3-37a 所示是收录装置的接收电路，当各地电台所发射的电磁波信号被天线线圈 L_1 接收后，经电磁感应作用，在 L_2 中感应出不同频率的电动势，例如图中的 e_1、e_2、e_3，等效电路如图 3-37b 所示。调节可变电容器 C，使其对应于某一频率的信号发生串联谐振，从而使该频率的电台信号在输出端产生较大的输出电压，以起到选择收听该电台广播的目的。已知线圈 L_2 的电阻 $R=20\Omega$，$L=0.25\mathrm{mH}$，为了接收到某

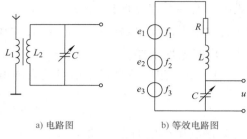

a) 电路图　　　　b) 等效电路图

图 3-37　例 3-23 的图

广播电台 560kHz 的信号，试求：（1）可变电容应调至何值？（2）当输入电压 $U=10\mu\mathrm{V}$ 时，求谐振电流及此时调谐电容上的端电压 U_C；（3）对另一 820kHz 电台的信号，此时电路中的电流及电容上的电压各为多少？

【**解**】（1）串联谐振时 $f=f_0=\dfrac{1}{2\pi\sqrt{LC}}$，可得

$$C=\frac{1}{(2\pi f)^2 L}=\frac{1}{(2\times3.14\times560\times10^3)^2\times0.25\times10^{-3}}\mathrm{F}\approx323\mathrm{pF}$$

（2）求 U_C

$$I_0=\frac{U}{R}=\frac{10\times10^{-6}}{20}\mathrm{A}=0.5\mu\mathrm{A}$$

$$U_C=I_0 X_C=I_0\frac{1}{\omega C}=\frac{I_0}{2\pi f C}=\frac{0.5\times10^{-6}}{2\times3.14\times560\times10^3\times323\times10^{-12}}=44\times10\times10^{-6}\mathrm{V}=440\mu\mathrm{V}\gg U$$

（3）当 $f=820\mathrm{kHz}$ 时

$$\omega=2\pi f=2\times3.14\times820\times10^3\mathrm{rad/s}\approx5.15\times10^6\mathrm{rad/s}$$

$$|Z|=\sqrt{R^2+\left(\omega L-\frac{1}{\omega C}\right)^2}=\sqrt{20^2+\left(5.15\times10^6\times0.25\times10^{-3}-\frac{1}{5.15\times10^6\times323\times10^{-12}}\right)^2}\Omega\approx686.7\Omega$$

$$I=\frac{U}{|Z|}=\frac{10\times10^{-6}}{686.7}\mathrm{A}\approx0.0146\mu\mathrm{A}$$

$$U_C=IX_C=0.0146\times10^{-6}\times\frac{1}{5.15\times10^6\times323\times10^{-12}}\mathrm{V}\approx8.78\mu\mathrm{V}$$

从上述运算结果可以看出，当电容调到 323pF 对应 560kHz 的频率信号发生谐振时，电容两端电压比输入电压大得多。而此时，对于频率为 820kHz 的信号不发生谐振，电容两端电压还不到谐振时电容电压的 2%，因此，这时只能收听到 560kHz 广播电台的信号。

串联谐振在电路中具有加强某一频率信号而抑制其他频率信号的特性，这种特性称为选频特性或选择性。选择性的强弱主要取决于电路的品质因数 Q。当电路的 L 和 C 一定时，线圈电阻 R 愈小，电路的 Q 值愈大，则选择性愈好。这是因为 Q 值愈大，谐振时在电感线圈（或电容器）上得到的电压愈高。谐振曲线与 Q 的关系如图 3-38 所示。

工程中通常还引出通频带的概念，它是这样规定的：当谐振电路的电流等于最大值 I_0 的 $1/\sqrt{2}$ 时，对应的这一段频率范围称为通频带 （ $\Delta f = f_2 - f_1$ ），如图 3-38 所示，只有信号的频带在电路的通频带范围之内，电路才能不失真地传递信号。

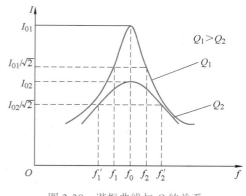

图 3-38　谐振曲线与 Q 的关系

由谐振曲线图可知，电路 Q 值愈高，谐振曲线愈尖锐， f 偏离 f_0 时的电流下降愈多，这说明电路的选择性愈好。但通频带过窄，显然又不利于信号的传递。因此，在实际应用中应合理选择 Q 值的大小，使之能够兼顾选择性和通频带两个方面，即应使谐振电路不仅具有较高的选择性，而且还应具有不失真传递信号的能力。

【例 3-24】已知某收录机的接收电路的 $L = 3\mathrm{mH}$ ， $R = 0.2\Omega$ ，当调节 $C = 2\mu F$ 时，试确定此时的通频带 Δf 和可收到信号的上下限频率。

【解】先求出该串联电路的谐振频率和品质因数，即

$$f_0 = \frac{1}{2\pi\sqrt{LC}} = \frac{1}{2\pi\sqrt{3\times10^{-3}\times2\times10^{-6}}}\mathrm{Hz} \approx 2055\mathrm{Hz}$$

$$Q = \frac{\omega_0 L}{R} = \frac{2\pi f_0 L}{R} = \frac{2\pi\times2055\times3\times10^{-3}}{0.2} \approx 193.7$$

可以证明

$$\Delta f = \frac{f_0}{Q} \quad（证明从略）$$

所以

$$\Delta f = \frac{2055}{193.7}\mathrm{Hz} \approx 10.6\mathrm{Hz}$$

利用 f_0 和 Δf 可以近似计算上下限频率，分别为

$$f_2 = f_0 + \frac{1}{2}\Delta f = \left(2055 + \frac{10.6}{2}\right)\mathrm{Hz} = 2060.3\mathrm{Hz}$$

$$f_1 = f_0 - \frac{1}{2}\Delta f = \left(2055 - \frac{10.6}{2}\right)\mathrm{Hz} = 2049.7\mathrm{Hz}$$

*3.6.2　并联谐振

并联谐振的电路结构形式很多，仅以图 3-39a 所示典型电路为例进行说明，图中所示为电感线圈和电容器组成的并联电路， L 是线圈的电感， R 是线圈自身的电阻。当图示电路中总电流与端电压同相时，称为并联谐振。此时的相量图如图 3-39b 所示。

图 3-39a 所示电路中的总电流 i 为

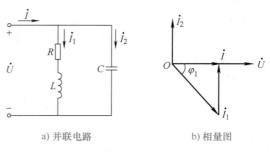

a) 并联电路　　　　b) 相量图

图 3-39　并联谐振电路及相量图

$$\dot{I} = \dot{I}_1 + \dot{I}_2 = \frac{\dot{U}}{R + jX_L} + \frac{\dot{U}}{-jX_C} = \frac{\dot{U}}{R + j\omega L} + \frac{\dot{U}}{-j\frac{1}{\omega C}}$$

$$= \left[\frac{1}{R + j\omega L} + \frac{1}{-j\frac{1}{\omega C}} \right] \dot{U} = \left[\frac{R}{R^2 + (2\pi f L)^2} - j\left(\frac{2\pi f L}{R^2 + (2\pi f L)^2} - 2\pi f C \right) \right] \dot{U} \qquad (3\text{-}77)$$

则该电路的复阻抗的倒数（亦称导纳）为

$$Y = \frac{\dot{I}}{\dot{U}} = \frac{R}{R^2 + (2\pi f L)^2} - j\left(\frac{2\pi f L}{R^2 + (2\pi f L)^2} - 2\pi f C \right) \qquad (3\text{-}78)$$

设并联谐振时的频率为 f_0，谐振时式（3-77）中括号内的虚部为零，即

$$\frac{2\pi f_0 L}{R^2 + (2\pi f_0 L)^2} = 2\pi f_0 C$$

得

$$f_0 = \frac{1}{2\pi \sqrt{LC}} \sqrt{1 - \frac{C}{L}R^2} \qquad (3\text{-}79)$$

在实际使用中，往往采用损耗（电阻）很小的线圈。若满足 $R \ll 2\pi f_0 L$ 时，式（3-79）可近似表达为

$$f_0 \approx \frac{1}{2\pi \sqrt{LC}} \qquad (3\text{-}80)$$

在这种情况下，并联谐振频率与串联谐振频率相等。

并联谐振电路主要有以下特点。

1）并联谐振时，电路阻抗很大，且为电阻性。在式（3-78）中，令其虚部为零，若忽略线圈电阻，则谐振时电路的阻抗为

$$|Z_0| = \frac{1}{Y_0} = \frac{1}{\dfrac{R}{R_2 + \omega_0^2 L^2}} \approx \frac{1}{\dfrac{R}{\omega_0^2 L^2}} = \frac{\omega_0^2 L^2}{R} = \frac{L}{RC} \qquad (3\text{-}81)$$

这时阻抗值最大，因此，在电源电压一定的情况下，电路中的电流 I_0 在谐振时达到最小，这与串联谐振电路的特点正相反。

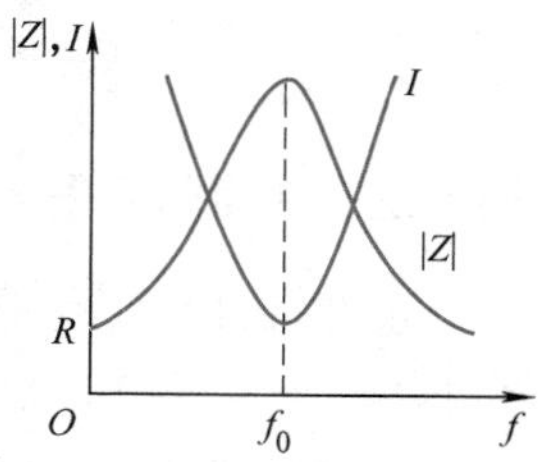

2）电路中的总电流在谐振时达到最小。阻抗与电流的谐振曲线如图 3-40 所示。

3）谐振时支路电流有可能远远大于电路总电流。由图 3-39b 所示相量图可知

谐振时

$$I_2 = I_1 \sin \varphi_1, \quad I = I_1 \cos \varphi_1$$

$$\frac{I_2}{I} = \tan \varphi_1 = \frac{\omega_0 L}{R} = Q \qquad (3\text{-}82)$$

图 3-40　阻抗和电流的谐振曲线

式（3-82）表明并联谐振时，支路电流是总电流的 Q 倍，Q 即为电路的品质因数。当满足 $R \ll 2\pi f_0 L$ 时，$I_1 \approx I_2 \gg I_0$，即在谐振时并联支路的电流近于相等，而比总电流大许多倍。因此并联谐振又称为电流谐振。

由上述可知，并联电路发生谐振时电路呈高阻状态。这样，当电路由恒电流源供电时，其谐振电路两端可获得较高的电压。因此，利用并联谐振也可以实现选频的目的。如在电子技术的振荡器中，广泛应用并联谐振电路作为选频环节。

【例 3-25】 图 3-41a 所示为一 RLC 并联电路。已知 $R=10\Omega$，$C=10.5\mu F$，$L=40mH$。试求谐振频率 f_0。若此时 $u = 2\sqrt{2}\sin\omega t$ mV，求各支路电流及总电流的大小，并画相量图。

【解】（1）根据电路发生谐振时其两端电压 $\dot{U}$ 和 $\dot{I}$ 同相及电路呈现纯电阻性的条件，可求出此并联电路的谐振频率。首先求出

$$\dot{I} = \dot{I}_R + \dot{I}_L + \dot{I}_C = \frac{\dot{U}}{R} + \frac{\dot{U}}{jX_L} + \frac{\dot{U}}{-jX_C} = \dot{U}\left(\frac{1}{R} + \frac{1}{jX_L} + \frac{1}{-jX_C}\right)$$

电路的复阻抗为

$$Z = \frac{\dot{U}}{\dot{I}} = \frac{1}{\left[\frac{1}{R} - j\left(\frac{1}{X_L} - \frac{1}{X_C}\right)\right]} = \frac{1}{\left[\frac{1}{R} - j\left(\frac{1}{\omega L} - \omega C\right)\right]}$$

$\dot{U}$ 和 $\dot{I}$ 同相时，复阻抗的虚部应为零，可得

$$\frac{1}{\omega L} = \omega C$$

因此，电路谐振频率 f_0（或角频率 ω_0）为

$$\omega_0 = \frac{1}{\sqrt{LC}}，\quad f_0 = \frac{1}{2\pi\sqrt{LC}}$$

代入已知参数得

$$f_0 = \frac{1}{2 \times 3.14 \times \sqrt{40 \times 10^{-3} \times 10.5 \times 10^{-6}}}\,Hz \approx 245.6Hz$$

$$\omega_0 = 2\pi f_0 \approx 1543rad/s$$

（2）各电流为

$$I_R = \frac{U}{R} = \frac{2 \times 10^{-3}}{10}\,A = 0.2mA$$

$$I_L = \frac{U}{\omega_0 L} = \frac{2 \times 10^{-3}}{1543 \times 40 \times 10^{-3}}\,A \approx 0.033mA$$

$$I_C = U\omega_0 C = 2 \times 10^{-3} \times 1543 \times 10.5 \times 10^{-6}\,A \approx 0.033mA$$

由于 I_L 和 I_C 大小相等，相位相反，因此总电流 I 的大小等于 I_R，即

$$I = I_R = 0.2mA$$

（3）相量图如图 3-41b 所示。

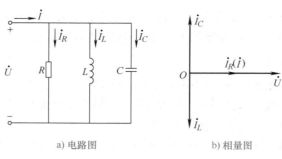

a) 电路图   b) 相量图

图 3-41 例 3-25 的图

【练习与思考】

3.6.1 试总结 R、L、C 电路中发生并联谐振和串联谐振时，电路具有哪些相同点和不同点？

3.6.2 当频率高于或低于谐振频率时，R、L、C 串联电路是感性还是容性？R、L、C 并联电路呢？

3.6.3 增大 RLC 串联电路的电阻 R，将对以下哪种情况产生影响？

（1）谐振频率降低；（2）谐振曲线变陡；（3）谐振曲线变平缓。

3.6.4 电路发生谐振时只供给电阻 R 消耗有功功率，能否说这时电感和电容都不再需要无功功率吗？

*3.7 非正弦周期信号电路的概念

实验模拟

在实际工程中，常常遇到非正弦的周期电压和电流，例如数字电路中的脉冲电压、示波器中的锯齿波扫描电压及整流电路的输出电压等，都是非正弦周期信号。

非正弦周期信号有着各种不同的变化规律，分析计算这种信号激励下线性电路的响应是一个新问题。但是，只要能将其分解成一系列不同频率的正弦量，就能根据线性叠加原理，把非正弦信号电路的分析计算转化为一系列正弦电路的计算。

3.7.1 非正弦周期信号波形的分解

从数学理论分析可知，任何周期函数只要满足狄里赫利条件（即周期函数在一个周期内包含有限个最大值和最小值及有限个第一间断点），都可分解成傅里叶级数，即直流分量和一系列正弦分量之和。在电工、电子技术中所遇到的周期信号，通常都能满足狄里赫利条件，因此都可以展开成傅里叶级数。

设非正弦周期函数为 $f(\omega t)$，其角频率为 ω，周期为 T，则 $f(\omega t)$ 的傅里叶级数表示式为

$$f(\omega t) = A_0 + A_{1m}\sin(\omega t + \varphi_1) + A_{2m}\sin(2\omega t + \varphi_2) + \cdots = A_0 + \sum_{k=1}^{\infty} A_{km}\sin(k\omega t + \varphi_k) \qquad (3-83)$$

式中，常数项 A_0 是周期函数 $f(\omega t)$ 的恒定分量（即直流分量）；$A_{1m}\sin(\omega t + \varphi_1)$ 称为 $f(\omega t)$ 的基波（或一次谐波）；$A_{2m}\sin(2\omega t + \varphi_2)$ 的角频率是基波角频率的两倍，称为 2 次谐波，以

后各项依次称为 3 次谐波、4 次谐波等。又将等于或高于 2 次谐波的正弦波称为高次谐波。通常将一个周期为 T 的非正弦量利用傅里叶级数分解为一系列频率不同的正弦量，又称为谐波分析。常见的非正弦周期信号的傅里叶级数展开式，可查阅相关的书籍或手册。

非正弦周期信号有效值与正弦量的有效值定义一样，为非正弦周期函数瞬时值的均方根值。通过证明可得

$$I = \sqrt{I_0^2 + I_1^2 + I_2^2 + \cdots} \qquad (3-84)$$

$$U = \sqrt{U_0^2 + U_1^2 + U_2^2 + \cdots} \qquad (3-85)$$

式中，I_0、U_0 为直流分量；I_1、I_2、$I_3\cdots$ 和 U_1、U_2、$U_3\cdots$ 为 1 次、2 次、3 次等各次谐波分量的有效值。由此可见，非正弦周期信号的有效值等于它的直流分量和各次谐波分量有效值二次方和的二次方根。

3.7.2　线性非正弦周期信号电路的计算

分析计算线性非正弦周期信号电路的理论基础是谐波分析和叠加原理。首先将非正弦周期信号分解成直流分量和各次谐波之和，其次分别计算各分量单独作用于电路时的响应。这样，将非正弦周期信号电路的计算，化为直流电路和一系列正弦电路的计算。其具体步骤如下。

1）将给定的非正弦周期电压源或电流源分解为傅里叶级数（即谐波分析）。由于傅里叶级数的收敛性，一般取级数的前几项即可，具体取几项应视要求的精确度而定。

2）分别计算各分量单独作用时在电路各部分产生的电压和电流。计算时注意两点：一是当直流分量单独作用时，电路中的电容元件相当于开路，电感元件相当于短路。二是当各次谐波单独作用时，每次谐波均采用求解正弦交流电路的方法。应该强调指出，不同次谐波的容抗和感抗值不同，而电阻则是相同的。

3）将直流分量和各次谐波的响应叠加即为所得的结果。必须注意不同频率的正弦量不能用相量图或复数式相加，而只能以瞬时值叠加。

【例 3-26】在图 3-42 所示 RC 并联电路中，已知 $R=1.2\mathrm{k}\Omega$，$C=50\mu\mathrm{F}$，电流 $i=(1.5+\sin 3140t)\mathrm{mA}$，试求各支路中的电流和两端电压。

【解】用叠加原理进行分析计算。

（1）直流分量单独作用时

$$I_0 = 1.5\mathrm{mA}$$

电容 C 对直流相当于开路，故 I_0 全部通过 R 支路，在 R 两端产生的电压降为 $U_0 = I_0 R = 1.5 \times 1.2\mathrm{V} = 1.8\mathrm{V}$。此时，电容器两端电压也充电到 $1.8\mathrm{V}$。

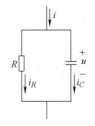

图 3-42　例 3-26 的图

（2）交流分量单独作用时

$$i_1 = \sin 3140t \ \mathrm{mA}$$

$$f_1 = \frac{\omega}{2\pi} = \frac{3140}{2\pi}\mathrm{Hz} = 500\mathrm{Hz}$$

容抗为

$$X_{C1} = \frac{1}{\omega C} = \frac{1}{3140 \times 50 \times 10^{-6}} \Omega = 6.37 \Omega$$

由于 $X_{C1} \ll R$，所以电流几乎全部通过电容支路，电阻 R 中基本上无交流分量，此时在电容 C 两端产生的电压为

$$U_{C1m} = I_{1m} X_{C1} = 1 \times 10^{-3} \times 6.37 \text{V} = 6.37 \text{mV}$$

（3）由于 $U_{C1m} \ll U_0$，叠加时可以忽略，所以并联支路两端电压为

$$U \approx U_0 = 1.8 \text{V}$$

由上述计算可知，当 R 和 C 并联，且在参数上使 $X_{C1} \ll R$ 时，这样 X_C 对交流起"旁路"作用，且电容 C 两端的交流电压很小，它与直流电压降比较可以忽略不计，因而保证 R 两端的电压基本上不变（直流分量），这一电路在电子技术中经常被采用。

本章小结

1. 对正弦交流电路的分析是本书的重点内容之一。随时间按正弦规律变化的量称为正弦量。正弦量三要素为幅值、角频率和初相位。相位差表示两个同频率正弦量的初相位之差，相位关系有超前、滞后、同相和反相。正弦量的大小通常用有效值表示。

2. 正弦量可以用三角函数式、正弦波和相量表示。其中，相量表示既能反映正弦量的大小，又能反映正弦量的相位。相量以复数为其符号（相量式），以矢量为其图形（相量图）。相量表示法是分析计算正弦交流电的主要工具，一定要熟练掌握。同时要明确只有同频率的正弦量才能进行相量计算；相量仅仅是正弦的一种表示方法，相量并不等于正弦量。

3. 当电路中的正弦量都以相量表示，电路参数用复阻抗表示时，直流电路中的基本定理、定律及分析方法都可以用于正弦交流电路。需注意：各相量的约束关系为 $\sum \dot{I} = 0$，$\sum \dot{U} = 0$，$\dot{U} = \dot{I} Z$。

4. 正弦交流电路中电阻消耗有功功率；电感和电容不消耗有功功率，但与电源之间存在着能量的相互交换（吞吐）；视在功率常用于表示电源设备的容量。有功功率、无功功率和视在功率的一般计算公式分别为 $P = UI\cos\varphi$，$Q = UI\sin\varphi$，$S = UI$，三者之间的关系是 $S = \sqrt{P^2 + Q^2}$。

5. $\cos\varphi$（φ 为 u 和 i 之间的相位差）称为电路的功率因数。提高功率因数不仅能减少输电线路上的功率消耗，而且能提高供电质量，使电源的供电能力得以充分利用。通常用并联电容的方法提高感性电路的功率因数。

6. 在含有 R、L、C 元件的电路中，当电路的电压与电流同相时，电路呈谐振状态。谐振的实质就是电容中的电场能量与电感中的磁场能量相互转换、相互补偿，从而使电路呈电阻的性质。

电路的谐振条件、谐振角频率和谐振时的等效复阻抗视电路结构的不同而不同。串联谐振的特点为阻抗最小、电流最大、谐振角频率为 $\omega_0 = \frac{1}{\sqrt{LC}}$；并联谐振时阻抗达最大值，电流最小，当满足一定条件时其谐振角频率与串联谐振时相同。

基本概念自检题 3

以下每小题中提供了可供选择的答案，请选择一个或多个正确答案填入空白处。

1. 交流仪表指示的读数是_____。

a. 最大值　　　　　b. 瞬时值　　　　　c. 有效值

2. 电气设备的额定电压、额定电流是_____。

a. 最大值　　　　　b. 瞬时值　　　　　c. 有效值

3. 民用电 220V、380V 指的是供电电压的_____。

a. 最大值　　　　　b. 瞬时值　　　　　c. 有效值

4. 我国电网的工频是_____。

a. 60Hz　　　　　b. 50Hz　　　　　c. 80Hz

5. 正弦量初相角的大小和正负_____。

a. 不随任何参量变化

b. 与计时时刻有关，计时时刻改变初相角随之改变

c. 与频率有关，频率改变初相角随之改变

d. 与幅值有关，幅值改变初相角随之改变

6. 表示正弦量大小的是_____。

a. 频率和周期　　　b. 有效值、瞬时值和最大值

c. 初相位、相位和相位差

7. 表示正弦量快慢的是_____。

a. 频率和周期　　　b. 有效值、瞬时值和最大值

c. 初相位、相位和相位差

8. 复数 j 的几何意义是_____。

a. 虚数单位　　　　b. 旋转因子　　　　c. −1

9. 纯电感交流电路中电压与电流的相位关系是_____。

a. 电压超前电流 90°　　　　　　　b. 电压滞后电流 90°

c. 同相

10. 纯电容交流电路中电压与电流的相位关系是_____。

a. 电压超前电流 90°　　　　　　　b. 电压滞后电流 90°

c. 同相

11. 相量与正弦量的关系为_____。

a. 两者等同　　　b. 一种表示方法　　c. 没有任何关系

12. 正弦交流电路中总电压超前总电流的电路呈现_____。

a. 电阻性　　　　b. 电容性　　　　c. 电感性

13. 正弦交流电路中总电压滞后总电流的电路呈现_____。

a. 电阻性　　　　b. 电容性　　　　c. 电感性

14. 正弦交流电路中总电压与总电流同相的电路呈现_____。

a. 电阻性　　　　b. 电容性　　　　c. 电感性

15. 有功功率表征_____。

a. 电容性元件消耗的能量　　　　b. 电感性元件消耗的能量

c. 电阻元件消耗的能量

16. 无功功率表征_____。

a. 电容性元件消耗的能量　　　　　b. 电感性元件消耗的能量

c. 吞吐能量的总和

17. 视在功率表征_____。

a. 电源输出有功功率的最大值　　　　b. 电源设备的供电能力

c. 电源设备的容量

18. 提高功率因数的意义在于_____。

a. 增加电感性负载的无功功率　　　　b. 减少电路总无功功率

c. 增加电阻性负载的有功功率

19. 发生谐振的电路呈_____。

a. 电容性　　　　　　　b. 电感性　　　　　　　c. 电阻性

习　题　3

1. 已知某支路中的电流和该支路两端的电压分别为 $i = 10\sqrt{2}\sin(\omega t - 30°)\text{A}$，$u = 220\sqrt{2}\sin(\omega t + 45°)\text{V}$。要求：

（1）说明电压、电流的相位关系，并画出它们的波形图；

（2）写出相量表达式（指数式和极坐标式），画出相量图；

（3）如果电流的方向相反，再回答（1）和（2）问题。

2. 已知 $i_1 = 10\sin(314t + 30°)\text{A}$，$i_2 = 10\sqrt{2}\sin(314t - 60°)\text{A}$，$i = i_1 + i_2$，试用相量法求 i，并画出 3 个电流的相量图。

3. 已知电阻和电感串联的电路中，电源 $U=220\text{V}$，电阻 $R = 20\Omega$，$L = 0.1\text{H}$，$f = 50\text{Hz}$，试求电流 I、电阻的端电压 U_R 和电感的端电压 U_L，并画出相量图。

4. 一荧光灯电路，灯管和整流器串联接在电压 $U=220\text{V}$、频率 $f = 50\text{Hz}$ 的交流电源上，已知灯管等效电阻 $R_1 = 300\Omega$，整流器的电阻 $R_2 = 20\Omega$，电感 $L = 1.5\text{H}$，试求：电路中的电流 I；灯管两端电压 U_{R_1} 和整流器两端电压 U_{RL}。这两个电压加起来是否等于 220V？电路消耗的功率 P 为多少？以电流为参考相量，画 $\dot{U}_{R_1}$、$\dot{U}_{RL}$ 及 $\dot{U}$ 的相量图。

5. 图 3-43 所示为一 RC 移相电路，已知 $R=8.4\text{k}\Omega$，输入电压 $u_i = \sin 314\text{V}$，要求输出电压 $\dot{U}_o$ 的相位超前 $\dot{U}_i$ $60°$，问电容 C 应配多大？输出电压的有效值 U_o 为多大？

6. 图 3-44 所示电路中，已知正弦交流电压的有效值 $U = 220\text{V}$，$R_1 = 10\Omega$，$X_L = 10\sqrt{2}\Omega$，$R_2 = 20\Omega$。试求各支路电流和电路的有功功率。

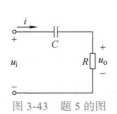

图 3-43　题 5 的图

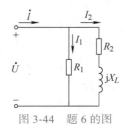

图 3-44　题 6 的图

7. 图 3-45 所示电路中，已知 $u = 220\sqrt{2}\sin 314t\,\text{V}$, $i_1 = 22\sin(314t - 45°)\text{A}$，$i_2 = 11\sin(314t + 90°)\text{A}$，试求各仪表读数及电路参数 R、L 和 C。

8. 试证明图 3-46 所示 RC 串并联交流电路中，当 $f_0 = \dfrac{1}{2\pi RC}$ 时，$\dfrac{\dot{U}_o}{\dot{U}_i} = \dfrac{1}{3}\angle 0°$。

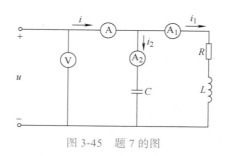

图 3-45　题 7 的图

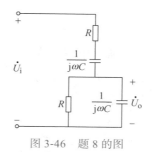

图 3-46　题 8 的图

9. 电路参数如图 3-47 所示，已知 $I_1 = 10\text{A}, U_1 = 100\text{V}$，试求总电压和总电流的有效值，并画出各电压和电流的相量图。

10. 图 3-48 所示电路中，已知 $I_1 = 10\text{A}, I_2 = 10\sqrt{2}\text{A}, U = 200\text{V}, R = 5\Omega, R_2 = X_L$。试求 I、X_C、X_L 及 R_2。

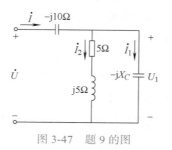

图 3-47　题 9 的图

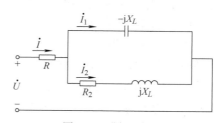

图 3-48　题 10 的图

11. 图 3-49 所示电路系采用电感降压进行调速的电风扇等效电路，已知 $R = 200\Omega, X_2 = 280\Omega$, 电源电压 $U = 220\text{V}$，$f = 50\text{Hz}$，若使 $U_2 = 180\text{V}$，应串联多大的电感 L_1？

12. 一电磁铁绕组可等效成 RL 电路，已知 $R = 2\Omega$，电源电压 $U = 220\text{V}$，$f = 50\text{Hz}$，流过绕组的电流 $I = 2\text{A}$。试求绕组的感抗、总的阻抗，以及等效电路的有功功率和无功功率。

13. 图 3-50 所示电路中，已知 $I_1 = I_2 = 10\text{A}, U = 100\text{V}$，$u$ 与 i 同相，试求 I、R、X_C 及 X_L。

14. 图 3-51 所示电路中，已知 $U = 220\text{V}$，$C = 58\mu\text{F}$，$R = 2\Omega$，$L = 63\text{mH}$。求电路的谐振频率、谐振时的支路电流和总电流。

15. 图 3-52 所示电路中，已知 $\dot{U}_S = 90\angle 0°\text{V}$。求：

（1）电流 $\dot{I}_1$ 和 $\dot{I}_3$；

（2）电源输出的有功功率 P 和无功功率 Q。

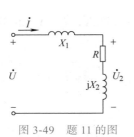

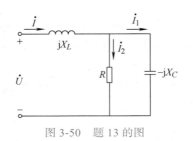

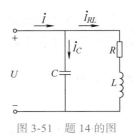

图 3-49　题 11 的图　　　　图 3-50　题 13 的图　　　　图 3-51　题 14 的图

16. 图 3-53 所示电路，求：

（1）电流 $\dot{I}_1$、$\dot{I}_2$、$\dot{I}_3$；

（2）画出 $\dot{I}_1$、$\dot{I}_2$、$\dot{I}_3$、$\dot{U}_L$ 和 $\dot{U}_C$ 的相量图。

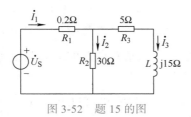

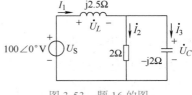

图 3-52　题 15 的图　　　　　　　　图 3-53　题 16 的图

17. 有一 40W 的荧光灯，使用时灯管与整流器（可近似地把整流器看作纯电感）串联在电压为 220V、频率为 50Hz 的电源上。已知灯管工作时属纯电阻负载，灯管两端电压等于 110V，试求整流器的感抗，这时电路的功率因数等于多少？若将功率因数提高到 0.9，问应并联多大电容？

18. RLC 串联电路的信号源电压 $U=2V$，当信号源频率为电路谐振频率 $f=100kHz$ 时，谐振电流 $I_0=100mA$，当频率变为 $f_1=99kHz$ 且电压有效值不变时，电流 $I_1=70.7mA$，试问信号源频率为 f_1 时，电路是电感性还是电容性？计算此时电路的品质因数 Q 及参数 R、L、C。

19. RL 串联电路中，$R=120W$，$X_L=90W$，通过它的电流 $\dot{I}=\sqrt{2}\angle 0°A$，求电路有功功率、无功功率和功率因数。为提高功率因数，在电路两端并联电容 C，试计算将电路功率因数提高到 0.85 所需要电容值，并求此时电路的总电流、有功功率和无功功率（电源频率为 $f=50Hz$）。

20. 有一交流电源，其额定容量为 10kV·A，额定电压为 220V，频率为 50Hz。接一功率为 8kW、功率因数为 0.6 的感性负载。问：

（1）这时电源输出电流是否超过其额定电流？

（2）如果将电路的功率因数提高到 0.95，应并联多大电容，这时电源输出电流为多少？

（3）将电路功率因数提高到 0.95 后，这时电源还可以接几只 220V、40W 的白炽灯泡？

21. 有一个 RLC 串联电路，它在电源频率为 f 为 500Hz 时发生谐振。谐振时容抗 X_C 为 314Ω，并测得电容电压 U_C 为电源电压 U 的 20 倍。试求该电路的电阻 R 和电感 L。

第 4 章

供电与用电

【内容导图】

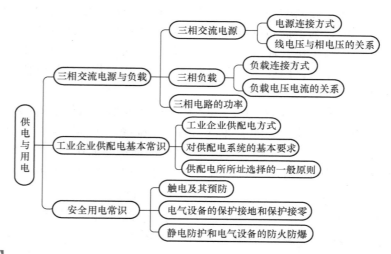

【教学要求】

知识点	相关知识	基本要求
三相交流电源	连接方式	了解
	星形联结特点和相量图	理解
	对称三相交流电线电压与相电压关系	掌握
对称三相负载	对称三相负载的特点	掌握
	星形联结方式、特点和相量图	掌握
	三角形联结方式、特点和相量图	理解
对称三相电路	对称三相电路的功率	掌握
	电路的分析与计算	掌握
供配电基本常识	工业企业配电方式	了解
安全用电常识	安全用电等级	掌握
	触电分析	了解
	保护接地和保护接零	掌握

【项目引例】

电能是一种清洁的二次能源，并且具有便于输送、分配、控制等优点，被广泛应用在工农业生产和生活中。电能绝大多数都是由发电厂提供。目前，水力发电厂和火力发电厂已十分普遍，核发电也在不断增多，除此以外，近些年太阳能、风力发电等新型清洁能源发展趋势迅猛。为了充分合理利用当地天然丰富的一次资源，往往各类发电厂均是建在远离用电中心的边远地区，例如举世瞩目的长江三峡水电站的电能供电给上海市，刘家峡水电站将电能输送到甘肃、陕西省等。因此，必须进行远距离输电。为了降低远距离传输线路的电能损耗和提高传输效率，通常由发电厂发出的电能要经过升压变压器升压后，再经输电线路传输，这就是所谓的高压输电。电能经高压输电线路送到距离用户较近的降压变电所，经降压后分配给用户应用。这样，就完成了一个发电、变电、输电和用电的全过程。把连接发电厂和用户之间的环节称为电力网。把发电厂、电力网和用户组成的统一整体称为电力系统。同时，为了提高供电可靠性及资源利用的综合经济性，又要把许多分散的各种形式发电厂中的发电机，通过变电所和输电线并联起来，由前所述，太阳能和风力发电也与传统电网并网运行。因此，通常用户所需的电能，几乎都是由公共电力系统供给的。电力系统如图 4-1 所示。

传统电力系统中，发电机的原动机，如汽轮机、水轮机、风轮机等部分，以及原动机的力能部分，如热力锅炉、水库、原子能电站的反应堆等，统称为动力系统。电力网有超高压输电网，其电压在 $220 \sim 500\text{kV}$ 以上，供远距离输送电能用，还有 $35 \sim 110\text{kV}$ 的高压供电网及电压为 $6 \sim 10\text{kV}$ 的高压配电网，以及 1kV 以下的低压配电网。

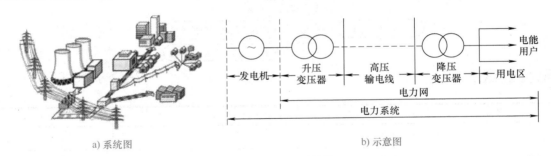

a) 系统图　　　　　　　　　　　　　　　b) 示意图

图 4-1　电力系统图

目前，电力系统普遍采用三相正弦交流电源供电系统。现代工农业生产及日常生活中所使用的交流电源，也几乎是三相交流电源。上一节所讨论的单相交流电源就是由三相交流电源的一相提供的。三相交流电源供电的电路称为三相交流电路。由于三相交流电路具有输电经济、用电设备结构简单、性能好等优点。因此，三相交流电路得到了广泛的应用。

本章主要讨论三相交流电源的连接方式和特点，对称三相交流电路中负载的连接以及电压、电流和功率的分析计算。然后介绍一些供配电和安全用电的基本常识。

4.1　三相交流电源与负载

4.1.1　三相交流电源

一台三相交流发电机可以同时产生三个频率相同、幅值相等、相位互

动画演示

差 120° 的正弦交流电压，将它们按照一定方式连接，可以构成对称三相正弦交流电源，简称三相电源。对称三相电源的电压波形如图 4-2 所示。如果以 u_A 为参考正弦量，对称三相电压的瞬时值表达式为

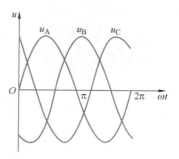

图 4-2　对称三相电源的电压波形

$$\begin{cases} u_A = \sqrt{2}U\sin\omega t \\ u_B = \sqrt{2}U\sin(\omega t - 120°) \\ u_C = \sqrt{2}U\sin(\omega t - 240°) \\ = \sqrt{2}U\sin(\omega t + 120°) \end{cases} \tag{4-1}$$

相量式为

$$\begin{cases} \dot{U}_A = U\angle 0° \\ \dot{U}_B = U\angle -120° \\ \dot{U}_C = U\angle -240° \end{cases} \tag{4-2}$$

相量图如图 4-3 所示。

　　三相交流电压出现最大值（或零值）的先后顺序称为相序。图 4-2 所示的交流电压 u_A 超前电压 u_B 120°，电压 u_B 超前电压 u_C 120°，即 A → B → C，此相序称为正相序。若相序变为 A → C → B，则称为反相序。以后的分析中如无特殊说明，均指正相序。需指出，三相交流电的相序对电网的并联和交流电动机的转向都有重要影响，在后续讨论电动机控制电路中将会涉及这一概念。通常在发电厂和变电所的配电母线上，分别用黄、绿、红三种颜色分别表示 A → B → C，以示区别。

　　由于三相电压是对称的，可以证明，它们的瞬时值之和或相量和都等于零，这是对称三相交流电的重要特点，学习时一定要特别关注这一点，其相量和如图 4-4 所示。

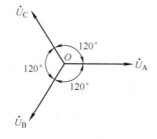

图 4-3　对称三相电压的相量图

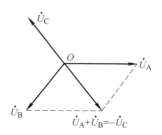

图 4-4　对称三相电压的相量和

在实际应用中，通常作为三相交流电源的有三相交流发电机和三相配电变压器，它们均可以向负载提供三相交流电。图 4-5 所示为几种用于提供交流电的实物，供参考。

a) 三相变压器　　　　　　b) 柴油发电机　　　　　　c) 三相同步发电机

图 4-5　发电机及变压器实物图

1. 三相电源的星形（Y）联结

三相电源的连接方式有两种，即星形联结和三角形联结。

图 4-6 所示电路中，将发电机三相绕组的尾端 X、Y、Z 接在一起，作为公共点 N，首端 A、B、C 引出三条线，就称为星形联结，它是三相电源的一种连接方式。其中公共点 N 称为中性点或零点。由中性点引出的导线称为中性线。三相绕组的首端引出的导线称为端线，俗称火线。

三相电源的三相绕组接成星形时，可以得到两种电压：一种是端线与中性线间的电压，称为电源的相电压，用 u_A、u_B、u_C 表示，参考方向由绕组首端指向尾端；另一种是端线与端线之间的电压，称为线电压，用 u_{AB}、u_{BC}、u_{CA} 表示。作星形联结的三相电源共有四根导线向用户供电，这种供电方式称为三相四线制电源，在低压供电系统中普遍被采用。

下面分析三相四线制电源中性线电压与相电压之间的关系，按图 4-6 所示正方向，根据基尔霍夫电压定律，可得出线电压与相电压的相量关系式，即

$$\begin{cases} \dot{U}_{AB} = \dot{U}_A - \dot{U}_B \\ \dot{U}_{BC} = \dot{U}_B - \dot{U}_C \\ \dot{U}_{CA} = \dot{U}_C - \dot{U}_A \end{cases} \tag{4-3}$$

通常三相电源的相电压是对称的，如果以 $\dot{U}_A$ 为参考相量，可以先画出相电压相量 $\dot{U}_A$、$\dot{U}_B$、$\dot{U}_C$，再根据式（4-3）分别画出线电压相量 $\dot{U}_{AB}$、$\dot{U}_{BC}$、$\dot{U}_{CA}$，如图 4-7 所示。由图可见，当相电压对称时，线电压也是对称的。如相电压的有效值用 U_P 表示，线电压的有效值用 U_L 表示，由相量图用几何方法可以求得线电压的有效值等于相电压的有效值的 $\sqrt{3}$ 倍，即

$$U_L = \sqrt{3}U_P \tag{4-4}$$

由相量图还可以看出，在相位上，线电压超前相应的相电压 30°，即 $\dot{U}_{AB}$ 超前 $\dot{U}_A$ 30°，$\dot{U}_{BC}$ 超前 $\dot{U}_B$ 30°，$\dot{U}_{CA}$ 超前 $\dot{U}_C$ 30°。三相四线制电源的线电压与相电压的大小和相位关系可以统一用相量式表示，即

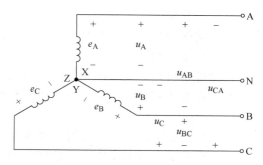

图 4-6　三相电源的星形联结

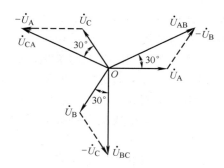

图 4-7　线电压与相电压的相量图

$$\begin{cases} \dot{U}_{AB} = \sqrt{3}\dot{U}_A \angle 30° \\ \dot{U}_{BC} = \sqrt{3}\dot{U}_B \angle 30° \\ \dot{U}_{CA} = \sqrt{3}\dot{U}_C \angle 30° \end{cases} \qquad (4\text{-}5)$$

也可以由式（4-3），结合相量图得

$$\begin{cases} \dot{U}_{AB} = \dot{U}_A - \dot{U}_B = U_P \angle 0° - U_P \angle -120° = \sqrt{3}U_P \angle 30° \\ \dot{U}_{BC} = \dot{U}_B - \dot{U}_C = U_P \angle -120° - U_P \angle 120° = \sqrt{3}U_P \angle -90° \\ \dot{U}_{CA} = \dot{U}_C - \dot{U}_A = U_P \angle 120° - U_P \angle 0° = \sqrt{3}U_P \angle 150° \end{cases} \qquad (4\text{-}6)$$

须指出的是：工程上一般所说的三相电源是指对称电源。三相电源的电压是指线电压，如低压三相四线制供电方式中的 380V/220V，就是指它的线电压为 380V，而相电压是线电压的 $1/\sqrt{3}$，即 220V。

2. 三相电源的三角形（△）联结

如果将三相电源三个绕组首尾相连，形成一个闭合回路，这种连接方式称为三角形联结，如图 4-8 所示。由于三相电压的对称性，闭合回路中三相电压的瞬时值（或相量）之和为零，所以电源内部不会产生环流。显然，电源作三角形联结时，线电压等于相电压。

在生产实际中，向负载直接供电的低压三相电源一般都是接成星形。因此对三相电源的三角形接法不再进一步的研究。

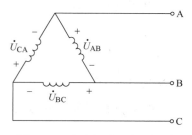

图 4-8　三相电源的三角形联结

【练习与思考】

4.1.1　什么是相？什么是线？何谓相电压、线电压？何谓三相四线制电源？

4.1.2　当对称三相电源连接成星形时，说明其相电压与线电压之间的关系。

4.1.2　三相负载的连接方式

交流用电设备种类很多，可分为单相和三相两大类。三相负载如三相电动机、三相电炉等；单相负载如计算机、空调、电风扇等各种家用电器。但不论哪一种负载，它们与电源之间的连接，首先应该确保电源加在负载上的电压等于其额定电压，否则负载就不能正常工作，甚至被损坏。其次单相负载接入时，应尽可能均衡分配在三相电源上，这样，按照一定方式接在三相电源上的单相负载，其整体也可以看作三相负载。

三相负载通常是对称的。所谓对称三相负载，是指各相负载的复阻抗相等，即阻抗大小相等，阻抗角相同。一般三相电动机、三相电炉都可视为对称三相负载。由对称三相电源和对称三相负载组成的电路称为对称三相电路。

三相负载与三相电源一样，也有星形和三角形两种连接方式。究竟采用哪种连接方式，则要根据负载的额定电压来决定，总的原则就是保证负载在其额定电压下正常工作。

1. 对称负载的星形联结

图 4-9 所示电路中，将三相负载 Z_A、Z_B、Z_C 的三个尾端连在一起接到电源的中性线上，三个首端分别接到电源的三根端线上，这种连接方式称为负载的星形联结。在三相负载中，每相负载首、尾端之间的电压称为负载的相电压。由图 4-9 可知，当负载作星形联结有中性线时，加在每相负载上的电压就是电源的相电压，由于电源提供的线电压和相电压一般都是对称的，因此，这时三相负载的线电压和相电压也是对称的。

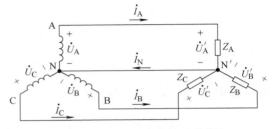

图 4-9　对称三相负载的星形联结

在三相电路中，流过每相负载的电流称为相电流，相电流的有效值用 I_P 表示。流过相线的电流称为线电流，线电流的有效值用 I_L 表示。显然，负载作星形联结时，相电流等于线电流，即

$$\dot{I}_P = \dot{I}_L \tag{4-7}$$

各相电流的相量式为

$$\dot{I}_A = \frac{\dot{U}_A}{Z_A}, \dot{I}_B = \frac{\dot{U}_B}{Z_B}, \dot{I}_C = \frac{\dot{U}_C}{Z_C} \tag{4-8}$$

中性线电流为

$$\dot{I}_N = \dot{I}_A + \dot{I}_B + \dot{I}_C \tag{4-9}$$

所谓三相对称负载是指复阻抗相等，即

$$Z_A = Z_B = Z_C = |Z| \angle \varphi \tag{4-10}$$

也就是指三相负载不仅阻抗大小相等，而且阻抗角相等，即

$$|Z_A| = |Z_B| = |Z_C| = |Z|$$

$$\varphi_A = \varphi_B = \varphi_C = \varphi$$

当三相负载对称、各相电压也对称时，各相电流（线电流）分别等于

$$\dot{I}_A = \frac{\dot{U}_A}{Z} = \frac{U_P \angle 0°}{|Z| \angle \varphi} = \frac{U_P}{|Z|} \angle -\varphi \tag{4-11}$$

$$\dot{I}_\mathrm{B} = \frac{\dot{U}_\mathrm{B}}{Z} = \frac{U_\mathrm{P}\angle -120°}{|Z|\angle \varphi} = \frac{U_\mathrm{P}}{|Z|}\angle -120°-\varphi = \dot{I}_\mathrm{A}\angle 120° \qquad (4\text{-}12)$$

$$\dot{I}_\mathrm{C} = \frac{\dot{U}_\mathrm{C}}{Z} = \frac{U_\mathrm{P}\angle -240°}{|Z|\angle \varphi} = \frac{U_\mathrm{P}}{|Z|}\angle -240°-\varphi = \dot{I}_\mathrm{A}\angle -240° \qquad (4\text{-}13)$$

式（4-11）～式（4-13）表明，当电源电压对称，负载作星形联结且负载对称时，相电流（线电流）必然也是对称的，即三相电流 $\dot{I}_\mathrm{A}$、$\dot{I}_\mathrm{B}$、$\dot{I}_\mathrm{C}$ 幅值相等、频率相同、相位互差 $120°$。

设三相负载为电感性，其相量图如图 4-10 所示。在负载对称星形联结情况下，由于电流对称，其相量和等于零，所以通过中性线的电流等于零，即

$$\dot{I}_\mathrm{N} = \dot{I}_\mathrm{A} + \dot{I}_\mathrm{B} + \dot{I}_\mathrm{C} = 0 \qquad (4\text{-}14)$$

由此可见，当对称负载作星形联结且有中性线时，中性线电流等于零。这时，电源中性点 N 与负载中性点 N′ 等电位。由于中性线电流等于零，不必与中性线相连，如图 4-11 所示，称为三相三线制电路。

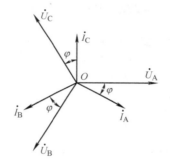

图 4-10　对称负载星形联结的相量图

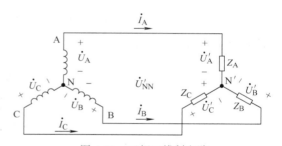

图 4-11　三相三线制电路

综上所述，在星形联结的对称三相电路中应注意以下两点：

1）由于三相电压和负载的对称性，各相电压和电流都是对称的，中性线电流等于零。因此，只要某一相电压、电流求得，其他两相则可以根据对称关系直接写出。

2）若省去中性线构成三相三线制时，由于负载对称，负载的相电压仍然是对称的，电源的中性点 N 与负载的中性点 N′ 等电位，其相电压和线电压的关系也仍然符合式（4-5）的关系。

【例 4-1】在图 4-9 所示三相电路中，电源电压 $u_\mathrm{AB} = 380\sqrt{2}\sin(\omega t + 30°)\mathrm{V}$，三相对称负载，每相负载阻抗 $Z = 10\angle 53.1°\Omega$，试求负载各相电流及线电流。

【解】因为负载对称，可只取一相进行计算，以 $\dot{U}_\mathrm{A}$ 为参考量，则

$$\dot{U}_\mathrm{A} = \frac{\dot{U}_\mathrm{AB}}{\sqrt{3}}\angle -30° = \frac{380\angle 30°}{\sqrt{3}}\angle -30°\mathrm{V} = 220\angle 0°\mathrm{V}$$

所以

$$\dot{I}_\mathrm{AP} = \frac{\dot{U}_\mathrm{A}}{Z} = \frac{220\angle 0°}{10\angle 53.1°}\mathrm{A} = 22\angle -53.1°\mathrm{A}$$

依对称关系有

$$\dot{I}_{BP} = 22\angle -173.1°\text{A} \quad ; \quad \dot{I}_{CP} = 22\angle -293.1°\text{A}=22\angle 66.9°\text{A}$$

因为负载作星形联结时线电流等于相电流，所以线电流为

$$\dot{I}_{AL} = \dot{I}_{AP} = 22\angle -53.1°\text{A}$$

$$\dot{I}_{BL} = \dot{I}_{BP} = 22\angle -173.1°\text{A}$$

$$\dot{I}_{CL} = \dot{I}_{CP} = 22\angle -293.1°\text{A}=22\angle 66.9°\text{A}$$

【例 4-2】在图 4-11 所示三相电路中，电源和负载均是对称的。已知每相的负载阻抗 $Z = 10\angle 30°\Omega$，电源电压 $u_{AB} = 380\sqrt{2}\sin(\omega t)\text{V}$，试求各相电流。

【解】因为电源和负载均对称，所以相电压和相电流是对称的，故只要计算一相电流即可写出其他两相电流。由 $u_{AB} = 380\sqrt{2}\sin(\omega t)\text{V}$，可得出 $u_A = 220\sqrt{2}\sin(\omega t - 30°)\text{V}$，则写出 $\dot{U}_A = 220\angle -30°\text{V}$。

于是
$$\dot{I}_A = \frac{\dot{U}_A}{Z} = \frac{220\angle -30°}{10\angle 30°}\text{A} = 22\angle -60°\text{A}$$

那么
$$\dot{I}_B = \dot{I}_A\angle -120° = 22\angle -60°\angle -120°\text{A} = 22\angle -180°\text{A}$$

$$\dot{I}_C = \dot{I}_A\angle 120° = 22\angle -60°\angle 120°\text{A} = 22\angle 60°\text{A}$$

瞬时值表示式为

$$i_A = 22\sqrt{2}\sin(\omega t - 60°)\text{A}$$

$$i_B = 22\sqrt{2}\sin(\omega t - 180°)\text{A}$$

$$i_C = 22\sqrt{2}\sin(\omega t + 60°)\text{A}$$

2. 负载的三角形联结

当三相负载的额定电压等于电源的线电压时，三相负载应作三角形联结，如图 4-12 所示。图中标出各相负载的相电流及线电流，分别用 $\dot{I}_{AB}$、$\dot{I}_{BC}$、$\dot{I}_{CA}$ 和 $\dot{I}_A$、$\dot{I}_B$、$\dot{I}_C$ 表示。由图 4-12a 所示电路可知，当负载作三角形联结时，由于每相负载接于两根相线之间，所以各相负载的相电压等于电源的线电压，不论负载对称与否，其相电压总是对称的。设各相负载为 Z_{AB}、Z_{BC}、Z_{CA}，每相负载电流为

$$\begin{cases} \dot{I}_{AB} = \dfrac{\dot{U}_{AB}}{Z_{AB}} \\[2mm] \dot{I}_{BC} = \dfrac{\dot{U}_{BC}}{Z_{BC}} \\[2mm] \dot{I}_{CA} = \dfrac{\dot{U}_{CA}}{Z_{CA}} \end{cases} \tag{4-15}$$

如果三相负载是对称的，即 $Z_{AB} = Z_{BC} = Z_{CA}$，则各相电流也是对称的。根据基尔霍夫电流定律，各线电流为

$$\begin{cases} \dot{I}_{A} = \dot{I}_{AB} - \dot{I}_{CA} \\ \dot{I}_{B} = \dot{I}_{BC} - \dot{I}_{AB} \\ \dot{I}_{C} = \dot{I}_{CA} - \dot{I}_{BC} \end{cases} \qquad (4\text{-}16)$$

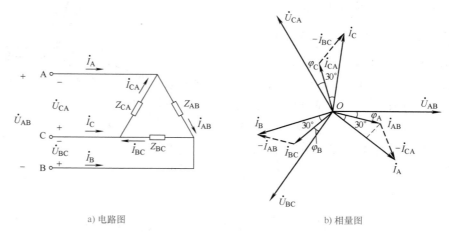

a) 电路图   b) 相量图

图 4-12　对称负载三角形联结及其相量图

设以 $\dot{U}_{AB}$ 为参考相量，并设负载是电感性的，负载 Z_{AB} 通过的相电流 $\dot{I}_{AB}$ 滞后相电压 $\dot{U}_{AB}$ 的相位差记为 φ_A，根据式（4-15）和式（4-16）画出电压和电流的相量图，如图 4-12b 所示。

由图 4-12b 所示的相量图可以看出，在对称负载的三角形联结电路中，相电流和线电流都是对称的。由图可以证明，其大小关系是线电流等于相电流的 $\sqrt{3}$ 倍，即 $I_L = \sqrt{3}I_P$；在相位上线电流滞后相应的相电流 30°。各线电流与相电流之间的关系式为

$$\begin{cases} \dot{I}_{A} = \sqrt{3}\dot{I}_{AB}\angle-30° \\ \dot{I}_{B} = \sqrt{3}\dot{I}_{BC}\angle-30° \\ \dot{I}_{C} = \sqrt{3}\dot{I}_{CA}\angle-30° \end{cases} \qquad (4\text{-}17)$$

注意：如果负载不对称，则不存在上述关系，各相电流和线电流须按式（4-15）和式（4-16）进行计算。

【例 4-3】有一三相对称负载是三角形联结，每相负载阻抗为 $(4+3j)\Omega$，电源电压为 380V。试求各相电流与线电流，并画出相量图。

【解】设 $\dot{U}_{AB} = 380\angle0°\text{V}$，则

$$\dot{I}_{AB} = \frac{\dot{U}_{AB}}{Z} = \frac{380\angle0°}{4+3j}\text{A} = \frac{380\angle0°}{5\angle36.9°}\text{A} = 76\angle-36.9°\text{A}$$

由于负载是对称的，因此可以直接写出

$$\dot{I}_{BC} = \dot{I}_{AB}\angle-120°\text{A} = 76\angle-156.9°\text{A}$$

$$\dot{I}_{CA} = \dot{I}_{AB}\angle120°A = 76\angle83.1°A$$

由式（4-17）可求得各线电流为

$$\dot{I}_A = \sqrt{3}\dot{I}_{AB}\angle-30° = \sqrt{3}\times76\angle-66.9°A = 131.6\angle-66.9°A$$

$$\dot{I}_B = \dot{I}_A\angle-120° = 131.6\angle-186.9°A$$

$$\dot{I}_C = \dot{I}_A\angle120° = 131.6\angle53.1°A$$

电压与电流的相量图如图 4-13 所示。

【例 4-4】已知三相电源电压为 380V，接入两组对称三相负载，分别接成三角形和星形，如图 4-14a 所示，其中 $Z_A = (3+4j)\Omega$，$Z_B = 10\Omega$，试求线电流 $\dot{I}_A$。

【解】（1）因负载对称可取其中一相计算，负载作星形联结时的相电流等于线电流。设 $\dot{U}_A$ 为参考相量，即

$$\dot{I}_1 = \frac{\dot{U}_A}{Z_A} = \frac{220\angle0°}{3+4j}A = \frac{220\angle0°}{5\angle53.1°}A = 44\angle-53.1°A$$

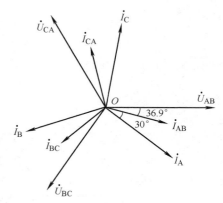

图 4-13　例 4-3 的图

（2）负载作三角形联结时相电流为

$$\dot{I}_{2P} = \frac{\dot{U}_{AB}}{Z_B} = \frac{380\angle30°}{10}A = 38\angle30°A$$

由式（4-17）可求得线电流

$$\dot{I}_2 = \sqrt{3}\dot{I}_{2P}\angle-30° = \sqrt{3}\times38\angle30°\angle-30°A = 65.8\angle0°A$$

依 KCL 可得

$$\dot{I}_A = \dot{I}_1 + \dot{I}_2 = (44\angle-53.1° + 65.8\angle0°)A$$
$$= (65.8+26.4-35.2j)A = 98.7\angle-20.9°A$$

其相量关系如图 4-14b 所示。

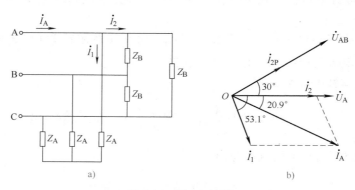

a)　　　　　　　　　　　　　b)

图 4-14　例 4-4 的图

【练习与思考】

4.1.3 若三相负载的复阻抗分别为 10Ω、$j10\Omega$、$-j10\Omega$，此三相负载是否对称？为什么？

4.1.4 在某对称星形联结的负载电路中，已知线电压 $u_{AB} = 380\sqrt{2}\sin\omega t \text{V}$，试写出 C 相电压的瞬时值表达式。

4.1.5 何谓对称三相电路？在对称三相电路且负载为纯电阻作星形联结时，设以电源电压 u_A 为参考电压，试写出负载上的相电压与线电压、相电流与线电流的相量式。

4.1.6 如果保持电源电压不变，同一三相负载由三角形改接成星形时，负载线电流、相电流将如何变化？

3. 不对称三相电路的分析

在三相电路中，当三相电源不对称或负载参数不对称时，电路中的各相电流也是不对称的，这种电路称为不对称三相电路。通常三相电源不对称程度很小，可近似当作对称来处理。在工程实际中，大量用到的是电源对称而负载不对称的三相电路。例如各相负载分配不均匀，三相电路发生断路、短路等故障时，都将出现不对称情况。下面通过例题来分析不对称电路的情况。

【例 4-5】 图 4-15a 所示电路中，对称三相电源电压 $U_L = 380\text{V}$，三个电阻性负载分别为 $R_A = 11\Omega, R_B = R_C = 22\Omega$。（1）试求负载的相电流和中性线电流，并画出相量图；（2）当中性线断开时，求负载相电压和相电流；（3）当中性线断开且 A 相短路时，求各相负载的相电压及相电流；（4）有中性线 A 相短路时，求各相负载电压及电流。

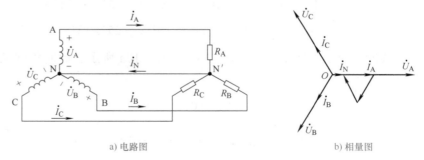

a) 电路图   b) 相量图

图 4-15 例 4-5（1）的图

【解】 （1）由题图可知负载系三相四线制供电，故有中性线，此时各相负载电压等于电源相电压，且电源电压对称。设 $\dot{U}_A$ 为参考相量，即 $\dot{U}_A = 220\angle 0° \text{ V}$，则

$$\dot{I}_A = \frac{\dot{U}_A}{R_A} = \frac{220\angle 0°}{11}\text{A} = 20\angle 0°\text{A}$$

$$\dot{I}_B = \frac{\dot{U}_B}{R_B} = \frac{220\angle -120°}{22}\text{A} = 10\angle -120°\text{A}$$

$$\dot{I}_C = \frac{\dot{U}_C}{R_C} = \frac{220\angle 120°}{22}\text{A} = 10\angle 120°\text{A}$$

中性线电流为

$$\dot{I}_N = \dot{I}_A + \dot{I}_B + \dot{I}_C = (20\angle 0° + 10\angle -120° + 10\angle 120°)A = 10\angle 0°A$$

电压、电流的相量图如图 4-15b 所示。

（2）当中性线断开时为三相三线制供电电路，如图 4-11 所示，该电路可等效变换为图 4-16 所示电路。图中 N′ 为负载中性点。设不对称三相负载为 Z_A、Z_B、Z_C。采用节点电压法来求解此电路，节点 N 与 N′ 之间的电压 $\dot{U}_{N'N}$ 为

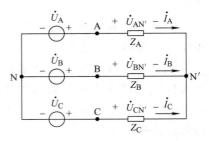

图 4-16　例 4-5（2）的图

$$\dot{U}_{N'N} = \frac{\dfrac{\dot{U}_A}{Z_A} + \dfrac{\dot{U}_B}{Z_B} + \dfrac{\dot{U}_C}{Z_C}}{\dfrac{1}{Z_A} + \dfrac{1}{Z_B} + \dfrac{1}{Z_C}}$$

$$= \frac{\dfrac{220\angle 0°}{11} + \dfrac{220\angle -120°}{22} + \dfrac{220\angle 120°}{22}}{\dfrac{1}{11} + \dfrac{1}{22} + \dfrac{1}{22}}V = 55\angle 0°V$$

显然，当负载不对称时，N 与 N′ 不是等电位，所以电压 $\dot{U}_{N'N}$ 不等于零。

由基尔霍夫电压定律可计算出，三相负载上的相电压分别为

$$\dot{U}_{AN'} = \dot{U}_A - \dot{U}_{N'N} = (220\angle 0° - 55\angle 0°)V = 165\angle 0°V$$

$$\dot{U}_{BN'} = \dot{U}_B - \dot{U}_{N'N} = (220\angle -120° - 55\angle 0°)V = 252\angle -131°\,V$$

$$\dot{U}_{CN'} = \dot{U}_C - \dot{U}_{N'N} = (220\angle 120° - 55\angle 0°)V = 252\angle 131°V$$

（3）当中性线断开且 A 相负载短路时，电路如图 4-17a 所示。此时负载的中性点 N′ 即为 A，因此负载各相电压为

$$\dot{U}_{AN'} = 0$$

$$\dot{U}_{BN'} = \dot{U}_{BA} = -\dot{U}_{AB} = -380\angle 30°V = 380\angle -150°V$$

$$\dot{U}_{CN'} = \dot{U}_{CA} = 380\angle 150°V$$

负载的相电流为

$$\dot{I}_B = \frac{\dot{U}_{BA}}{R_B} = \frac{380\angle -150°}{22}A = 10\sqrt{3}\angle -150°A$$

$$\dot{I}_C = \frac{\dot{U}_{CA}}{R_C} = \frac{380\angle 150°}{22}A = 10\sqrt{3}\angle 150°A$$

$$\dot{I}_A = -(\dot{I}_B + \dot{I}_C) = -(10\sqrt{3}\angle -150° + 10\sqrt{3}\angle 150°)A = -(10\sqrt{3} \times \sqrt{3})A = -30A$$

电压、电流的相量图如图 4-17b 所示。

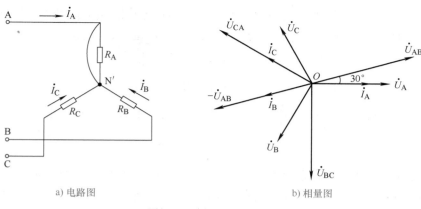

| a) 电路图 | b) 相量图 |

图 4-17　例 4-5（3）的图

（4）有中性线且 A 相短路时，此时 A 相中短路电流很大，将 A 相熔断器熔断，而 B、C 相未受影响，负载相电压等于电源相电压，即

$$\dot{I}_{A'} = 0$$

$$\dot{I}_{B} = \frac{\dot{U}_{B}}{R_{B}} = \frac{220\angle -120°}{22}\text{A} = 10\angle -120°\text{A}$$

$$\dot{I}_{C} = \frac{\dot{U}_{C}}{R_{C}} = \frac{220\angle 120°}{22}\text{A} = 10\angle 120°\text{A}$$

由上述计算结果可知：

1）负载不对称又无中性线时，由于 $\dot{U}_{N'N} \neq 0$，则负载中性点 N′ 与电源中性点 N 不是等电位，因而引起负载的相电压不对称。这就势必造成负载中有的相电压过高，有的相电压过低，致使负载不能正常工作，这种情况是不允许的。

2）在三相四线制电路中，由于中性线的作用，即使负载不对称，只要电源电压对称，负载仍能获得对称相电压，所以各相负载仍能独立正常工作。

3）为了保证负载的相电压对称，不应让中性线断开。因此，中性线上不允许接入开关和熔断器，以防止在负载不对称时，由于中性线断开而造成不正常的供电情况。

例题解析

【练习与思考】

4.1.7　为什么开关一定要接在相线上，而不能接在中性线上？

4.1.8　当三相负载的阻抗相等时，它们是否一定是对称负载？为什么？

4.1.9　若负载星形联结，中性线上一定没有电流吗？为什么？何种情况没有电流？

4.1.3　三相电路的功率

在三相电路中，依据功率平衡条件，三相总功率为各相功率之和，即

$$P = P_{A} + P_{B} + P_{C} = U_{A}I_{A}\cos\varphi_{A} + U_{B}I_{B}\cos\varphi_{B} + U_{C}I_{C}\cos\varphi_{C} \tag{4-18}$$

式中，U_{A}、U_{B} 和 U_{C} 分别为各相电压的有效值；I_{A}、I_{B} 和 I_{C} 分别为各相电流的有效

值；φ_A、φ_B 和 φ_C 分别为各相负载的功率因数角，即相电压和相电流的相位差角。

负载对称时，由于 $U_A = U_B = U_C, I_A = I_B = I_C, \cos\varphi_A = \cos\varphi_B = \cos\varphi_C$，所以三相总功率为

$$P = 3U_P I_P \cos\varphi \tag{4-19}$$

当三相对称负载作星形联结时，$U_L = \sqrt{3}U_P, I_L = I_P$，所以三相总功率为

$$P = \sqrt{3}U_L I_L \cos\varphi \tag{4-20}$$

当三相对称负载作三角形联结时，$U_L = U_P, I_L = \sqrt{3}I_P$，故三相总功率同式（4-20）。

式（4-19）和式（4-20）是对称负载三相电路总功率的一般计算公式。须提醒注意的是，以上两式中的功率角 φ 均为相电压与相电流的相位差角。

同理，三相对称负载的总无功功率为

$$Q = \sqrt{3}U_L I_L \sin\varphi \tag{4-21}$$

三相总视在功率为

$$S = \sqrt{P^2 + Q^2} = \sqrt{3}U_L I_L \tag{4-22}$$

【例 4-6】某学生公寓三相四线制供电电源电压 380V，一、二、三层楼分别需要安装 200 盏、240 盏和 180 盏 $\cos\varphi = 0.5$、220V、60W 的荧光灯，并且将它们接成星形，分别接于 A、B、C 三相电源上，试求：各相负载的相电流和线电流。

【解】由题意可知，三相四线制电源的线电压为 380V，故相电压为 220V。由于一相负载的功率 $P_L = UI\cos\varphi$，可求得各相电流（等于线电流）为

$$I_{AP} = 200 \times \frac{P_L}{U\cos\varphi} = 200 \times \frac{60}{220 \times 0.5}\text{A} \approx 109\text{A}$$

$$I_{BP} = 240 \times \frac{P_L}{U\cos\varphi} = 240 \times \frac{60}{220 \times 0.5}\text{A} \approx 130.9\text{A}$$

$$I_{AP} = 180 \times \frac{P_L}{U\cos\varphi} = 180 \times \frac{60}{220 \times 0.5}\text{A} \approx 98.2\text{A}$$

【例 4-7】已知三相四线制电源电压为 380V，接入复阻抗为 $Z = (8 + j6)\Omega$ 的三相对称负载，试求：（1）负载接成星形时的线电流、相电流及总功率、总无功功率、总视在功率；（2）负载接成三角形时的线电流、相电流及总功率。

【解】（1）负载作星形联结时，其相电流等于线电流，即

$$I_P = \frac{U_P}{|Z|} = \frac{220}{\sqrt{8^2 + 6^2}}\text{A} = 22\text{A}$$

负载功率因数为

$$\cos\varphi = \cos\left(\arctan\frac{6}{8}\right) = \cos 37° = 0.8$$

三相负载的总功率 P、总无功功率 Q、总视在功率 S 分别为

$$P = \sqrt{3}U_L I_L \cos\varphi = \sqrt{3} \times 380 \times 22 \times 0.8\text{W} \approx 11.58\text{kW}$$

$$Q = \sqrt{3}U_L I_L \sin\varphi = \sqrt{3} \times 380 \times 22 \times \sin 37°\text{var} \approx 8.71\text{kvar}$$

$$S = \sqrt{3}U_L I_L = \sqrt{3} \times 380 \times 22\text{V}\cdot\text{A} \approx 14.48\text{kV}\cdot\text{A}$$

（2）负载作三角形联结时，负载的相电压等于电源的线电压，即 $U_P = 380\text{V}$。负载复阻抗为

$$Z = (8+\text{j}6)\Omega = 10\angle 37°\Omega$$

负载相电流为

$$I_P = \frac{U_P}{|Z|} = \frac{380}{10}\text{A} = 38\text{A}$$

负载线电流为

$$I_L = \sqrt{3}I_P = \sqrt{3} \times 38\text{A} \approx 65.8\text{A}$$

三相负载的总功率为

$$P = \sqrt{3}U_L I_L \cos\varphi = \sqrt{3} \times 380 \times 65.8 \times 0.8\text{W} \approx 34.6\text{kW}$$

或

$$P = 3I^2 R = 3 \times 38^2 \times 8\text{W} \approx 34.6\text{kW}$$

通过此例的计算可以看出，同一负载接成三角形时，其线电流是接成星形时的 3 倍。因此，当一台电动机应为星形接法时，如果错接成三角形，电动机将会被烧坏，这是不允许的。

【例 4-8】有一台三相交流电动机，功率因数等于 0.8，三角形接法，另一台三相加热电炉，功率因数等于 1，星形接法，共同由线电压为 380V 的电源供电，它们消耗的有功功率分别为 75kW 和 36kW。试求：（1）电源输出的总有用功率、无功功率和视在功率；（2）电源的线电流。

【解】（1）由题意可知，电动机功率因数 $\cos\varphi_1 = 0.8$，$\varphi_1 = 36.9°$；加热电炉 $\cos\varphi_2 = 1$，$\varphi_2 = 0°$，则无功功率为

$$Q_1 = P_1 \tan\varphi_1 = 36 \times \tan 36.9°\text{kvar} \approx 27\text{kvar}$$

$$Q_2 = P_2 \tan\varphi_2 = 75 \times \tan 90°\text{kvar} = 0$$

电源输出总的有用功率、无功功率和视在功率为

$$P = P_1 + P_2 = (36+75)\text{kW} = 111\text{kW}$$

$$Q = Q_1 + Q_2 = (27+0)\text{kvar} = 27\text{kvar}$$

$$S = \sqrt{P^2 + Q^2} = \sqrt{111^2 + 27^2}\text{kV}\cdot\text{A} \approx 114\text{kV}\cdot\text{A}$$

（2）电源线电流为

$$I_L = \frac{S}{\sqrt{3}U_L} = \frac{114 \times 10^3}{\sqrt{3} \times 380}\text{A} \approx 173\text{A}$$

【练习与思考】

4.1.10　三相对称负载的有功功率是否等于 $P = UI\cos\varphi$？为什么？

4.1.11　在三相电路中，以下关系式在何种条件下适用？

$$S = \sqrt{P^2 + Q^2} = \sqrt{111^2 + 27^2}\,\text{kV·A} \approx 114\,\text{kV·A}$$

$$U_L = \sqrt{3}U_P,\quad I_L = \sqrt{3}I_P,\quad P = \sqrt{3}U_L I_L \cos\varphi_A,\quad Q = \sqrt{3}U_L I_L \sin\varphi$$

*4.2　工业企业供配电基本常识

供配电系统是电力系统的电能用户。通常，企业供配电系统由总降压变电所、高压配电所、配电线路、车间变电所和用电设备等组成，但其系统的具体组成，还取决于高压用电距离、企业的总负荷、负荷的分布和负荷的性质等因素。

4.2.1　工业企业供配电方式

工业企业供配电方式一般有以下几种形式。

1. 大型企业的供电

电源进线一般为 35kV 或以上。通常先由总降压变电所将输入高压降为 6～10kV，然后通过高压配电线输送到各用电变电所，再由变电所降为 380V/220V，分送到车间的各配电箱，如图 4-18 所示。目前也有将 35kV 电压直接降为 380V/220V 使用的，称为 35kV 电源直配方式。

2. 中型企业的供电

电源进线一般为 6～10kV。需要经高压配电所，再通过高压配电线输送到各用电变电所，降为 380V/220V 低压后供给用电设备，如图 4-18 中点画线框所示。

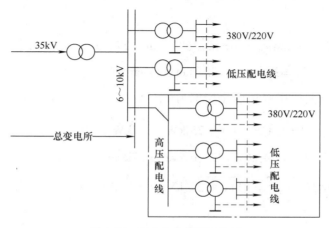

思政元素

图 4-18　工业企业供配电系统

3. 小型企业的供电

一般只需设立降压变电所，直接将进线 6 ~ 10kV 的电压降为 380V/220V，供给各用电设备。总之，具体到某个实际的配电系统各部分的设立与连接方式，随企业的具体情况而定。

4.2.2　供配电基本要求及选址原则

1. 供配电基本要求

做好供配电工作，对于促进工业生产、降低产品成本、实现生产自动化和工业现代化及保障人民生活有着十分重要的意义。对供配电系统的基本要求如下。

1）安全。在电能的供应、分配和使用中，不应发生人身事故和设备事故。

2）可靠。应满足电能用户对供电可靠性（即连续供电）的要求。

3）优质。应满足电能用户对电压和频率等质量的要求。

4）经济。供电系统的投资要少，运行费用要低，并尽可能节约电能和减少有色金属的消耗量。

2. 供配电所所址选择的一般原则

（1）10kV 及以下供配电所所址的选择

1）供配电所所址的选择应根据下列要求确定：①为减少配电线路的投资、电压降和电能耗损，尽可能靠近负荷中心；②进出线方便；③接近电源侧；④设备运输方便；⑤不应设在有剧烈振动或高温的场所，若不能避开这些场所，则应采取相应措施；⑥不宜设在多尘或有腐蚀性气体的场所，当无法远离这些场所时，不应设在污染源盛行风向的下风侧；⑦不应设在厕所、浴室或其他经常积水场所的正下方，且不宜与上述场所相邻；⑧不应设在有爆炸危险环境的正上方或正下方，且不宜设在有火灾危险环境的正上方或正下方（注意，正上方和正下方指相邻层）；⑨不应设在地势低洼和可能积水的场所。

2）在装有可燃性油浸电力变压器的车间内，供配电所不应设在三、四级耐火等级的建筑物内。当该供配电所设在二级耐火等级的建筑物内时，建筑物应采取局部防火措施。

3）多层建筑中，装有可燃性油的电气设备的供配电所应设置在低层靠外墙部位，且不应设在人员密集场所的正上方、正下方、贴邻和疏散出口的两旁。

4）高层主体建筑内不宜设置装有可燃性油的电气设备的供配电所，当条件限制必须设置时，应设置在低层靠外墙部位，且不应设在人员密集场所的正上方、正下方、贴邻和疏散出口的两旁。

5）露天或半露天的供配电所不应设置在以下场所：①有腐蚀性气体的场所。一般变压器和电气设备不适用于有腐蚀性气体的场所，如无法避开时，则应采用防腐型变压器和电气设备。②挑檐为燃烧体或难燃体和耐火等级为四级的建筑物旁。这是为了防止变压器发生火灾事故时，扩大事故面积。③附近有棉花、粮食及其他易燃、易爆物品集中的露天场所。这里的附近指这些场所距离变压器在 50m 以内，如变压器油量在 2500kg 以下时，距离可适当减少。④容易沉积可燃粉尘、纤维、灰尘或导电尘埃且严重影响变压器安全运行的场所。若变压器上容易沉积这些物质，则容易引起变压器瓷套管闪络造成事故，甚至引起火灾。

（2）35～110kV 供配电所所址的选择　供配电所所址的选择应符合以下要求：①靠近负荷中心。②进出线方便，架空线和电缆线路的通路应与所址同时确定。③与企业发展的规划相协调，并根据工程建设需要留有扩建的可能。④节约用地，位于厂区外部的供配电所应尽量不占或少占耕地。⑤交通运输方便，便于主变压器等大型设备的搬运。⑥尽量不设在污秽区，否则应采取措施或设在受污染源影响最小处。⑦尽量避开剧烈振动的场所。⑧位于厂区内的供配电所，其所址标高一般与厂区标高一致；位于厂区外的供配电所，其所址标高宜在 50 年一遇的高水位之上，否则应有防洪措施。⑨具有适宜的地质条件，山区变电所应避开滑坡地带。

【练习与思考】

4.2.1　企业单位供配电系统通常由哪几部分组成？

4.2.2　降压变电所供给用电设备的电压等级是多少？

4.3　安全用电常识

电能可以造福人类，但使用不当，也将会给人们带来灾害，即造成触电、损坏设备甚至引起火灾和爆炸等事故。因此，必须掌握安全用电知识，防止人身和设备发生不应有的损失。

安全用电包括人身安全和财产安全。人身安全主要防止人身遭受电击引起的伤亡；财产安全主要指防止电气火灾、电气设备损坏和工作不正常引起的经济损失。

本部分扼要介绍安全用电、静电防护及电气设备防火、防爆的一些基本常识。

4.3.1　触电及其预防

1. 电流对人体的危害

当人体触及带电体、带电体与人体之间闪击放电或电弧波及人体时，人体与大地或其他导体构成电流通路，这一现象称为触电。触电分为电击和电伤两种。电击是指由电流通过人体内部造成人体器官的损伤，电伤是指电流对人体外部造成的局部伤害。

触电的危害实质上是指电流对人体的危害。触电的危害程度与电流的大小和频率、电流通过人体的时间和途径等因素有关，而各因素之间又有着十分密切的联系。工频电流的危害性大于直流电。一般通过人体的工频电流超过 50mA 时，会使人神经麻痹、心脏停止跳动。通过人体电流的大小取决于所受的电压和人体电阻。人体电阻主要取决于皮肤电阻，它是受多种因素影响的。如皮肤干燥时电阻最大，约为 $10^4 \sim 10^5\Omega$；而皮肤出汗潮湿时，电阻会降到 $1k\Omega$ 以下。电流通过人体的时间越长，伤害越严重。电流的途径以从手到脚、从手到手最危险，因为这种情况下电流通过人体的要害部位——心脏。

人体接触的电压越高，对人体伤害越大。通常把对人体各部分组织没有任何损害的电压称为安全电压。我国根据具体环境条件的不同规定了三个等级的安全电压，即 12V、24V 和 36V。工地上常用的安全电压为 36V，例如手提照明灯、危险环境的局部照明和携带式电动工具等。如果环境潮湿或在金属构件上作业应采用 12V 或 24V 安全电压。

2. 触电分析

按照人体触及带电体的方式和电流通过人体的路径，常见触电可分为以下三种类型。

（1）单相触电　单相触电就是人体只触及一根带电的相线（裸线或绝缘损坏）。单相触电事故约占触电事故的 60% ～ 70%，其危害程度与电网运行方式有关，一般接地电网比不接地电网的单相触电危险性大。

图 4-19 所示在电网的中性点接地系统中，当人碰到任一根相线时，电流从相线经过人体、大地及接地电阻构成回路，此时作用于人体上的电压是相电压。流过人体的电流主要取决于相电压 U_P、人体电阻 R_T 及接地电阻 R_0，即

$$I = \frac{U_P}{R_T + R_0} \tag{4-23}$$

式（4-23）中 R_0 一般很小，可忽略不计，这时，流过人体的电流仅仅与人体电阻有关。因此，这类触电是十分危险的。如果人穿上绝缘鞋或地面垫有橡胶绝缘垫，则回路中电阻增加，通过人体的电流减小，危险性就大为减小。反之，如果湿手，身体出汗或赤脚，湿脚着地，危险性将大大增加，这种情况是绝对禁止的。

一般 10kV 和 35kV 的高压电网多采用不接地电网，井下配电也常采用低压不接地电网。在此类电网系统中，当人体触及相线时，如图 4-20 所示，因输电线与大地之间存在分布电容 C_j（图中 Z_j 为输电线对地绝缘电阻 R_j 和对地电容 C_j 的并联等效复阻抗），通过人体的电流经分布电容和大地形成回路，同样会造成危险。

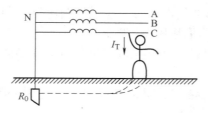

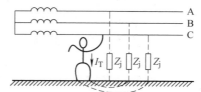
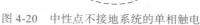

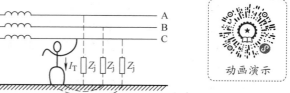

动画演示

图 4-19　中性点接地系统的单相触电　　　图 4-20　中性点不接地系统的单相触电

在正常情况下，电气设备的金属外壳是不带电的，但如果设备内部绝缘损坏而漏电，便成了外壳带电体。人一旦接触这个带电体，如图 4-21 所示，相当于单相触电，这是常见的触电事故。因此对电气设备金属外壳必须采用接地或接零的保护措施。

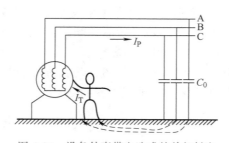

动画演示

图 4-21　设备外壳带电造成的单相触电

（2）两相触电　两相触电就是人体同时触及两根相线。此时人体处于线电压下，电流流经人的中枢神经系统和心脏，对人的危害最严重。但此种触电情形较少见。

（3）跨步电压触电　这类事故多发生在高压故障接地处。如电网断线落地，电气设备由于漏电使外壳的接地体上有较强的接地电流。这时，电流自接地体向四周流散，产生电位降。以地面上电流流入点为圆心，在20m范围内不同圆周上具有不同的电位。当人走近带电体接地点时，两脚跨在地面上电位不同的两点所承受的电压称为跨步电压，由此引起的触电事故称为跨步电压触电。为避免这类触电事故发生，要求人们不要走近电力系统的接地装置附近及电网断线接地点8m以内的地面。如果必须通过可能存在跨步电压的区域内时，只能是双脚并拢蹦跳行进。

3.触电急救及触电预防

触电急救的基本原则是动作迅速，方法正确。当发现有人触电时，应当使触电者迅速脱离电源。其方法是就近断开电源开关。若电源开关离触电场所较远，可用有绝缘柄的电工钳或干燥木柄的斧头切断电线，断开电源；或用干木板等绝缘物扦入触电者身下，以隔离电流。当电线搭落在触电者身上或被挤压在身下时，可用干燥的衣服、手套、绳索及木棒等绝缘物作为工具，拉开触电者或电线，使触电者迅速脱离电源。

触电者脱离电源后，应立即抬到空气流通舒适的地方静卧休息。若呼吸困难，有痉挛现象，甚至呼吸停止，要马上进行人工呼吸；如果触电者心脏停止跳动，可以施行胸外心脏按压法，并请医生及时诊治。注意千万不要给触电者打强心剂，或拼命摇动触电者或强行扶触电者行走，这样会使触电者的情况恶化。

触电事故的发生，大多数是由于不重视安全用电，违反操作规程而引起的。因此要预防触电，须做好以下工作。

1）合理使用安全工具，遵守操作规程。安装检修电气设备时，应先切断电源，切勿带电操作。用验电笔检测设备或导线等带电与否，切不可用手触摸鉴定。

操作电气设备时，应穿有绝缘良好的胶底鞋、塑料鞋。在配电屏等电气设备周围的地面上，应放上干燥木板或橡胶垫。

2）正确使用和安装电气设备或器材。各种电气设备和器材都有其规定的适用范围，导线和熔丝都有一定的规格，必须合理选择和正确使用。

照明电路的开关应装在相线上，不应装在地线上。

3）定期检修电气设备，防止绝缘部分破损或受潮。对于正常情况下带电的导体，应保持其绝缘良好，定期检查。移动式电器如手提灯、手电钻等，其电源线有破损老化时，要及时更换。电线接头处要用黑胶布等绝缘带包扎牢。

为防止电线受损，严禁把导线挂在铁钉上，或者在导线上挂东西或随意乱拉线等。

4）电气设备都应装设必要的保护装置，如熔断器、断路器、漏电保护器等。当设备发生短路、漏电或人身触电时，能及时自动切断电源。

5）对于操作人员经常接触的电气设备，应使用36V以下的安全电压。

6）电气设备的金属外壳一定要进行保护接地或保护接零。

4.3.2　电气设备的保护接地和保护接零

1.保护接地

将电气设备的金属外壳或机架与大地可靠连接，称为保护接地，如图4-22所示。保护接地适用于三相电源中性点不接地的供电系统中。

在三相电源的中性点不接地而电气设备又没有接地的情况下，当一相绝缘损坏碰壳时，如有人触及设备的外壳，就会发生如图 4-21 所示的触电情况。如果电气设备已有保护接地（接地电阻 R_d 一般不大于 4Ω），这时设备外壳通过导线与大地有良好的接触，当人体触及带电的外壳时，人体电阻与接地电阻相并联，而人体电阻又远比接地电阻大得多，因此，大部分电流通过接地电阻入地，而流过人体的电流极其微小，从而避免了触电的危险。

2. 保护接零

在低压三相四线制供电系统中，将中性点接地，这种接地方式称为工作接地。在该系统中应采用保护接零（接中性线）。保护接零就是把电气设备的外壳或构架用导线和中性线连接，如图 4-23 所示。若电气设备的绝缘损坏而使外壳带电，则一相电源经外壳和中性线形成短路致使该相熔丝熔断，避免了触电事故。

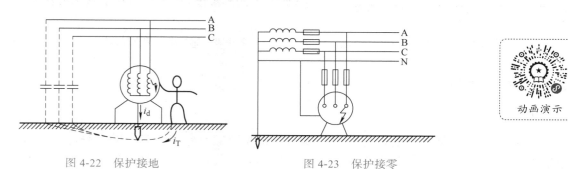

图 4-22　保护接地　　　　　图 4-23　保护接零

须强调指出，在三相四线制中性点接地系统中，必须采用保护接零，不能采用保护接地。这是因为如果将设备的金属外壳或构架等接地，而不是直接与中性点相连，如图 4-24 所示，一旦发生相线碰壳时，设电源相电压为 220V，R_d 和 R_0 分别为 4Ω，其事故电流则为

$$I = -\frac{U_P}{R_0 + R_d} = \frac{220}{4+4}\text{A} = 27.5\text{A}$$

一般情况下，由于此电流小于熔断器熔断电流，熔断器不能迅速熔断，此时，220V相电压分别降在 R_0 和 R_d 两个电阻上，中性线和外壳上的对地电压将会升高到相电压的一半。这样，不仅人体触及设备外壳是危险的，而且触及中性线也是危险的。同时，还使得接在这个电网上所有接零保护的设备外壳都带上较高的电压，从而造成更多的触电危险。因此，在三相四线制中性点接地系统中，只能采用保护接零措施，不允许采用保护接地措施或两种措施混用。

目前，家用电器的供电都是采用三相四线制中性点接地系统，所以家用电器应采用保护接零，而不是保护接地，如图 4-25 所示。应当注意的是，不能将家用电器的外壳接在入户零支线上，而应接在零干线上。这是因为若错误地将电器外壳接在入户零支线上，一旦该零支线断开（如零支线熔丝断；插销头与插座接触不良，只是相线接通而中性线没接通），而相线碰壳时将会造成外壳带电。

家用电器一般使用三脚插头和三孔插座，正确的接线应将电器的外壳用导线接在粗脚接线端上,通过插座与中性线相连。必须指出的是,若住房中只有两孔电源插座,那就应将与电器外壳相连的插销片悬空不接,千万不可以将它和准备接电源中性线的插销片连接起来使用;否则万一插销插反了,电器外壳将同电源相线相连,使外壳带电,这是十分危险的。

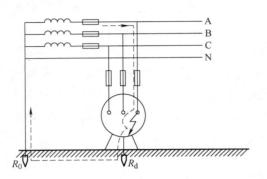

图 4-24　中性点接地系统中错用保护接地

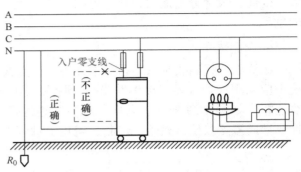

图 4-25　家用电器的保护接零

4.3.3　静电防护和电气设备的防火防爆

1. 静电防护

相对静止的电荷称为静电,它是由物体间的相互摩擦或感应而产生的。静电在工农业生产中得到广泛应用,如静电喷漆、静电除尘、静电脱水等。但静电也会给人类带来不便和危害。如生产中,液体、气体、粉尘在管道中输送、混合及搅拌等产生静电,如果遇可燃物质,静电火花可能导致火灾、爆炸和人身触电。消除静电的基本途径有以下几种。

1)尽量利用工艺措施控制生产中不产生静电或少产生静电。如在易燃易爆的场所,应以齿轮传动或联轴器传动代替皮带传动,以减少摩擦;灌注可燃液体时要防止液体冲击和溅出;气体、液体和粉尘流速要限制等。

2)采用防静电接地措施。对于一切可能产生静电的设备,如管道、容器及加工设备等都应该接地,以防止静电积累,消除其危害。

3)采用泄漏措施使静电迅速泄漏。如提高空气湿度以降低静电绝缘体的电阻率,有利于电荷的泄放。在非导电物质中掺入导电物质,以增强其导电性能,利于静电的泄漏。

4)人体防静电措施有人体接地、穿防静电鞋、穿防静电工作服、地面导电化等。

2. 电气设备的防火防爆

电气设备使用不当或设备本身发生故障,都有可能引起火灾或爆炸等事故,而这类事故在所有的火灾和爆炸事故中占很大的比例。

电气设备的绝缘材料大多是可燃物质,由于老化可能引起电火花、电弧等,如遇到设备周围的易燃易爆物质,就会导致火灾。电气设备的短路或过载会使绝缘材料温升过高,引起绝缘材料的燃烧。又如一些电热器使用不当、安装位置不当或在其附近违章放置可燃物质等,均可引起火灾。

　　总之，由电气设备引起火灾和爆炸事故，相当一部分是由于操作人员麻痹大意，不按规章使用，维护管理不善造成的。因此应严格遵守安全操作规程，勤于观察和检测设备的运行情况、温升情况，以及设备定期维修等，以防止事故的发生。另外在易发生火灾或爆炸的危险场所，应按国家有关技术规范选用合理的电气设备，保持必要的防火间距，保持电气设备正常运行，保持通风良好，采用耐火设施及良好的保护装置等防火防爆的安全技术措施。

【练习与思考】

　　4.3.1　保护接地和保护接零的作用和应用范围有何不同？为什么中性点不接地的系统中不采用保护接零？

　　4.3.2　工作接地、保护接地和保护接零有什么区别？

　　4.3.3　说明单相用电器的正确接零方法。

　　4.3.4　有人为了安全，将家用电器的外壳接到自来水管或暖气管上，这实际上构成了中性点接地系统中哪一种错误的保护措施？请分析说明。

本章小结

　　1. 三相电源通常是指三个电压源（或电动势）的对称正弦电源，它们的幅值、频率相等，相位互差120°。目前低压供电普遍采用三相四线制方式，可提供线电压和相电压两种电源，在大小上 $U_L = \sqrt{3}U_P$，在相位上线电压超前相应的相电压30°。

　　2. 在三相电路中，负载通常有星形联结和三角形联结两种形式。负载作星形联结时，$i_L = i_P$。当负载对称时，各相电压、相电流、线电流是对称的，中性线电流等于零。负载作三角形联结时，$U_L = U_P$。当负载对称时，$\dot{I}_L = \sqrt{3}\dot{I}_P \angle -30°$。

　　3. 对称三相电路分析可先计算其中一相，其他各相根据对称关系直接得出。中性线的作用是保证三相负载的相电压对称，使负载正常工作。中性线上不允许接入熔断器和开关。

　　4. 对称负载不论是星形联结还是三角形联结，其有功功率的计算公式是相同的，即

$$P = \sqrt{3}U_L I_L \cos\varphi = 3U_P I_P \cos\varphi$$

　　5. 电能是一种具有便于输送、分配、控制等优点的清洁性二次能源。电力系统是由发电厂、升压和降压变电所、输电线路及用电设备等组成的一个整体。企业供配电系统由总降压变电所、高压配电所、配电线路、车间变电所和用电设备等组成，但其系统的具体组成，还取决于高压用电距离、企业的总负荷、负荷的分布和负荷的性质等因素。

　　6. 了解安全用电、静电防护及电气设备防火防爆的一些基本常识。

　　由设备外壳带电造成的单相触电是最常见的触电方式。发现有人触电，应尽快使触电者脱离电源，就地实施急救措施，同时通知医护人员前来抢救。

　　我国根据总体用电环境和条件的不同规定了12V、24V和36V这三个等级的安全电压。

　　保护接地和保护接零是防止间接触电的有效措施，总结于表4-1中。

表 4-1　保护接地与保护接零

保护名称	保护方式	适用条件	应注意事项
保护接地	用电负载的外壳接地	电源的中性点未接地	R_d（接地电阻）<4Ω
保护接零	用电负载的外壳接电源的中性线	电源的中性点接地	线路接有短路或过电流保护电器

加强防范意识，遵守操作规程，做到安全用电。

基本概念自检题 4

以下每小题中提供了可供选择的答案，请选择一个正确答案填入空白处。

1. 对称三相正弦交流电源的特点是_____。

a. 三个电压幅值相等　　　　　　　　　b. 幅值相等、频率相同、相位相同

c. 频率相同、幅值相等、相位互差 120°

2. 三相四线制电源向负载引出三根相线和一根中性线，相线（端线）是_____，中性线（零线）是_____。

a. 三相绕组的首端相交一点引出的导线

b. 三相绕组的尾端相交一点引出的导线

c. 三相绕组的尾端引出的导线

d. 三相绕组的首端引出的导线

3. 三相四线制电源的相电压是_____，线电压是_____。

a. 相线与相线间的电压　　　　　　　　b. 相线与中性线间的电压

c. 中性线与中性线间的电压

4. 三相四线制电源中，如果相电压是对称的，则关于相电压与线电压的关系，下列正确的描述是_____。

a. 线电压超前于相应的线电压 120°，且线电压是相电压的 $\sqrt{3}$ 倍

b. 线电压超前于相应的相电压 30°，且线电压是相电压的 $\sqrt{3}$ 倍

c. 相电压超前于相应的线电压 60°，且线电压是相电压的 $\sqrt{3}$ 倍

5. 关于三相对称负载，下列正确的描述是_____。

a. 各相负载的阻抗相等

b. 各相负载的复阻抗相等，即阻抗大小相等，阻抗角相同

c. 各相负载的大小相等

6. 三相负载不论对称与否，也不论何种连接方式，负载相电压是指_____，线电压是指_____。

a. 接到负载上的相线与中性点间的电压

b. 三相四线制电源的相线与相线间的电压

c. 三相四线制电源的相线与中性线间的电压

d. 负载两端的电压

7. 三相负载的相电流是指_____，线电流是指_____。

a. 流过相线的电流　　　　　　　　　　b. 流过负载的电流

c. 流过中性线的电流　　　　　　　　　d. 流过电源的电流

8. 负载作星形联结的三相电路，负载的线电压_____，负载线电流_____。

a. 等于相电流
b. 等于电源的线电压
c. 等于负载两端电压
d. 等于流过电源的电流

9. 负载作星形联结且不论负载对称与否，下列表达式中正确的是_____。

a. $I_A = \dfrac{U_A}{Z_A}, I_B = \dfrac{U_B}{Z_B}, I_C = \dfrac{U_C}{Z_C}$

b. $\dot{I}_A = \dfrac{U_A}{Z_A}, \dot{I}_B = \dfrac{U_B}{Z_B}, \dot{I}_C = \dfrac{U_C}{Z_C}$

c. $\dot{I}_A = \dfrac{\dot{U}_A}{Z_A}, \dot{I}_B = \dfrac{\dot{U}_B}{Z_B}, \dot{I}_C = \dfrac{\dot{U}_C}{Z_C}$

d. $I_A = \dfrac{\dot{U}_A}{Z_A}, I_B = \dfrac{\dot{U}_B}{Z_B}, I_C = \dfrac{\dot{U}_C}{Z_C}$

10. 在对称三相电路中，负载作星形联结时，其电路特征全面正确的描述为_____。

　　a. 负载各相电压、线电流对称，且电源中性点与负载中性点等电位，中性线电流不一定等于零

　　b. 负载各相电压、相电流均对称，各相电流等于各线电流，中性线电流不一定等于零

　　c. 负载各相电流、相电压均对称，且电源中性点与负载中性点等电位、中性线电流等于零

11. 在电源电压和负载均对称情况下，负载作星形联结且已知 $\dot{U}_A = 220\angle 30°\text{V}$，负载每相复阻抗 $Z = 10\angle 30°\Omega$，下列关系式中正确的是_____。

a. $\dot{I}_{AP} = 22\angle -30°\text{A}$
b. $\dot{I}_{BP} = 22\angle 0°\text{A}$

c. $\dot{I}_{CP} = 22\angle -240°\text{A}$

12. 在负载作星形联结，负载不对称有中性线时，中性线的作用是_____。

a. 给中性线电流提供通路
b. 保证各相负载在额定电压下工作
c. 保证各相电流对称

13. 设电源电压和负载均对称，则负载作三角形联结时，负载相电压与线电压的关系是_____。负载相电流与线电流的大小关系为线电流是相电流的_____倍。在相位关系上是相电流滞后相应的相电压_____。

a. 对称　　　　b. 相等　　　　c. $\sqrt{3}$　　　　d. $30°$

14. 设电源电压和负载均对称，则三相交流电路总的有功功率表示式为_____。

a. $P = UI\cos\varphi$　　　b. $P = \sqrt{3}U_L I_L\cos\varphi$　　　c. $P = 3U_L I_L\cos\varphi$

习　题　4

1. 有功率 $P = 60\text{W}$、$U = 220\text{V}$ 的 120 只白炽灯，若接到电压为 380V/220V 的三相四线制电源上，要求各相负载均衡，试问白炽灯应如何连接？当全部灯都点亮时，其相电流和线电流是多少？

2. 三相电动机每相绕组的额定电压为 220V，电源有两种电压：线电压为 380V 和线电压为 220V。试问：上述两种不同情况下，这台电动机的绕组应当怎么连接？已知电动机的每相绕组复阻抗为 $Z = 36\angle 30°\Omega$。试求：两种情况下的相电流与线电流，并画出相量图。

3. 某三相三线制供电线路（380V/220V）上接入三相星形对称负载，每一相负载电阻

$R=500\Omega$。试计算：

（1）在正常工作时，每相负载的电压和电流为多少？

（2）如果 A 相负载断开时，其他两相负载的电压和电流为多少？

（3）如果 A 相负载发生短路，那么其他两相负载的电压和电流又为多少？

（4）如果采用三相四线制供电，试重新计算一相短路或一相断路时，其他各相负载的电压和电流。

4. 对称三相电路的相电压 $u_A = 220\sqrt{2}\sin(\omega t + 60°)$ V，相电流 $i_A = 5\sqrt{2}\sin(\omega t + 30°)$ A，试求三相电路的有功功率、无功功率和视在功率。

5. 三相异步电动机的 3 个阻抗相同的绕组接成三角形，接于电压 $U_L = 380V$ 的对称三相电源上，若每相阻抗 $Z = (8 + j6)\Omega$，试求此电动机工作时的相电流、线电流的有效值和三相功率，并画出各电压和电流的相量图。

6. 图 4-26 所示电路中，三相对称负载为三角形联结，已知线电压 $U_L = 220V$，线电流 $I_L = 17.3A$，三相负载消耗的功率 $P = 4.5kW$。

（1）设负载为电感性，求 R 和 X_L；

（2）若电源 C 线断线，求电流 I_A 和 I_B。

7. 图 4-27 所示为对称三相电路，$\dot{U}_{AB} = 380\angle 30°V$，M 为三相交流电动机（感性负载），电动机的有功功率为 10kW，功率因数为 0.6。为了提高功率因数，接入三相电容，$X_C = 22\Omega$。求：

（1）$\dot{I}_1$、$\dot{I}_2$ 和 $\dot{I}$；

（2）电路总的有功功率、无功功率、视在功率和功率因数。

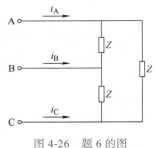

图 4-26　题 6 的图

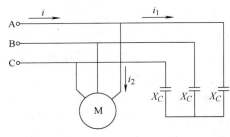

图 4-27　题 7 的图

8. 有一三相对称负载，每相电阻 $R = 6\Omega$，电感 $X_L = 8\Omega$。设电源线电压 $U_L = 380V$。试求：

（1）将负载接成星形时的线电流、相电流及有功功率；

（2）将负载接成三角形时的线电流、相电流及有功功率；比较上述结果，可以从中得出什么结论？

9. 图 4-28 所示三相交流电路中，有两台电动机分别接成三角形和星形。已知电源线电压 $\dot{U}_{AB} = 380\angle 30°V$，星形联结和三角形联结的电动机的

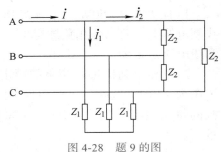

图 4-28　题 9 的图

每相绕组阻抗分别为 $Z_1 = (11 + j11)\Omega$、$Z_2 = (6 + j8)\Omega$。试求：

（1）$\dot{I}_1$、$\dot{I}_2$ 和 $\dot{I}$；

（2）画出三相电压和电流 $\dot{I}_1$、$\dot{I}_2$ 和 $\dot{I}$ 的相量图。

10. 某输电线路如图 4-29 所示，已知电源的相电压 $\dot{U}_A = \dfrac{6000}{\sqrt{3}} \angle 0° \text{V}$，线路阻抗 $Z_1 =$ （1+j1.5）Ω，星形联结的负载每相阻抗 $Z_2 =$（30+j20）Ω。试求负载的线电压 $\dot{U}_{ab}$、负载的有功功率 P_2 和线路的传输效率 P_2/P_1（P_1 为电源发出的有功功率）。

11. 图 4-30 所示三相电路中，对称电源的线电压为 380V，单相负载电阻 $R = 38\,\Omega$，对称三相负载（星形联结）的有功功率 $P = 3290\text{W}$，功率因数为 0.5（电感性）。以相电压 $\dot{U}_A$ 为参考相量，求线电流 $\dot{I}_A$、$\dot{I}_B$ 和 $\dot{I}_C$。

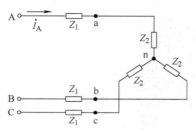

图 4-29　题 10 的图

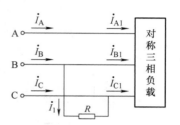

图 4-30　题 11 的图

第 5 章

磁路与变压器

【内容导图】

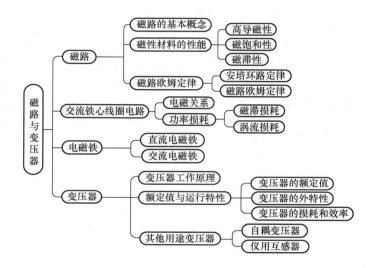

【教学要求】

知识点	相关知识	教学要求
磁路	磁路的基本概念、性能	理解
	磁路欧姆定律	掌握
交流铁心线圈电路	交流铁心线圈电路电磁关系	理解
	交流铁心线圈电路功率损耗	掌握
	交流铁心线圈电路的等效电路	了解
电磁铁	直流电磁铁工作原理	了解
	交流电磁铁工作原理	了解
变压器	变压器的工作原理	掌握
	变压器的阻抗变换作用	掌握
	变压器运行特性	掌握

【项目引例】

现代社会中，磁在许多方面都发挥着重要的作用。例如在生物界，信鸽头颅内存在磁性细粒，即使百公里以外，也可利用地球磁场的变化找到自己的家。在医学上，利用核磁共振可以诊断人体异常组织，判断疾病，如图 5-1 所示。在疾病治疗方面，利用磁场与人体经络的相互作用可以实现磁疗，已有磁疗枕、磁疗腰带等应用。在工业生产中，许多电气设备的元件都是依靠电与磁的相互作用而工作的，例如发电机、变压器，电动机、电磁离合器（见图 5-2）等。

图 5-1　核磁共振分析仪

图 5-2　电磁离合器

如上所述，在电气工程中广泛使用的变压器、电动机及继电器等电气设备，它们的原理既涉及电路问题又涉及磁路问题。为了能够比较全面地掌握各种电气设备的原理和性能，需要进一步了解磁路的基本原理。因此，本章首先讨论磁路的基本知识和分析方法，然后介绍变压器、电磁铁的基本原理和主要性能。

5.1　磁路

5.1.1　磁路的基本概念

磁场是由电流产生的。通常，电动机和继电器内部的磁场都是利用通入电流的线圈产生的。为了用较小的励磁电流产生较强的磁场，从而获得较大的感应电动势或电磁力；同时也为了把磁场聚集在一定的空间范围内，常把线圈绕制在用铁磁材料做成一定形状的铁心上，使之形成一定磁通的路径，使磁通的绝大部分通过这一路径而闭合，这种磁通的路径称为磁路。图 5-3 所示是常见的几种磁路的形式。磁路问题实质上就是局限在一定路径内的磁场问题。物理学中有关磁场的知识是分析磁路的基础。

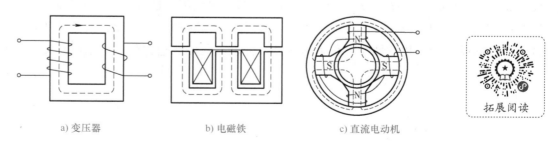

a) 变压器　　　　　　　b) 电磁铁　　　　　　c) 直流电动机

图 5-3　磁路

5.1.2　磁性材料的性能

自然界的物质按其导磁性能大体上分为铁磁材料和非铁磁材料两大类。非铁磁材料（如水、金、银、铜、空气、木材等）对磁场强弱的影响很小，其磁导率与真空的磁导率近似相等，且为常数。铁磁材料（如铁、镍、钴及其合金）的磁导率很高，是制造变压器、电动机和各类电器的主要材料之一。磁性材料（或称为铁磁材料）具有以下特点。

1. 高导磁性

铁磁材料的磁导率 μ 远远大于真空的磁导率 μ_0，两者之比可达数百甚至数万。例如铸钢的 μ 约为 μ_0 的一千倍，硅钢片的 μ 约为 μ_0 的六七千倍，而坡莫合金的 μ 约为 μ_0 的几万倍。为什么磁性材料具有高导磁性呢？这是因为在磁性材料内部存在着许多很小的天然磁化区，称为磁畴。在没有外磁场的作用时，磁畴的排列呈现杂乱无章的状态，磁场相互抵消，对外显示不出磁性。在外磁场作用下，磁畴的方向渐趋一致，形成一个附加磁场，它与外磁场相叠加，从而加强了原来的磁场，铁磁材料也就表现出高的磁导率。当外磁场消失后，磁畴排列又恢复到原来状态。非铁磁材料没有磁畴的结构，所以不具有磁化的特性，故 μ 相对较小。

磁性材料的高导磁性能被广泛应用于电工设备中，例如变压器、电动机、电磁铁等都是利用磁场来实现能量转换的装置。在大多数情况下，磁场都是由通过线圈的电流来产生的，而这些线圈都是绕在铁心上的，这种具有铁心的线圈中通入较小的励磁电流就可以获得较强的磁场。这样使得电气设备的重量和体积大大减轻和减小。

2. 磁饱和性

铁磁材料被放入磁场强度为 H 的磁场内，会受到强烈的磁化。磁场的磁感应强度 B 随外加磁场 H 的变化曲线，即 $B—H$ 的关系曲线称为磁化曲线，如图 5-4 所示。由曲线图可以看出，当外磁场 H 比较小时，B 差不多与 H 成比例增加；当 H 增大一定值后，B 的增加缓慢下来，这是由于当外磁场（或励磁电流）增大一定值时，全部磁畴的磁场方向都转向且与外磁场的方向一致，磁场的磁感应强度 B 的值将趋向某一定值，逐渐出现磁饱和现象，即具有磁饱和特性。

由于 $\mu=B/H$，而铁磁材料的 $B—H$ 间不是线性关系，所以 μ 不是常量，如图 5-4 中的 $B—H$ 曲线所示。

3. 磁滞性

铁磁材料在交变磁场中被反复磁化，其 $B—H$ 关系曲线是一条闭合曲线，称为磁滞回线，如图 5-5 所示。当 H 由 H_m 减小到零时，B 却未回到零（这时的值称为剩磁 B_r），只有当 H 反方向变化到 $-H_c$ 时，B 才减小到零（H_c 称为矫顽磁力）。这种磁感应强度 B 的变化滞后于磁场强度 H 变化的性质，称为磁滞性。标准磁化曲线通常可通过手册查阅。

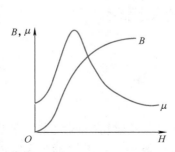

图 5-4　磁性材料的 $B—H$、$\mu—H$ 曲线

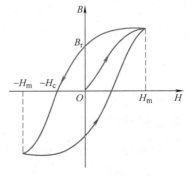

图 5-5　磁滞回线

　　铁磁材料的成分和制造工艺不同，则材料的磁滞回线的形状不同。软铁、硅钢、坡莫合金和铁氧体等材料的磁滞回线较狭窄，剩磁感应强度 B_r 低，矫顽磁力 H_c 小，这一类铁磁材料称为软磁材料，常用来制造变压器、电动机和继电器的铁心。而碳钢、铁镍钴合金和稀土合金等材料的磁滞回线较宽，具有较高的剩磁感应强度 B_r 和较大的矫顽磁力 H_c，这一类铁磁材料称为硬磁材料，常用来制造永久磁铁。此外，还有一些近似矩形磁滞回线的磁性材料，它们具有较高的剩磁感应强度和较小的矫顽磁力，稳定性较好，广泛应用于计算机技术、电子技术中，如制造存储器的磁心和外部设备的磁盘等。

5.1.3　磁路欧姆定律

　　对磁路的分析与计算同电路一样，也需要用到一些基本定律，例如安培环路定律和磁路欧姆定律。

1. 安培环路定律

　　由前述可知，磁场是由电流产生的，而由电流产生的磁场的强弱与电流大小之间的关系则是由安培环路定律确定的。安培环路定律指出：在磁路中，沿任一闭合路径 L，磁场强度 H 的线积分等于与该闭合路径交链的电流 I 的代数和，即

$$\oint H \mathrm{d}l = \sum I \tag{5-1}$$

当电流的方向与闭合路径的方向符合右螺旋定则时，电流取正号，反之取负号。

2. 磁路欧姆定律

　　磁路欧姆定律是分析磁路的基本定律，可由安培环路定律推导得出。图 5-6 所示为一环形铁心磁路，铁心横截面积为 S，绕有 N 匝线圈，并通有直流电流 I。设环内外半径相差不大，则可近似认为铁心中的磁场强度 H 大小各处是均匀的，磁路平均长度为 l。

　　根据安培环路定律，对于均匀磁路有

$$\oint_l H \mathrm{d}l = Hl = IN \tag{5-2}$$

所以得

$$Hl = IN \tag{5-3}$$

式中，IN 称为磁动势，它是产生磁通的根源，用 F_m 表示，即 $F_m = IN$；Hl 称为磁压降，用 U_m 表示，即 $U_m = Hl$。铁心中的磁感应强度 B 与磁场强度 H 的关系为 $B = \mu H$，所以铁心中的磁通量为

$$\Phi = BS = \mu HS = \mu S \frac{IN}{l} = \frac{F_m}{\dfrac{l}{\mu S}} \tag{5-4}$$

式中，$R_m = \dfrac{l}{\mu S}$ 称为磁阻，它表示物质对磁通的阻碍作用，则

$$\Phi = \frac{NI}{R_m} = \frac{F_m}{R_m} \tag{5-5}$$

式（5-5）在形式上与电路中的欧姆定律相似，故称为磁路欧姆定律。还须指出：磁性材料的磁导率 μ 不是常数，故其磁阻也不是常数，因而不能用磁路欧姆定律进行定量计算，但用来定性分析磁路中磁动势、磁阻和磁通间的关系是方便的。

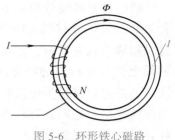

图 5-6　环形铁心磁路

3. 磁路与电路的比较

表 5-1 列出了磁路和电路的相对应的参数及其相对应的关系，可以更好对比理解。

表 5-1　磁路和电路相对应参数及关系

磁路	电路
磁通势 F	电动势 E
磁通 Φ	电流 I
磁感应强度 B	电流密度 J
磁阻 $R_{\mathrm{m}} = \dfrac{l}{\mu S}$	电阻 $R = \dfrac{l}{\gamma S}$
$\Phi = \dfrac{F}{R_{\mathrm{m}}} = \dfrac{NI}{\dfrac{l}{\mu S}}$	$I = \dfrac{E}{R} = \dfrac{E}{\dfrac{l}{\gamma S}}$

【练习与思考】

5.1.1　什么是磁饱和？为什么变压器和电动机都工作在接近磁饱和区？

5.1.2　当磁路的结构一定时，磁路的磁阻是否一定？

5.2　交流铁心线圈电路

用交流电流励磁的磁路称为交流磁路，带铁心的励磁线圈称为交流铁心线圈，例如变压器、交流电磁铁和交流接触器等。由于交流磁路中励磁电流、磁通和磁感应强度都是交变的，所以在线圈中将会感应电动势，而感应电动势又企图阻碍电流的变化，交流磁路中电路和磁路相互制约。因此，对其电磁关系、电压电流关系及功率损耗等方面的分析要比直流磁路复杂得多。

5.2.1　电磁关系

图 5-7 所示电路中，当带有铁心的线圈两端通入正弦交流电压 u 时，线圈中将有电流 i 通过。若线圈匝数为 N，则磁动势 iN 将在线圈中产生磁通，其中绝大部分通过铁心而闭合，称为主磁通 Φ，此外还有很少的一部分磁通主要经过空气或其他非导磁媒质而闭合，称为漏磁通 Φ_{σ}，这两部分磁通在线圈中产生两个感应电动势：主磁电动势 e 和漏磁电动

势 e_σ。

图 5-7 中的 u、i、$\varPhi$、e、e_σ 取关联参考方向，由 KVL 得铁心线圈交流电路的电压和电流之间的关系，即

$$u + e + e_\sigma - iR = 0 \qquad (5\text{-}6)$$

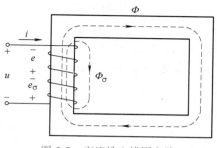

图 5-7　交流铁心线圈电路

式（5-6）称为交流铁心线圈电路的电压平衡方程式。式中，u 为铁心线圈上所加的交流电压；iR 为电流通过线圈等效电阻 R 后所产生的电压降；e_σ 为漏磁电动势，其大小由公式 $e_\sigma = -N\mathrm{d}\varPhi_\sigma / \mathrm{d}t$ 而定。因为漏磁通经过的路径绝大部分由非导磁材料构成，所以励磁电流 i 与 $\varPhi_\sigma$ 之间呈线性关系，铁心线圈的漏磁电感 $L_\sigma = N\varPhi_\sigma / i =$ 常数。所以，$e_\sigma = -N\mathrm{d}\varPhi_\sigma / \mathrm{d}t = -L_\sigma \mathrm{d}i / \mathrm{d}t$。

式（5-6）中的 e 为主磁电动势，由于主磁通通过铁心闭合，所以 i 与 $\varPhi$ 之间不存在线性关系，铁心线圈的主磁电感 L 不是一个常数。主磁通电动势 e 的大小通过如下的方法来计算。设主磁通 $\varPhi = \varPhi_\mathrm{m} \sin \omega t$，则

$$
\begin{aligned}
e &= -N\frac{\mathrm{d}\varPhi}{\mathrm{d}t} = -N\frac{\mathrm{d}(\varPhi_\mathrm{m} \sin \omega t)}{\mathrm{d}t} = -N\omega\varPhi_\mathrm{m} \cos \omega t \\
&= 2\pi f N\varPhi_\mathrm{m} \sin(\omega t - 90°) = E_\mathrm{m} \sin(\omega t - 90°)
\end{aligned} \qquad (5\text{-}7)
$$

可见，在相位上 e 相对于 $\varPhi$ 滞后 90°；在数值上，e 的有效值为

$$E = \frac{E_\mathrm{m}}{\sqrt{2}} = \frac{2\pi f N\varPhi_\mathrm{m}}{\sqrt{2}} = 4.44 f N\varPhi_\mathrm{m} \qquad (5\text{-}8)$$

由上述讨论可知：

1）主磁通 $\varPhi$ 是正弦波，则主磁通电动势 e 也是正弦波，且两者频率相同。

2）主磁通电动势在相位上滞后于主磁通 90°。

3）主磁通电动势的幅值 $E_\mathrm{m} = 2\pi f N\varPhi_\mathrm{m}$。

由于铁心的磁饱和性，当电压 u 和磁通 $\varPhi$ 为正弦波时，实际上励磁电流 i 是非正弦波。但对于非正弦励磁电流，可以用一个有效值相等，且与非正弦电流基波频率相等的正弦电流替代，即为了运算简单起见，将励磁电流 i 视为正弦波进行分析。于是，式（5-6）可用相量式表示为

$$\dot{U} + \dot{E} + \dot{E}_\sigma - \dot{I}R = 0 \qquad (5\text{-}9)$$

式中，$\dot{E}_\sigma = -\mathrm{j}\omega L_\sigma \dot{I} = -\mathrm{j}X_\sigma \dot{I}$，$X_\sigma = \omega L_\sigma$ 称为漏磁感抗，其数值较小。通常线圈的电阻 R 也很小。故式（5-9）可改写为

$$\dot{U} \approx -\dot{E} = \mathrm{j}4.44 f N\varPhi_\mathrm{m} \qquad (5\text{-}10)$$

可得

$$U \approx E = 4.44 f N\varPhi_\mathrm{m} \qquad (5\text{-}11)$$

式（5-11）中，$\varPhi_\mathrm{m}$ 为铁心中主磁通的幅值；U 和 f 分别为外加交流电源的有效值和频率；N 为线圈匝数。需要强调指出：式（5-11）是分析交流磁路的重要公式。

由式（5-11）可知，当交流铁心线圈电路的电源频率 f 和线圈匝数 N 不变时，主磁通 Φ_m 基本上与外加电压 U 成正比关系，U 不变则 Φ_m 基本不变。当 U 一定时，若磁路磁阻发生变化，例如出现空气隙使磁阻增大时，要想保持 Φ_m 不变，根据磁路欧姆定律 $\Phi = NI / R_m$，励磁电流 I 必然增大。在直流磁路中，U 不变，励磁电流 I 不变，磁阻大小的变化将影响磁路中磁通的变化，这是交流磁路和直流磁路的重要区别。

【练习与思考】

5.2.1　请运用磁路欧姆定律分析判断以下结论是否正确？（1）如果线圈中通入同样大小的励磁电流，要想得到相等的磁通，采用磁导率高的铁心材料，可使铁心的用铁量大为降低；（2）当磁路中含有空气隙时，由于磁阻较大，要得到相等的磁感应强度，必须增大励磁电流（设线圈匝数一定）。

5.2.2　某交流铁心线圈在维修后线圈匝数减少了10%（其余参数不变），试分析铁心中的磁通和线圈中的电流变化情况。

5.2.3　将额定频率为60Hz的交流铁心线圈接在50Hz的交流电源上，交流铁心线圈能长期正常工作吗，为什么？

5.2.2　功率损耗

交流铁心线圈消耗的有功功率由两部分组成，即线圈电阻 R 上消耗的功率，称为铜损耗 P_{Cu}；处于交变磁化下的铁心中也会有功率损耗，称为铁损耗 P_{Fe}。铁损耗则是由磁滞损耗 P_h 和涡流损耗 P_e 组成的。

1. 磁滞损耗 P_h

铁磁材料在交变磁化过程中，由于磁滞现象而发生能量损耗，称为磁滞损耗。这种损耗的能量转变为热能而使铁磁材料发热。交变磁化一个循环时，磁滞损耗的大小与磁滞回线的面积成正比。分析表明，单位体积内的磁滞损耗正比磁场交变的频率 f 和磁滞回线的面积。工程上常用经验公式计算 P_h，即

$$P_h = K_h f B_m^n V \tag{5-12}$$

式中，K_h 及 n 都是与材料性质有关的常数；f 是交流电源的频率；B_m 是磁感应强度之最大值，以它代表磁滞回线的面积；V 是铁心的体积。为了减少磁滞损耗 P_h，常采用磁滞回线狭长的铁磁材料来制作铁心。硅钢片是目前满足这个条件的理想磁性材料，特别是冷轧硅钢片。

2. 涡流损耗 P_e

由于磁性物质不仅导磁，也能导电，在交变磁场作用下，铁心中也会产生感应电动势，从而在垂直于磁力线方向的铁心截面上产生如图 5-8a 所示的旋涡状电流，称为涡流。涡流与其回路的电阻相互作用产生热能，造成功率损耗，称为涡流损耗。工程上常用下式计算 P_e，即

$$P_e = K_e f^2 B_m^2 V \tag{5-13}$$

式中，K_e 是与材料性质有关的常数。为了减小涡流损耗，通常交流电动机和变压器的铁心都用硅钢片叠加而成，如图 5-8b 所示。

涡流有有害的一面，但在另外一些场合也有有利的一面。例如，利用涡流的热效应可制成感应式电炉和金属感应热处理设备，用来冶炼金属和对工件进行热处理加工，还可制成感应式仪器、涡流测矩器及用于无损耗检测工件内部伤痕和断裂情况的传感器等。

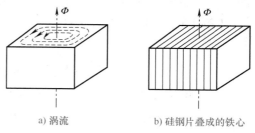

a) 涡流　　　　b) 硅钢片叠成的铁心

图 5-8　涡流损耗

由上述讨论可知，交流铁心线圈电路的有功功率为

$$P = UI\cos\varphi = P_{Cu} + P_{Fe} = I^2R + P_h + P_e \tag{5-14}$$

需要指出的是，由于铁损差不多与铁心内磁感应强度的最大值 B_m 的二次方成正比，故 B_m 不宜选得过大。

*5.2.3　等效电路

交流铁心线圈也可用等效电路的方法进行分析。等效的条件是：在同样的电压作用下，功率保持不变、电流及各量之间的关系保持不变。这样可以将磁路的计算问题转化为电路的计算，使磁路分析得以简化。

将式（5-9）交流铁心线圈电压平衡方程式变换如下，即

$$\dot{U} = \dot{I}R + j\dot{I}X_\sigma - \dot{E} \tag{5-15}$$

为了便于分析，仿照上述漏磁电动势用漏电抗压降的表示方法，把主磁通感应的主磁电动势 $\dot{E}$ 的作用看作电流流过阻抗 Z_m 产生的阻抗压降，即令 $-\dot{E} = \dot{I}Z_m$，式中，$Z_m = R_m + jX_m$ 称为励磁阻抗。这样，式（5-15）可以表示为

$$\dot{U} = \dot{I}R + j\dot{I}X_\sigma + \dot{I}R_m + j\dot{I}X_m \tag{5-16}$$

根据式（5-16）可画出交流铁心线圈的串联型等效电路，如图 5-9 所示。图中各参数的意义如下：

R 为线圈电阻，其值由铜耗 $P_{Cu} = I^2R$ 来确定。X_σ 反映漏磁通作用的感抗，即磁通电抗。$X_\sigma = \omega L_\sigma = 2\pi f L_\sigma$，可以认为 L_σ 是线性电感，而与铁心的饱和程度无关。R_m 反映交流铁心线圈铁损 P_{Fe} 的参数，其值由公式 $P_{Fe} = I^2R_m$ 确定，与铁心的

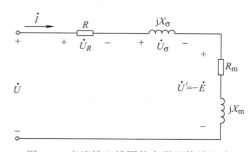

图 5-9　交流铁心线圈的串联型等效电路

饱和程度有关。X_m 反映主磁通的感抗，其值由公式 $Q_{Fe} = I^2X_m$ 确定，Q_{Fe} 是铁心储放能量的无功功率，X_m 的值也与铁心的饱和程度有关。

【例 5-1】有一线圈匝数为 300、电阻为 2Ω 的铁心线圈，通入频率为 50Hz、电压为

220V 的交流电源，测得线圈的电流 $I = 5\text{A}$，功率 $P = 275\text{W}$。如忽略漏磁通，试求铁心线圈主磁通的最大值 Φ_m、铜损耗、铁损耗、电路的功率因数和等效电路的参数 R_m 及 X_m。

【解】（1）由式（5-11）得

$$\Phi_\text{m} = \frac{U}{4.44fN} = \frac{220}{4.44 \times 50 \times 300}\text{Wb} \approx 3.30 \times 10^{-3}\text{Wb}$$

（2）铜损耗为

$$P_\text{Cu} = I^2R = 5^2 \times 2\text{W} = 50\text{W}$$

铁损耗为

$$P_\text{Fe} = P - P_\text{Cu} = (275 - 50)\text{W} = 225\text{W}$$

（3）电路的功率因数为

$$\cos\varphi = \frac{P}{UI} = \frac{275}{220 \times 5} = 0.25$$

得

$$\varphi = 75.5°$$

（4）铁心线圈等效阻抗的模为

$$|Z| = \frac{U}{I} = \frac{220}{5}\Omega = 44\Omega$$

由阻抗三角形可得

$$X_\text{m} = |Z|\sin\varphi = 44 \times \sin 75.5°\Omega \approx 42.6\Omega$$

$$R + R_\text{m} = |Z|\cos\varphi = 44 \times \cos 75.5°\Omega \approx 11\Omega$$

所以

$$R_\text{m} = 11\Omega - R = (11 - 2)\Omega = 9\Omega, \quad X_\text{m} \approx 42.6\Omega$$

【例 5-2】 一铁心线圈接在电压为 12V 的直流电源上，测得电流 $I = 1\text{A}$；接在电压为 110V 的工频交流电压源上，测得电流 $I = 2\text{A}$，有功功率 $P = 88\text{W}$，线圈漏磁感抗 $X_\sigma = 0.2\Omega$，试求：（1）交流铁心线圈的铜损耗、铁损耗；（2）等效电路的参数 R_m 及 X_m；（3）功率因数和主磁通产生的感应电动势。

【解】（1）接入直流电压时，只有线圈的电阻起作用，所以

$$R = \frac{U}{I} = \frac{12}{1}\Omega = 12\Omega$$

通交流时铁心线圈铜损耗、铁损耗分别为

$$P_\text{Cu} = I^2R = 2^2 \times 12\text{W} = 48\text{W}$$

$$P_\text{Fe} = P - P_\text{Cu} = (88 - 48)\text{W} = 40\text{W}$$

（2）交流铁心线圈等效电路的参数 R_m 为

$$R_\text{m} = \frac{P_\text{Fe}}{I^2} = \frac{40}{2^2}\Omega = 10\Omega$$

总阻抗为

$$|Z| = \frac{U}{I} = \frac{110}{2}\Omega = 55\Omega$$

等效感抗为

$$X = X_\sigma + X_\text{m} = \sqrt{|Z|^2 - (R + R_\text{m})^2}$$
$$= \sqrt{55^2 - (12 + 10)^2}\Omega \approx 50.4\Omega$$

所以

$$X_\text{m} = X - X_\sigma = (50.4 - 0.2)\Omega = 50.2\Omega$$

（3）电路的功率因数为　　　　　　$\cos\varphi = \dfrac{P}{UI} = \dfrac{88}{110 \times 2} = 0.4$

阻抗角为　　　　　　　　　　　$\varphi = \arccos 0.4 = 66.4°$

若令　　　　　　　　　　　　　$\dot{I} = I\angle 0° = 2\angle 0°\,\text{A}$

则

主磁通感应电动势为　　　　　$\dot{U} = U\angle\varphi = 110\angle 66.4°\,\text{V}$

$$
\begin{aligned}
\dot{E} &= -\dot{U} + (R + jX_\sigma)\dot{I} \\
&= -110\angle 66.4°\,\text{V} + (12 + j0.2) \times 2\angle 0°\,\text{V} \\
&= 101.6\angle -101.3°\,\text{V}
\end{aligned}
$$

【练习与思考】

5.2.4　交变磁通和恒定磁通通过同一磁路时所产生的功率损耗有什么不同（设 $\varPhi$ 相同）？为什么？

5.2.5　图 5-7 所示的交流铁心线圈电路，设电压的有效值不变，将铁心的平均长度增加一倍，铁心中的主磁通最大值 $\varPhi_\text{m}$ 是否变化（忽略漏磁通）？如果是直流铁心线圈，铁心中的主磁通 $\varPhi$ 的大小是否变化？

5.2.6　将一个空心线圈先后接到直流电源和交流电源上，然后在该线圈中插入铁心。如果交流电源电压的有效值和直流电源电压相等，试比较通过线圈的电流和功率的大小，并说明理由。

5.3　电磁铁

利用通电线圈在铁心里产生磁场，由磁场产生吸力的机构统称为电磁铁。电磁铁是把电能转换为机械能的一种设备，通过电磁铁的衔接（可动铁心）可以获得直线运动和某一定角度的回转运动，它在各类机床、电动设备及机器人中应用十分广泛，例如可用于对机床和起重机的电动机进行制动（电磁抱闸）；可以在机械加工和生产中用于夹持和固定工件（如电磁卡盘）；或控制变速机构（如电磁离合器）；也可在自动控制系统中用于通断电路（如继电器和接触器）等。

电磁铁是由置于铁心上的用于建立磁场的通电线圈和一个可被磁场吸引的衔铁组成，它的结构形式因使用场合的不同而多种多样，如图 5-10 所示。

电磁铁按励磁电流的不同，可以分为直流电磁铁和交流电磁铁两种。它们有各自的特点，使用时应特别注意。

动画演示

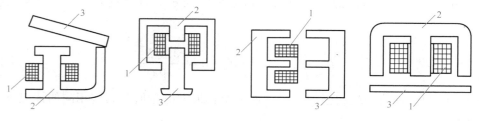

图 5-10　电磁铁的结构

1—线圈　2—铁心　3—衔铁

5.3.1　直流电磁铁

电磁铁线圈通电后，铁心吸合衔铁的力称为电磁吸力。衔铁受吸力的作用移动而做功，所以电磁吸力是电磁铁的主要参数之一。

直流电磁铁电磁吸力 F 的大小与两个磁极间的磁感应强度 B 的二次方成正比。此外，在 B 一定的情况下，磁极的截面积 S 越大，则吸力也越大，即电磁铁电磁吸力 F 与截面积 S 也成正比。所以，经计算，作用在电磁铁衔铁上的电磁吸引力为

$$F = \frac{10^7}{8\pi} B_0^2 S_0 \qquad (5\text{-}17)$$

式中，空气隙的磁通密度 B_0 的单位为特（T）；气隙磁场的截面积 S_0 的单位为平方米（m^2）；电磁吸力的单位为牛顿（N）。

直流电磁铁具有以下特点：

1）在直流励磁的情况下，磁路中的磁通不随时间而变，因而在铁心中无磁滞和涡流损耗，因而其铁心是采用整块铸钢、软钢或工程纯铁制成。

2）在稳态情况下，由于磁场是恒定的，励磁电流的大小仅取决于线圈的电压及电阻，即 $I=U/R$，而与磁路结构、气隙大小无关，因而直流磁路具有恒磁动势的特性。

3）电磁铁衔铁吸合前后的电磁吸力不同。这是因为电磁铁吸合过程中，磁路气隙减小，磁阻随之减小而磁动势（NI）恒定，所以磁通增大，吸引力也将相应增大，因而衔铁被牢牢吸住。就是说，直流电磁铁吸合后的电磁力比吸合前的电磁力大得多。

5.3.2　交流电磁铁

交流电磁铁是用交流励磁，励磁电流是交变的，所以磁通及磁感应强度也是交变的。设空气隙的磁感应强度为

$$B_0 = B_m \sin \omega t$$

则由式（5-17）可知，电磁吸力的瞬时值为

$$
\begin{aligned}
f &= \frac{10^7 S_0}{8\pi} B_m^2 \sin^2 \omega t = \frac{10^7 S_0 B_m^2}{8\pi} \frac{1-\cos 2\omega t}{2} \\
&= F_m \frac{1-\cos 2\omega t}{2} = \frac{1}{2} F_m - \frac{1}{2} F_m \cos 2\omega t
\end{aligned}
\qquad (5\text{-}18)
$$

式中，$F_m = 10^7 S_0 B_m^2 / (8\pi)$ 是电磁吸力的最大值。由式（5-18）可知，电磁吸力的瞬时值是由恒定分量和交变分量两部分组成的，如图 5-11 所示。电磁吸力在一个周期内的平均值为

$$F = \frac{1}{T} \int_0^T f \mathrm{d}t = \frac{1}{2} F_m + 0 = \frac{10^7 S_0 B_m^2}{16\pi} \qquad (5\text{-}19)$$

可见，吸力平均值为最大值的一半，这说明在最大电流值及结构相同的情况下，交流电磁铁的吸力为直流电磁铁吸力的一半。

交流电磁铁具有以下特点：

1）在交流励磁的情况下，由于铁心中的磁通是交变的，必然会产生磁滞和涡流损耗（即铁损耗），并使之发热，因而交流磁路中的铁心不用整块材料做成，而采用彼此绝缘的硅钢片叠成。

2）在电源 U 和频率 f 一定时，由式（5-11）可知，线圈的磁通链 $\psi_m = N\Phi_m$ 也基本上保持不变，当线圈匝数不改变时（工程上多见这种情况），交流磁路就具有恒磁通（幅值）的特性。依据磁路欧姆定律 $\Phi = F_m / R_m = IN / R_m$，交流电流 I（有效值）将随气隙、磁阻 R_m 的减小而自动减小。一般交流继电器线圈的额定电流是按衔铁吸合后的电流设计的，如果通电后，衔铁被卡住，吸合不上，则线圈的电流将大大超过额定值，会使其严重发热以致烧毁。这种现象在直流励磁情况下是不会发生的。

3）由图 5-11 可见，交流电磁铁的吸力 f 的方向不变，但它的大小是变动的。当磁通经过零值时，电磁吸力为零；当磁通达到最大值时，吸力也达到最大值，且以两倍的电源频率在零与最大值之间脉动。这种脉动的吸力作用在衔铁上，使衔铁产生振动，引起很大噪声，造成工作环境不安宁，并使铁心、机械零件及接触处磨损。

消除衔铁振动最简单也是最有效的方法是在静铁心的部分端面上套上一个短路环（又称为分磁环），如图 5-12 所示。由于短路环中有感应电流存在，它将阻止铁心中磁通 Φ 的变化，也就是使被短路环包围的铁心中磁通 Φ' 的相位滞后短环路外的磁通 Φ 的相位，从而使 Φ 过零的瞬间磁通不为零，因此静铁心和动铁心之间始终存在着吸力，交流电磁铁的振动和噪声就可以大大减轻。

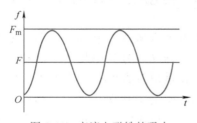

图 5-11　交流电磁铁的吸力

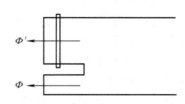

图 5-12　短路环

【**例 5-3**】有一交流电磁铁接在电压为 220V 的工频电源上，已知线圈匝数为 6600 匝，铁心截面积为 $2 \times 10^{-4}\,\mathrm{m}^2$，试估计电磁吸力平均值。

【**解**】可计算

$$\Phi_m = \frac{U}{4.44fN} = \frac{220}{4.44 \times 50 \times 6600}\,\mathrm{Wb} \approx 1.5 \times 10^{-4}\,\mathrm{Wb}$$

$$B_m = \frac{\Phi_m}{S} = \frac{1.5 \times 10^{-4}}{2 \times 10^{-4}}\,\mathrm{T} = 0.75\mathrm{T}$$

电磁吸力的最大值为

$$F_m = \frac{10^7}{8\pi}B_0^2 S_0 = \frac{10^7 \times 2 \times 10^{-4} \times 0.75^2}{8\pi}\,\mathrm{N} \approx 44.8\mathrm{N}$$

电磁吸力的平均值为

$$F = \frac{F_m}{2} = \frac{44.8}{2}\,\mathrm{N} \approx 22.4\mathrm{N}$$

5.3.3 电磁铁应用举例

图 5-13 所示的例子是用来制动机床和起重机的电动机。当接通电源时，电磁铁动作而拉开弹簧，把抱闸提起，于是放开了装在电动机轴上的制动轮，这时电动机便可自由转动。当电源断开时，电磁铁的衔铁落下，弹簧便把抱闸压在制动轮上，于是电动机就被制动。在起重机中采用这种制动方法，可避免由于工作过程中的断电而使重物滑下所造成的事故。

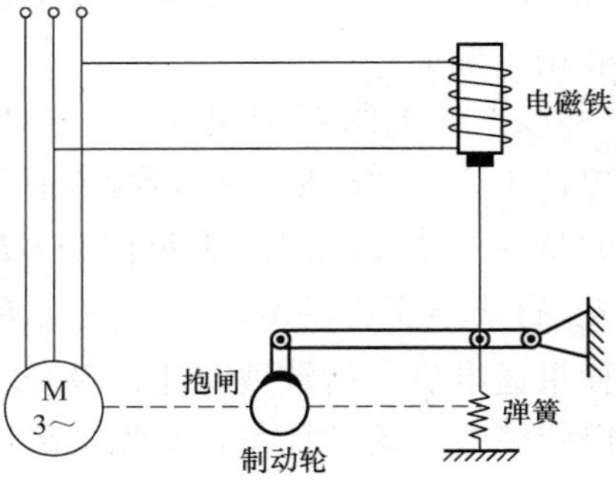

图 5-13　电磁抱闸控制电路

【练习与思考】

5.3.1　在一定电源电压作用下，当磁路的结构、气隙变化时，直流电磁铁的励磁电流和磁通如何变化？

5.3.2　在电源电压一定时，交流电磁铁的吸力与行程有关吗？

5.3.3　将直流 110V 的电磁铁接在相同电压的交流电源上，电磁铁能长期稳定工作吗？为什么？若将交流 110V 的电磁铁接在相同电压的直流电源上，又如何？

5.4　变压器

变压器是通过电磁感应原理工作的电器。它具有变换电压、变换电流和变化阻抗的功能，在各个领域有着广泛的应用。

变压器的种类很多。按用途不同，变压器可分为电力变压器、电焊变压器、整流变压器、耦合变压器和测量变压器等。按相数的不同，变压器又可分为单相变压器和三相变压器等。不同类型的变压器在容量、结构、外形、体积和重量等方面有很大差别，但是它们的基本结构是相同的，主要由铁心和绕组两部分组成。按绕组和铁心之间的结构形式，变压器可分为壳式和心式两种，如图 5-14 和图 5-15 所示。心式变压器的特点是绕组包围着铁心，其结构简单，一般用于容量较大的场合。壳式变压器的结构特点是铁心包围着绕组，一般用于较小容量的变压器。

图 5-14　壳式变压器

图 5-15　心式变压器

拓展阅读

变压器的铁心通常采用表面涂有绝缘漆的硅钢片冲剪、叠制而成。变压器的绕组有一次绕组和二次绕组。与电源（电力网、发电机）连接、吸收电能的绕组称为一次绕组，与负载连接、输出电能的绕组称为二次绕组。一次绕组和二次绕组均可以由一个或几个线圈组成，使用时可根据需要把它们连接成不同的组态。

5.4.1 变压器的工作原理

本节将以单相变压器为例来介绍变压器的工作原理，如图 5-16 所示。变压器的一次绕组和二次绕组的匝数分别为 N_1 和 N_2。在一次绕组的两端施加交流电压 u_1 时，则在其绕组中有交变电流 i_1 通过，形成磁动势 $i_1 N_1$，并在铁心中产生主磁通 Φ。主磁通 Φ 通过铁心闭合，既穿过一次绕组也穿过二次绕组，从而在一次、二次绕组之间建立磁的联系。图中所标各量的参考方向符合右手螺旋定则。

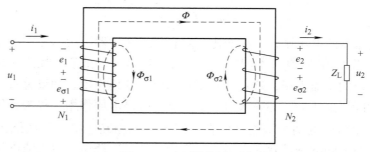

图 5-16　变压器的原理图

1. 变压器的空载运行

变压器一次绕组接入交流电源，二次绕组开路的工作状态称为空载运行。

变压器空载运行时，i_1 称为励磁电流（记为 i_0），也称为空载电流。变压器空载电流一般都很小，约为额定电流的 3% ～ 8%。这时，二次绕组电流 $i_2 = 0$，其两端电压 u_2 为空载电压，记为 u_{20}。

当变压器空载运行时，除了铁心上多了二次绕组外，实际上就是一个交流铁心线圈电路。主磁通 Φ 与一次、二次绕组相交链并分别产生感应电动势 e_1 和 e_2，漏磁通 $\Phi_{\sigma 1}$ 在一次绕组中产生感应电动势 $e_{\sigma 1}$。变压器空载时的电磁关系如下：

$$u_1 \longrightarrow i_0 \longrightarrow N_1 i_0 \begin{cases} \Phi \longrightarrow e_1 = -N_1 \dfrac{\mathrm{d}\Phi}{\mathrm{d}t} \\ \Phi_\sigma \longrightarrow e_\sigma = -L_\sigma \dfrac{\mathrm{d}i}{\mathrm{d}t} \end{cases}$$

一次绕组电路就是上述讨论的交流铁心电路，设一次绕组的等效电阻为 R_1，则变压器一次绕组的电压平衡方程为

$$u_1 + e_1 + e_{\sigma 1} - i_1 R_1 = 0 \tag{5-20}$$

变压器二次绕组的电压平衡方程为

$$e_2 = u_{20} \tag{5-21}$$

由于漏磁通感应电动势 $e_{\sigma 1}$ 和一次绕组的等效电阻 R_1 的电压降通常比较小，因此式（5-20）可近似表示为

$$u_1 \approx -e_1 \tag{5-22}$$

由式（5-11）可得

$$U_1 \approx E_1 = 4.44 f N_1 \Phi_m \tag{5-23}$$

$$U_{20} = E_2 = 4.44 f N_2 \Phi_m \tag{5-24}$$

于是

$$\frac{U_1}{U_{20}} \approx \frac{E_1}{E_2} = \frac{N_1}{N_2} = K \tag{5-25}$$

式中，K 称为变压器的电压比，简称变比。它表明，变压器一次、二次绕组的电压比等于它们的匝数比，当 N_1 和 N_2 具有不同数值时，变压器就可以把某一数值的交流电压变换成同频率的另一数值的交流电压，这就是变压器的电压变换作用。如果 $K>1$，变压器起降低电压作用，称为降压变压器；如果 $K<1$，变压器起升高电压作用，称为升压变压器。

必须指出，变压器的两个绕组之间在电路上并不相互连接。一次绕组外加交流电压后，依靠两个绕组之间的磁耦合和电磁感应作用，使二次绕组产生交流电压。就是说，一次、二次绕组在电路上是相互隔离的。

2. 变压器的负载运行

变压器的一次绕组接入交流电源，二次绕组接入负载时的工作状态称为负载运行。

变压器接入负载后，二次绕组中就有电流 i_2 产生，所产生的磁动势 $i_2 N_2$ 将产生磁通 Φ_2，磁通 Φ_2 的绝大部分与原磁动势 $i_1 N_1$ 产生的磁通共同作用在同一闭合的磁路上，仅有很少一部分通过二次绕组周围的空间闭合，即漏磁通 $\Phi_{\sigma2}$。二次绕组接入负载后，变压器的一次绕组电流将从空载电流 i_0 增大为 i_1。此时 u_1、i_1、Φ、e_1、$e_{\sigma1}$、e_2、$e_{\sigma2}$、i_2 的关系如下：

由以上关系可知，二次绕组接入负载后，$i_2 N_2$ 也将在铁心中产生磁通 Φ。因此，变压器负载时，主磁通 Φ 是由磁动势 $i_1 N_1$ 和 $i_2 N_2$ 共同产生。由于 i_1、i_2 和 Φ 的参考方向之间都符合右手螺旋定则，故合成磁动势为 $i_1 N_1 + i_2 N_2$。

前述变压器空载时，主磁通 Φ 是由磁动势 $i_0 N_1$ 产生的。

依式（5-11）可知 $U \approx E = 4.44 f N \Phi_m$，当电源电压 U_1 和频率 f 不变时，Φ_m 也接近于常

数。即变压器中的主磁通 Φ_m 的大小决定于 U_1、f 和 N_1，而与负载基本无关。也就是说，铁心中主磁通 Φ 在变压器空载和负载时是差不多恒定的。

由上述分析可知，同一变压器的铁心磁路，由于在负载与空载时主磁通 Φ 基本不变，所以负载时产生主磁通的合成磁动势 $i_1 N_1 + i_2 N_2$ 应该和空载时产生主磁通的磁动势 $i_0 N_1$ 差不多相等，用相量表示，则为

$$\dot{I}_1 N_1 + \dot{I}_2 N_2 = \dot{I}_0 N_1 \tag{5-26}$$

式（5-26）称为变压器的磁动势平衡方程，它也可以写为

$$\dot{I}_1 N_1 = \dot{I}_0 N_1 + (-\dot{I}_2 N_2)$$

或

$$\dot{I}_1 = \dot{I}_1' + \dot{I}_1'' = \dot{I}_0 + \left(-\frac{N_2}{N_1} \dot{I}_2 \right) \tag{5-27}$$

式（5-27）表明，变压器负载时，一次绕组电流由两部分组成：一部分是产生主磁通 Φ 的励磁分量 $\dot{I}_0$；另一部分则是抵消二次绕组电流 $\dot{I}_2$ 对主磁通影响的负载分量 $-(N_2 / N_1) \dot{I}_2$。这样，在变压器二次绕组输出功率时，通过二次绕组电流对主磁通的影响使变压器一次绕组内的电流能够自动增加，从而使电源供给变压器的功率相应增加。

由于励磁电流 $\dot{I}_0$ 非常小，将其忽略得

$$\dot{I}_1 = \left(-\frac{N_2}{N_1} \dot{I}_2 \right) = -\frac{1}{K} \dot{I}_2$$

或

$$I_1 = \frac{N_2}{N_1} I_2 = \frac{1}{K} I_2 \tag{5-28}$$

式（5-28）表明了变压器的电流变换作用。

3. 变压器的阻抗变换作用

变压器不仅能变换电压和电流，还能变换阻抗。变压器的阻抗负载 Z_L 变化时，$\dot{I}_2$ 变化，$\dot{I}_1$ 也随之变化。Z_L 对 $\dot{I}_1$ 的影响可以用一个接于一次绕组的等效阻抗 Z_L' 来代替，如图 5-17 所示。这样的变压器称为理想变压器。理想变压器虽然不存在，但性能良好的铁心变压器的特性与理想变压器是比较接近的。

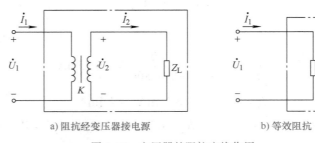

a) 阻抗经变压器接电源　　　　　　　b) 等效阻抗

图 5-17　变压器的阻抗变换作用

由图 5-17b 可得

$$Z'_{\mathrm{L}} = \frac{\dot{U}_1}{\dot{I}_1}$$

如果图 5-17a 与图 5-17b 中的 $\dot{U}_1$、$\dot{I}_1$ 对应相等，则它们互为等效网络，因此

$$Z'_{\mathrm{L}} = \frac{\dot{U}_1}{\dot{I}_1} = \frac{-K\dot{U}_2}{-\frac{1}{K}\dot{I}_2} = K^2 \frac{\dot{U}_2}{\dot{I}_2} = K^2 Z_{\mathrm{L}} \qquad (5\text{-}29)$$

式（5-29）表明，接在变压器二次绕组的阻抗 Z_{L} 对一次绕组的影响，可以用一个接于一次绕组的等效阻抗 Z'_{L} 来代替，代替后一次绕组的电压、电流保持不变。Z'_{L} 称为负载阻抗 Z_{L} 在一次绕组的等效阻抗。

应用变压器的阻抗变换作用可以实现电路的阻抗匹配，即选择变压器的匝数比把负载阻抗变换为电路所需要的合适数值，在电子线路中常常会用到。

【例 5-4】已知信号源电压 $U_{\mathrm{S}} = 10\mathrm{V}$，内阻 $R_0 = 800\Omega$，负载电阻 $R_{\mathrm{L}} = 8\Omega$。为使负载获得最大功率，阻抗需要匹配。今在信号源和负载之间接入一变压器，如图 5-18 所示。试求：（1）变压器的变比 K；（2）一次、二次绕组的电流、电压及负载获得的功率；（3）若将负载直接接在信号源上，求负载获得的功率？

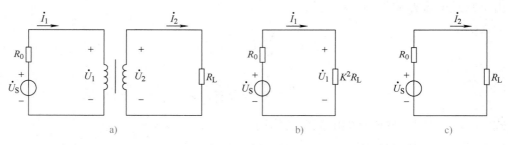

图 5-18 例 5-4 的图

【解】（1）为使电路达到阻抗匹配，变压器的输入阻抗应等于电源内阻，即

$$R_0 = K^2 R_{\mathrm{L}}$$

所以变压器变比为

$$K = \sqrt{\frac{R_0}{R_{\mathrm{L}}}} = \sqrt{\frac{800}{8}} = 10$$

（2）由图 5-18b 得

$$I_1 = \frac{U_{\mathrm{S}}}{R_0 + K^2 R_{\mathrm{L}}} = \frac{10}{800 + 800}\mathrm{A} = 6.25\mathrm{mA}$$

二次绕组电流为

$$I_2 = K I_1 = 10 \times 6.25\mathrm{mA} = 62.5\mathrm{mA}$$

一次、二次绕组的电压为 $U_1 = I_1 \times K^2 R_{\mathrm{L}} = 6.25 \times 10^{-3} \times 100 \times 8\mathrm{V} = 5\mathrm{V}$

$$U_2 = \frac{U_1}{K} = \frac{5}{10}\mathrm{V} = 0.5\mathrm{V}$$

负载获得的功率为

$$P_2 = U_2 I_2 = 0.5 \times 62.5\mathrm{mW} \approx 31.3\mathrm{mW}$$

例题分析

（3）若负载直接接在信号源上，如图 4-18c 所示，负载获得的功率为

$$P_2' = I_2' U_2' = I_2'^2 R_L = \left(\frac{U_S}{R_0 + R_L} \right)^2 R_L = \left(\frac{10}{800+8} \right)^2 \times 8W \approx 1.2mW$$

可见 $P_2' \ll P_2$。

【例 5-5】今有一变压器，如图 5-19 所示，一次绕组电压 $U_1 = 380V$，匝数 $N_1 = 760$ 匝，二次侧有两个绕组，并要求空载时两个二次绕组的端电压 U_1 和 U_2 分别为 127V 和 36V。（1）试求二次侧两个绕组的匝数；（2）已知 $I_2 = 2.14A$，$I_3 = 3A$，设负载为纯电阻，求一次绕组电流和一次、二次绕组的功率。

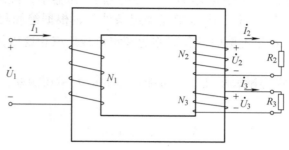

图 5-19 例 5-5 的图

【解】（1）二次绕组多于一个时，匝数比关系与只有一个时相同，因为磁路中主磁通相同，频率相等，所以有

$$\frac{N_1}{N_K} = \frac{U_1}{U_K} \quad 或 \quad N_K = \frac{U_K}{U_1} N_1 \quad (K = 2, 3, \cdots)$$

两个二次绕组的匝数为

$$N_2 = \frac{U_2}{U_1} N_1 = \frac{127}{380} \times 760匝 = 254匝$$

$$N_3 = \frac{U_3}{U_1} N_1 = \frac{36}{380} \times 760匝 = 72匝$$

（2）忽略空载电流，则有

$$\dot{I}_1 \dot{N}_1 + \dot{I}_2 \dot{N}_2 + \dot{I}_3 \dot{N}_3 = 0$$

因均系纯电阻性负载，故一次电流有效值为

$$I_1 = \frac{I_2 N_2 + I_3 N_3}{N_1} = \frac{2.14 \times 254 + 3 \times 72}{760}A \approx 1A$$

一次绕组功率为 $\qquad P_1 = I_1 U_1 = 1 \times 380W = 380W$

二次绕组功率为 $\qquad P_2 = I_2 U_2 = 2.14 \times 127W \approx 272W$

$$P_3 = I_3 U_3 = 3 \times 36W = 108W$$

$$P_2 + P_3 = (272 + 108)\text{W} = 380\text{W}$$

可见 $\qquad\qquad\qquad\qquad\qquad P_1 = P_2 + P_3$

5.4.2 变压器的额定值与运行特性

1. 变压器的额定值

变压器在规定的使用环境和运行条件下的主要技术数据称为额定值。额定值通常标在变压器的铭牌上，所以额定值也称为铭牌数据。

1）额定电压 U_{1N}/U_{2N}。额定电压 U_{1N} 是指变压器一次绕组应加的电压，U_{2N} 是指变压器输入端为额定电压时二次侧的空载电压。在三相变压器中，额定电压都是指线电压。

2）额定电流 I_{1N}/I_{2N}。额定电流指在规定条件下，根据绝缘材料容许的温度所确定的最大允许工作电流。额定电流时的负载称为额定负载。三相变压器的额定电流是指线电流值。

3）额定容量。额定容量表示变压器可能传递的最大视在功率，用 S_N 表示。对于单相变压器有

$$S_N = U_{2N}I_{2N} \approx U_{1N}I_{1N} \qquad\qquad （5\text{-}30）$$

对于三相变压器有

$$S_N = \sqrt{3}U_{2N}I_{2N} \approx \sqrt{3}U_{1N}I_{1N} \qquad\qquad （5\text{-}31）$$

4）额定温升。变压器额定运行时，其内部温度容许超出规定的环境温度（40℃）的数值。

除了上述项目之外，变压器的额定值还有相数 m（单相或三相）、冷却方式、效率等，都标注在变压器的铭牌上。

2. 变压器的外特性

变压器的外特性是指变压器一次绕组电压 U_1 为额定值时，$U_2 = f(I_2)$ 的关系曲线。变压器负载运行时，二次绕组电路的电压平衡方程式为

$$\dot{U}_2 = \dot{E}_2 + \dot{E}_{\sigma 2} - \dot{I}_2 R_2 = \dot{E}_2 - \dot{I}_2(R_2 + jX_{\sigma 2}) \qquad\qquad （5\text{-}32）$$

可见，当负载变化即二次绕组电流 I_2 变化时，二次绕组的阻抗电压降变化，从而会引起 U_2 的改变。图 5-20 中，电阻性负载（$\cos\varphi_2 = 1$）和感性负载（$\cos\varphi_2 < 1$）的外特性是下降的，端电压 U_2 随负载电流 I_2 的增大而降低。

变压器二次绕组电压 U_2 随负载电流 I_2 变化的程度通常用电压调整率（或称为电压变化率）来表示，当一次绕组加额定电压，$\cos\varphi_2$ 一定时，定义为

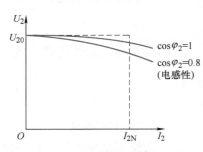

图 5-20　变压器的外特性曲线

$$\Delta U\% = \frac{(U_{20} - U_2)}{U_{20}} \times 100\% \qquad (5\text{-}33)$$

式中，U_{20} 为二次绕组空载电压；U_2 是二次绕组电流为额定值时的端电压。

为了满足不同负载的特性要求，不同作用的变压器希望具有不同的外特性。例如，照明变压器应当有一条较为平直的外特性；但是有些负载则要求变压器具有下垂的外特性，如电焊设备用的变压器。一般电力变压器的电压变化率平均为 3% ~ 5%。

3. 变压器的损耗和效率

变压器的损耗包括铁损耗 P_{Fe} 和铜损耗 P_{Cu} 两部分，统称为变压器的有功功率损耗。铁损耗是交变的主磁通在铁心中产生的磁滞损耗 P_h 和涡流损耗 P_e 之和，即

$$P_{Fe} = P_h + P_e \qquad (5\text{-}34)$$

变压器在运行时，虽然它的负载经常在变化，但由于一次绕组电压 U_1 和频率 f 都不变，由 $U_1 \approx E_1 = 4.44 N_1 \Phi_m$ 可知，主磁通 Φ_m 基本不变，所以铁损耗也基本上保持不变，因此，铁损耗又称为不变损耗。铜损耗是一次、二次绕组电流流过其绕组时在电阻上产生的损耗之和，即

$$P_{Cu} = P_{Cu1} + P_{Cu2} = I_1^2 R_1 + I_2^2 R_2 \qquad (5\text{-}35)$$

当负载变化时，铜损耗将发生变化，故铜损耗又称为可变损耗。

变压器的效率是指输出功率 P_2 与输入功率 P_1 的百分比，即

$$\eta = \frac{P_2}{P_1} \times 100\% = \frac{P_2}{P_2 + p_{Fe} + p_{Cu}} \times 100\% \qquad (5\text{-}36)$$

图 5-21 所示是变压器的效率 η 与二次绕组电流 I_2 的典型关系曲线，称为变压器的效率特性。

通常变压器的损耗很小，故效率很高，小功率变压器的效率为 70% ~ 82%，一般变压器的效率在 85% 左右，大型变压器的效率可达 98% ~ 99%。

【例 5-6】 某单相变压器，额定值为 10kV·A，6000V/230V。满载时铜损耗 $P_{Cu} = 740W$，铁损耗 $P_{Fe} = 400W$。负载为荧光灯，每只额定值为 220V，48W，$\cos\varphi_2 = 0.51$，满载时二次电压 $U_2 = 220V$。试求：（1）满载时荧光灯的数目；（2）二次绕组输出功率；（3）一次绕组额定电流和输入功率。

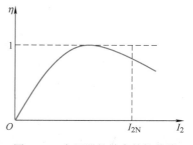

图 5-21　变压器的效率特性曲线

【解】（1）每只灯的额定电流为 $I_{dN} = \dfrac{P_N}{U_N \cos\varphi_2} = \dfrac{48}{220 \times 0.51} A \approx 0.428A$

变压器二次绕组电流的额定值为

$$I_2 = I_{2N} = \frac{S_N}{U_{2N}} = \frac{10\,000}{230}A \approx 43.5A$$

满载时灯的数目为

$$x = \frac{I_{2N}}{I_{dN}} = \frac{43.5}{0.428} = 101.6，取为 101 只$$

（2）二次侧输出功率为 $P_2 = xU_2 I_2 \cos\varphi_2 = 101 \times 220 \times 0.428 \times 0.51 W \approx 4850.2W$

（3）一次绕组额定电流为 $I_{1N} = \frac{I_{2N}}{K} = 43.5 \times \frac{230}{6000}A \approx 1.67A$

一次绕组输入功率为 $P_1 = P_2 + P_{Fe} + P_{Cu} = (4850.2 + 740 + 400)W = 5990.2W$

【例 5-7】一台变压器的额定容量 $S_N = 10kV \cdot A$，额定电压 3300V/220V，欲在二次侧接 40W、220V 的白炽灯，设变压器在额定情况下运行。试求：（1）能接白炽灯的盏数，并求 I_{1N}、I_{2N}；（2）可接多少盏 40W，$\cos\varphi = 0.85$ 的荧光灯？

【解】（1）一次和二次绕组额定电流为

$$I_{2N} = \frac{S_N}{U_{2N}} = \frac{10 \times 10^3}{220}A \approx 45.45A$$

$$I_{1N} = \frac{I_{2N}}{K} = 45.45 \times \frac{1}{\frac{3300}{220}}A \approx 3.03A$$

能接白炽灯的数目为

$$x = \frac{I_{2N}}{\frac{P_{2N}}{U_{2N}}} = \frac{45.45}{\frac{40}{220}} \approx 249.9，取249盏$$

（2）由于 $\cos\varphi = \frac{P_N}{S_N}$，所以 $P_N = S_N \cos\varphi$，荧光灯的盏数为

$$x = \frac{P_N}{P_L} = \frac{S\cos\varphi}{40} = \frac{10 \times 10^3 \times 0.85}{40} = 212.5，取212盏$$

【练习与思考】

5.4.1 一台单相变压器的额定容量为 50kV·A，额定电压为 10kV / 230V，满载时二次电压为 220V，空载电流为额定电流的 3%。则变压器的一次额定电流、二次额定电流、空载电流和电压调整率各为多少？

5.4.2 有人在修理变压器时为节省材料，将变压器一次、二次绕组的匝数均减少了一半，修理后的变压器能否在修理前变压器的额定电压下正常工作，为什么？

5.4.3 变压器的额定电压为 220V/110V，如果不慎将低压绕组接到 220V 电源上，试问励磁电流有何变化？后果如何？

*5.4.3　其他用途的变压器

1. 自耦变压器

一、二次共用一个绕组的变压器，称为自耦变压器，如图 5-22 所示。自耦变压器的基本原理与普通双绕组变压器相同。若设自耦变压器的变比为 K，则

$$\frac{U_1}{U_2} \approx \frac{E_1}{E_2} = \frac{N_1}{N_2} = K, \quad \frac{I_1}{I_2} \approx \frac{N_1}{N_2} = \frac{1}{K}$$

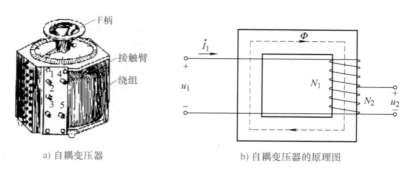

a) 自耦变压器　　　　　　　　b) 自耦变压器的原理图

图 5-22　自耦变压器

自耦变压器由于是单绕组变压器，一次、二次绕组之间既有磁的联系，也有电的联系，这是与普通双绕组变压器不同之处，在使用中要切实注意。自耦变压器仅用于变比不大的情况，一般为 1.5 ~ 2，以免一次、二次绕组共同部分断线，高电压窜入低压电路，造成危险事故。通常用在实验室中，为了能平滑地变换电压，经常采用一种电压连续可调的自耦变压器，又称为自耦调压器。

2. 仪用互感器

与仪表配合进行高压电、大电流测量的专用变压器称为仪用互感器。采用仪用互感器的目的是使测量回路、控制回路和继电保护回路与高压电网相隔离，以保护工作人员和仪表设备的安全；在自动控制和继电保护装置中用于提取交流电流和电压信号；扩大仪表量程，测量大电流和高电压；使测量电压和电流的仪表量程标准化。通常电压互感器的二次电压规定为 100V，电流互感器的二次绕阻电流规定为 5A 和 1A。

1）电压互感器原理图如图 5-23a 所示。电压互感器的一次绕组并联在待测量的电路上，二次绕组接入的是仪表。它的一次绕组匝数大于二次绕组。由于电压表的内阻抗很大，所以电压互感器的运行情况类似普通变压器的空载运行。

为了正确、安全地使用电压互感器，应注意：互感器二次绕组的一端、铁心及外壳必须可靠接地，以防止出现危及测量人员的漏电事故发生。此外，由于互感器的短路阻抗很小，在使用时，要严防二次绕组短路。

2）电流互感器原理图如图 5-23b 所示。电流互感器的一次绕组一般只有一匝或少数几匝，且导线较粗。使用时，其一次绕组和待测电路相串联，二次绕组与电流表或功率表的电流线圈相接，因此电流互感器运行时，相当于变压器的短路工作状态。通常电流互感器的励磁电流 I_0 极小。电流互感器在使用时决不允许二次绕组开路。这是因为电流互感器正常运行时，一、二次绕组的磁动势互相平衡，主磁通很小。二次绕组一旦开路，二

次绕组磁动势为零，而一次绕组电流 I_1 仅由被测负载所决定，与二次绕组情况无关。此时，一次绕组的磁动势全部用于励磁，主磁通急剧增加达到饱和状态，因此二次绕组将感应出很高的电压，危及仪表和操作人员的安全。同时，铁损耗剧增，会使互感器过热以致损坏。

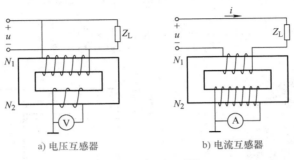

a) 电压互感器   b) 电流互感器

图 5-23 仪用互感器

本章小结

1. 在电气设备中，为了得到较强的磁场，常采用铁磁材料制成一定形状的铁心，使磁场集中分布于由铁心构成的闭合路径内，形成磁路。磁性材料的主要性能是高导磁性、磁饱和性和磁滞特性。

2. 磁路欧姆定律 $\Phi = NI / R_\mathrm{m} = F_\mathrm{m} / R_\mathrm{m}$ 是磁路的基本定律，它描述了磁通、磁动势和磁阻之间的关系。磁性材料的磁导率不是常数，使得电磁设备的磁路是非线性的，即其 B—H 或 Φ—I 关系为非线性特性。

3. 铁心线圈根据电源的不同，分为直流铁心线圈和交流铁心线圈，它们具有不同的工作特性。直流铁心线圈电流 $I = U / R$，当 U 一定时，电流恒定，磁路具有恒磁动势特性。交流铁心线圈的磁通与电源电压之间的关系为 $U \approx E = 4.44 fN\Phi_\mathrm{m}$，磁路具有恒磁通特性，功率损耗包含铜损耗和铁损耗两部分，铁损耗是由磁滞和涡流引起的。

4. 变压器是利用电磁感应原理传输电能或信号的静止设备。变压器具有变换电压、变换电流和变换阻抗的作用，即

$$\frac{U_1}{U_2} \approx \frac{N_1}{N_2} = K, \quad \frac{I_1}{I_2} \approx \frac{N_2}{N_1} = \frac{1}{K}, \quad Z_\mathrm{L}' \approx \left(\frac{N_1}{N_2}\right)^2 Z_\mathrm{L} = K^2 Z_\mathrm{L}$$

5. 变压器在使用时要遵循其额定值的要求。变压器的额定容量由下式确定，即

$$S_\mathrm{N} = U_{2\mathrm{N}} I_{2\mathrm{N}} \approx U_{1\mathrm{N}} I_{1\mathrm{N}}$$

变压器的外特性和电压调整率（即电压变化率）是评价变压器供电质量的重要指标。外特性反映了二次电压和二次电流的关系，电压调整率表明了变压器负载运行时二次电压的稳定性。

变压器的损耗包括铜损耗和铁损耗，因此输出功率 P_2 小于输入功率 P_1。变压器的效率由下式确定，即

$$\eta = \frac{P_2}{P_1} \times 100\% = \frac{P_2}{P_2 + P_{\mathrm{Fe}} + P_{\mathrm{Cu}}} \times 100\%$$

6. 电磁铁是利用通电线圈在铁心里产生磁场，从而产生电磁吸力吸引衔铁工作的一种电器。直流电磁铁在吸合过程中吸力随着空气隙的由大变小而由小变大。交流电磁铁在吸合过程中平均吸力保持不变，励磁电流有效值减小。

基本概念自检题 5

以下各小题为选择题，请将唯一正确答案或选项填入空白处。

1. 当某一磁路中空气隙增大时，则该磁路的磁阻将_____。

a. 增加　　　　　　b. 减小　　　　　　c. 不变

2. 当某一磁路的磁动势一定，磁路空气隙增大时，则该磁路的磁通_____。

a. 增加　　　　　　b. 减小　　　　　　c. 不变

3. 交流铁心线圈电路在电源电压不变的情况下，增加线圈匝数，则铁心中的磁通_____。

a. 增加　　　　　　b. 减小　　　　　　c. 不变

4. 将 220V 的继电器（直流铁心线圈）接在同样电压值的交流电源上使用，结果_____。

a. 电流过大，烧坏线圈　　　　　b. 电流过小，吸力不足，铁心发热

c. 没有影响，照常使用

5. 将交流 220V 的继电器接在同样电压值的直流电源上使用，结果_____。

a. 电流过大，烧坏线圈　　　　　b. 电流过小，吸力不足，铁心发热

c. 没有影响，照常使用

6. 直流铁心线圈电路消耗的有功功率为_____。

a. 铁损耗　　　　b. 铜损耗　　　　c. 铁损耗和铜损耗

7. 交流铁心线圈电路消耗的有功功率为_____。

a. 铁损耗　　　　b. 铜损耗　　　　c. 铁损耗和铜损耗

8. 变压器工作在额定状态下，其输出有功功率 P 的大小取决于_____。

a. 负载阻抗大小　　b. 负载功率因数 $\cos\varphi$ 大小

c. 电源电压大小

习 题 5

1. 有一铁心线圈，试分析铁心中的磁感应强度、线圈中的电流和铜损耗 I^2R 在下列几种情况下将如何变化。

（1）直流励磁——铁心截面积加倍，线圈的电阻、匝数和电源电压保持不变；

（2）交流励磁——线圈匝数加倍，线圈的电阻和电源电压保持不变；

（3）交流励磁——电源频率减半，电源电压的大小保持不变。

假设上述情况的工作点在磁化曲线的直线段上。在交流励磁的情况下，设电源电压与感应电动势在数值上近似相等，且忽略磁滞和涡流影响。铁心是闭合的，截面均匀。

2. 有一线圈，匝数 $N=1000$，绕在由钢制成的闭合铁心上，铁心的截面积 $S_{\mathrm{Fe}}=20\mathrm{cm}^2$，铁心的平均长度 $l_{\mathrm{Fe}}=50\mathrm{cm}$，如果在铁心中产生磁通 $\varphi=0.002\mathrm{Wb}$，试问线圈中应通入多大直流电流？

3. 将一铁心线圈接在电压 $U = 100V$ 、频率 $f = 50Hz$ 的正弦交流电源上，其电流 $I_1 = 5A$ ，$\cos\varphi_1 = 0.7$ 。若将此线圈中铁心抽出，再接于上述电源上，则线圈中电流 $I_2 = 10A$ ，$\cos\varphi_2 = 0.05$ 。试求：

（1）此线圈在插入铁心时的铜损耗和铁损耗；

（2）铁心线圈等效电路的参数（R ，$X_\sigma = 0$ ，R_m 及 X_m ）。

4. 将一铁心线圈接在电压 $U_1 = 20V$ 的直流电源上，测量电流 $I_1 = 10A$ 。然后接在 $U_2 = 200V$ ，频率 $f = 50Hz$ 的正弦交流电源上，测得电流 $I_2 = 2.5A$ ，$P_2 = 300W$ ，试求线圈的铜损耗和铁损耗及功率因数。

5. 有一台额定容量 2kV·A ，额定电压 380V/110V 的单相变压器。试求：

（1）一次侧和二次侧的额定电流；

（2）若负载为 110V 、15W 的灯泡，问接多少盏能达到满载运行；

（3）若改接 110V 、15W 、$\cos\varphi = 0.8$ 的小型电动机，问满载运行可接几台？

6. 已知某单相变压器 $S_N = 50kV·A$ ，$U_{1N}/U_{2N} = 6600V/230V$ ，铁损耗为 500W ，满载铜损耗为 1450W 。向功率因数为 0.85 的负载供电时，满载时的二次电压为 220V 。试求：

（1）一次侧和二次侧的额定电流；

（2）电压变化率；

（3）满载时的效率。

7. 某单相变压器 $S_N = 45kV·A$ ，$U_{1N}/U_{2N} = 6600V/220V$ ，若忽略电压变化率和空载电流。试求：

（1）负载是 220V 、40W 及功率因数为 0.5 的 440 盏荧光灯时，变压器一、二次绕组的电流是多少？

（2）上述负载是否使变压器满载？若未满载，还能接入多少盏 220V 、40W 及功率因数为 1 的白炽灯？

8. 图 5-24 所示为一台电源变压器，一次绕组匝数 $N_1 = 550$ ，电压 $U_1 = 220V$ 。它有两个二次绕组，一个电压 36V ，负载 36W ；另一个电压 12V ，负载 24W （均为纯电阻负载）。求：一次绕组电流 I_1 、二次绕组两个线圈的匝数 N_2 和 N_3 ，并标出 N_1 、N_2 和 N_3 的同极性端。

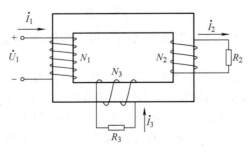

图 5-24　题 8 的图

9. 某单相变压器，用实验方法测得，空载时 $U_1 = 220V$ ，$U_{20} = 36V$ ；损耗 $\Delta P = 60W$ ；负载后 $U_1 = 220V$ ，$U_2 = 34V$ ，$\Delta P = 180W$ ，负载功率因数 $\cos\varphi_2 = 0.7$ 。试求：

（1）变压器的变比；

（2）若容量为 5kV·A，一次侧和二次的额定电流；

（3）变压器的铜损耗和和铁损耗；

（4）变压器满载时的效率。

10. 某收音机的输出变压器，一次绕组的匝数为 230，二次绕组的匝数为 80，原配接 8Ω 的扬声器，现改用 4Ω 的扬声器。问二次绕组的匝数应改为多少？

11. 已知信号源电压 $U_S = 10V$，内阻 $R_0 = 560\Omega$，负载电阻 $R_L = 8\Omega$。今在信号源和负载之间接入一变压器，以使负载获得最大功率。试求：

（1）变压器的变比；

（2）一次侧和二次侧的电流和电压；

（3）负载获得的功率；

（4）若将负载直接接在信号源上，再求负载获得的功率，并与（3）的结果比较。

第 *6* 章

电动机

【内容导图】

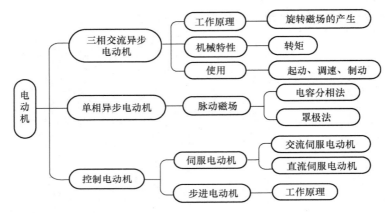

【教学要求】

知识点	相关知识	教学要求
三相交流异步电动机	电动机的结构与工作原理	理解
	电动机的机械特性	掌握
	三相交流异步电动机的使用	掌握
单相异步电动机	单相异步电动机的工作原理	理解
直流电动机	直流电动机的结构、工作原理	理解
	直流电动机的机械特性及使用	了解
控制电动机	步进电动机的工作原理	掌握
	交流伺服电动机的工作原理	理解
	直流伺服电动机的工作原理	理解
电动机的选择	种类与结构	掌握
	参数和工作方式	掌握

【项目引例】

电机是实现能量转换和信号传递的电磁装置。其中，将其他形式的能量转换为电能的称为发电机，将电能转换为机械能的称为电动机。

电动机的应用非常广泛，遍及工业、农业、汽车电子、航空航天、信息处理、日常生活的各个领域。各种家用电器，如洗衣机、冰箱、空调、吹风机等。家用风扇利用电动机驱动转轴，带动风扇叶片旋转，达到改善空气流动的目的；电梯、电动自行车等都由电动机驱动。为了实现家用电器的智能化、网络化等特点，对电动机提出了更多要求，例如目前流行的高效节能变频空调和冰箱，采用高效永磁无刷直流电动机驱动其压缩机及风扇。在工业生产中，例如数控加工中心、智能制造生产线、工业机器人等领域，要求速度控制、位置控制的场合，特种电动机的应用越来越重要。

由于电动机应用广泛、种类繁多、性能各异，分类方法也很多。根据输入电压、电流的特点，电动机可分为交流电动机和直流电动机两大类。交流电动机又分为异步电动机和同步电动机两种，每种又有三相和单相之分，其中应用最普遍的是三相交流异步电动机。根据用途，电动机可分为控制电动机、功率电动机、信号电动机三大类。本章主要介绍异步电动机、直流电动机，以及常用控制电动机的工作原理和使用方法。

6.1　三相交流异步电动机的结构

三相交流异步电动机由定子和转子两部分组成。图 6-1 所示为小型封闭式风扇自冷式三相笼型异步电动机的结构图。

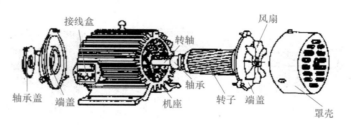

拓展阅读

图 6-1　三相笼型异步电动机的结构图

定子是电动机固定不动的部分，转子是电动机旋转的部分。

三相交流异步电动机的定子部分主要由定子铁心、定子绕组和机座等组成。机座用铸铁或铸钢浇铸而成。定子铁心由彼此绝缘的硅钢片叠成圆桶形，固定在机座里面。定子铁心硅钢片内壁有间隔均匀的槽，槽内对称嵌放着用绝缘导线绕制而成的三相定子绕组。一般中、小容量低电压的异步电动机，通常把三相绕组的首、末端 U_1、U_2，V_1、V_2，W_1、W_2 分别引到电动机出线盒的接线柱上，如图 6-2a 所示，在电动机外部根据需要把它接成三角形（△）或星形（丫），分别如图 6-2c、图 6-2d 所示。

知识点解析

三相交流异步电动机的转子是由转子铁心、转子绕组和转轴组成的。转子铁心也是磁路的一部分，一般由钢硅片叠成，铁心固定在转轴上或转子支架上。异步电动机的转子结构按绕组形式可分为笼型和绕线转子两种。

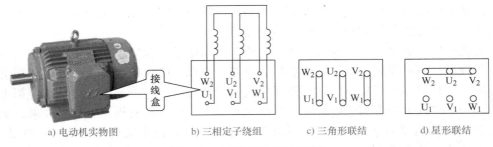

a) 电动机实物图　　　　b) 三相定子绕组　　　　c) 三角形联结　　　　d) 星形联结

图 6-2　三相定子绕组及连接法

　　笼型异步电动机的转子绕组是由嵌放在转子铁心槽内的导条组成的，如图 6-3 所示。在转子铁心的两端各有一个导电端环，把所有导条伸出槽外的部分都连接起来，形成了短接的回路。去掉转子铁心时，转子绕组的形状就像一个鼠笼子，所以称为笼型转子。对于中、小型电动机笼型转子一般采用铸铝，将导条、端环和风叶一次铸成，其结构简单，制造方便。

　　绕线转子异步电动机的转子绕组与定子绕组一样也是三相绕组，各相绕组的一端连接在一起，形成星形，另一端分别与转轴上的三个彼此绝缘的滑环相连接，再用一套电刷引出来，如图 6-4 所示，这样可以把外接电阻串联到转子绕组回路里，以达到改善电动机运行特性的目的。

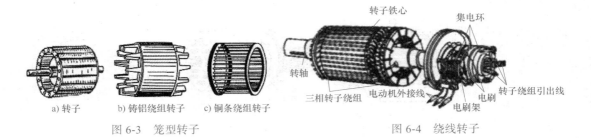

a) 转子　　　b) 铸铝绕组转子　　　c) 铜条绕组转子

图 6-3　笼型转子　　　　　　　　　　　　　图 6-4　绕线转子

6.2　三相交流异步电动机的工作原理

6.2.1　旋转磁场

知识点解析

　　三相交流异步电动机的基本工作原理是基于电磁感应的作用，当定子绕组与三相电源接通时，在电动机中产生一个空间旋转的磁场，这种在空间旋转的磁场称为旋转磁场。首先分析三相交流异步电动机旋转磁场的产生。

　　三相交流异步电动机的三相对称定子绕组接成星形后接入三相电源，U_1U_2、V_1V_2、W_1W_2 绕组内分别通入三相对称电流 i_A、i_B、i_C，如图 6-5 所示。

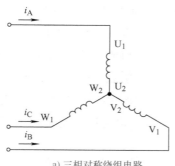
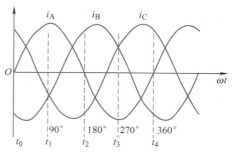

a) 三相对称绕组电路　　　　　　　　b) 三相对称电流波形

图 6-5　三相对称绕组中通入三相对称电流

为了分析方便，规定当电流为正值时，电流从绕组的首端 U_1、V_1、W_1 流入，从末端 U_2、V_2、W_2 流出；当电流为负值时，则电流由末端 U_2、V_2、W_2 流入，从首端 U_1、V_1、W_1 流出。当绕组中通入电流时，就会在定、转子铁心和气隙中产生磁场，下面分析在电流变化一个周期内产生合成磁场的情况，如图 6-6 所示。笼型异步电动机的转子绕组是由嵌放在转子铁心槽内的导条组成的。

当 $t = t_0 = 0$ 时，定子各绕组中电流的方向如图 6-6a 所示。电流 $i_A = 0$。i_B 为负值，从 W_2 端流入（用符号 $\otimes$ 表示），从 W_1 端流出（用符号 $\odot$ 表示）。i_C 为正值，即自 V_1 流入，从 V_2 流出。绕组中通入电流后，应用右手螺旋定则可知在三个绕组通电后，t_0 时刻所产生的合成磁场形成一对磁极，上端为 S 极，下端为 N 极（对定子而言）。

当 $t = t_1$ 时，电流 i_A 为正，$i_B = i_C$ 均为负。i_A 从 U_1 端流入，从 U_2 端流出；i_B 从 W_2 端流入，W_1 端流出；i_C 从 V_2 端流入，V_1 端流出，这时三相绕组的电流所产生的合成磁场仍形成一对磁极，如图 6-6b 所示。但此时的磁极在空间的位置与 $t = 0$ 的位置不同，从 $t = 0$ 到 $t = t_1$ 这段时间内磁场在电动机定子空间逆时针转过了 $90°$。

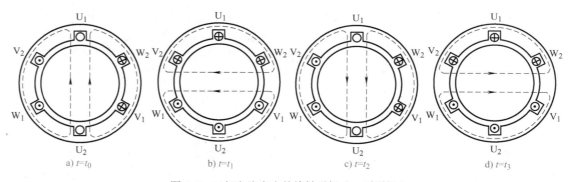

a) $t = t_0$　　　　b) $t = t_1$　　　　c) $t = t_2$　　　　d) $t = t_3$

图 6-6　三相电流产生的旋转磁场（一对磁极）

同理可以画出 $t = t_2$、t_3 时电动机定子空间内合成磁场的情况，如图 6-6c 和图 6-6d 所示。注意不同时刻，合成磁场在空间的位置则不同。

当 $t = t_4$ 时，电动机定子绕组中电流的情况与 $t = t_0 = 0$ 时完全相同，当然定子空间的合成磁场的情况也应与 $t = t_0$ 时相同。

由以上分析可知，当异步电动机的定子绕组接入三相电源后，对称三

知识点解析

相电流产生的合成磁场是一个旋转磁场。旋转磁场有一对磁极，即磁极对数 $p = 1$。

从图 6-5 和图 6-6 可以看出，旋转磁场是由 U、W、V 三相绕组中通入三相电流 i_A、i_B、i_C 产生的。旋转磁场的旋转方向是顺时针方向，即与通入定子绕组三相电流的相序 A→B→C 一致。如果把三相绕组接至三相电源的三根引线中任意两根对调，例如把 i_B 通入 W 相绕组，把 i_C 通入 V 相绕组，i_A 不变仍通入 U 相绕组。同样按照上述方法分析可以证明，此时旋转磁场的旋转方向将按逆时针方向旋转，仍与通入定子绕组三相电流的相序一致。

由此可以得出，三相异步电动机旋转磁场的旋转方向与通入定子绕组三相电流的相序一致。

对图 6-6 进一步分析，还可以证明当 $p = 1$ 时，定子绕组的三相电流变化一个周期时，旋转磁场恰好旋转了一圈。如果电流的频率为 f_1，则旋转磁场的转速 $n_1 = 60 f_1$。

三相异步电动机旋转磁场的转速与电动机定子三相绕组在定子槽内放置的位置及连接的方式有关。定子绕组在空间的位置及连接方式不同，磁场的转速将不同。

图 6-7 中，将每相绕组都改用两个线圈串联组成，各相绕组由原来在空间互差 120° 而缩小为 60°，通入三相电流后所形成的合成磁场为 4 极，即磁极对数 $p = 2$。这时当电流变化 1 个周期时，旋转磁场只转过半圈。因此当磁极对数 $p = 2$ 时，旋转磁场的转速 $n_1 = 60 f_1 / 2$。依次类推，如果旋转磁场具有 p 对磁极，则电动机旋转磁场的转速为

$$n_1 = \frac{60 f_1}{p} \tag{6-1}$$

式中，磁场转速 n_1 又称为同步转速，单位为 r/min（转/分）。

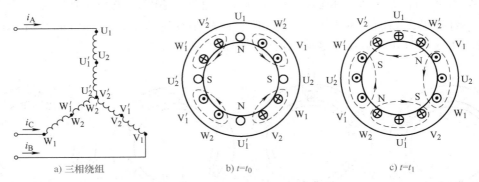

a) 三相绕组　　　　　　b) $t = t_0$　　　　　　c) $t = t_1$

图 6-7　三相电流产生的旋转磁场（两对磁极）

由式（6-1）可知，电动机旋转磁场的转速取决于电流频率 f_1 和磁场的极对数 p，而后者又取决于三相绕组的安排情况。对于某一电动机讲，f_1 和 p 通常是一定的，所以磁场转速 n_1 是个常数。在交流电的频率 $f_1 = 50$Hz 时，电动机的同步转速 n_1 与磁极对数 p 的关系见表 6-1。

表 6-1　电动机的同步转速 n_1 与磁极对数 p 的关系

磁极对数 p	1	2	3	4	5	…
同步转速 n_1 /（r/min）	3000	1500	1000	750	600	…

6.2.2　工作原理

图 6-8 所示是三相异步电动机工作原理示意图。设定子三相绕组中通有三相电流，则定子内部产生了一个方向为逆时针、转速为 n_1 的旋转磁场。若电动机的转子原来是静止的（即电动机的转速 $n = 0$），则转子导体与旋转磁场间存在着相对运动，因而在转子导体中产生感应电动势。由于转子绕组是闭合的，于是感应电动势在转子导体中产生感应电流，其方向用右手定则确定。另外，载流导体在磁场中也会受到力的作用，其方向可按左手定则确定，如图 6-8 中 F 所示。电磁力 F 作用在转子上从而形成电磁转

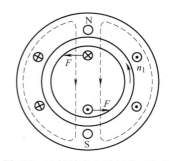

图 6-8　三相异步电动机的工作原理示意图

矩，促使转子按旋转磁场的旋转方向转动起来。异步电动机的定子与转子间只有磁的耦合而无电的联系，能量的传递正是依靠这种电磁感应作用的，所以异步电动机亦被称为感应电动机。

如果电动机的转向（即转子的转向）与旋转磁场的转向一致，那么电动机的转速 n（即转子的转速）与旋转磁场的转速 n_1（即同步转速）有什么关系呢？在异步电动机中，转子的转速 n 总是略小于同步转速 n_1。这是因为如果两者相等（即 $n = n_1$），则转子与旋转磁场之间就不存在相对运动，转子导体中便不会产生感应电动势和电流，也就不存在电磁转矩，转子也就失去了转动的动力。故 n 与 n_1 必须有差别，这就是异步电动机名称的由来。为了衡量电动机转速 n 与同步转速 n_1 相差的程度，引入转差率 s，即

$$s = \frac{n_1 - n}{n_1} \qquad (6\text{-}2)$$

转差率 s 是分析异步电动机运行特性时的一个重要参数。转子转速越高，越接近同步转速，则转差率越小。例如，电动机还没有转动起来时 $n = 0$，这时 $s = 1$，一般异步电动机在额定负载下的转差率 s 在 0.01 ～ 0.06 之间，特殊的高转差率电动机的转差率可以在 0.07 以上。

【例 6-1】一台三相交流异步电动机的额定转速 $n_N = 2940\text{r}/\text{min}$，电源频率 $f_1 = 50\text{Hz}$，求其额定转差率 s_N 和磁极对数 p。

【解】因为异步电动机的额定转速 n 总是略低于同步转速 n_N，而电源频率 $f_1 = 50\text{Hz}$ 时，$n_1 = 60 \times 50 / P$，略高于额定转速 n 的同步转速 n_1 只能是 $3000\text{r}/\text{min}$，所以磁极对数 $p=1$，额定转差率为

$$s_N = \frac{n_1 - n}{n_1} \times 100\% = \frac{3000 - 2940}{3000} \times 100\% = 2\%$$

6.2.3　电路分析

由上述分析说明，异步电动机的定子绕组和转子绕组之间能量的传递依靠电磁感应作用，这与变压器的电磁关系类似。从电磁关系看，异步电动机的定子绕组相当于变压器的一次绕组，从电源取用功率和电流。而转子绕组则相当于变压器的二次绕组，通过电磁感

应产生感应电动势和电流。由于转子绕组是被短接的，所以异步电动机的定子绕组和转子绕组电路相当于变压器二次绕组短路的状态。因此，当电动机的定子绕组通入三相交流电流时，定子电流产生旋转磁场，其磁通通过定子和转子铁心而闭合。同样，在电动机的定子绕组和转子绕组中都会产生感应电动势，三相异步电动机的每相电路示意图如图 6-9 所示。

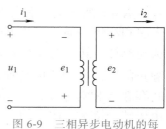

图 6-9 三相异步电动机的每相电路示意图

在异步电动机中，旋转磁场切割定子绕组产生的感应电动势，即

$$E_1 = 4.44 f_1 N_1 \Phi_m \approx U_1 \qquad (6\text{-}3)$$

式中，Φ_m 为旋转磁场每极磁通；f_1 为定子每相绕组中感应电动势的频率；U_1 为定子绕组的相电压。旋转磁场通过转子绕组产生的感应电动势为

$$E_2 = 4.44 f_2 N_2 \Phi_m \qquad (6\text{-}4)$$

式中，f_2 为转子电流频率。异步电动机中转子与定子是相对运动的，所以转子电流频率与转差率有关，旋转磁场是以转差 $\Delta n = (n_1 - n)$ 的速度切割转子绕组，所以有

$$f_2 = \frac{p(n_1 - n)}{60} = \frac{n_1 - n}{n_1} \frac{p n_1}{60} = s f_1 \qquad (6\text{-}5)$$

由于转子电路的每相等效电抗为

$$X_2 = 2\pi f_2 L_2 = 2\pi s f_1 L_2 \qquad (6\text{-}6)$$

于是可得转子绕组中的电流和转子电路的功率因数分别为

$$I_2 = \frac{E_2}{\sqrt{R_2^2 + X_2^2}} = \frac{s E_{20}}{\sqrt{R_2^2 + (s X_{20})^2}} \qquad (6\text{-}7)$$

$$\cos \varphi_2 = \frac{R_2}{\sqrt{R_2^2 + X_2^2}} = \frac{R_2}{\sqrt{R_2^2 + (s X_{20})^2}} \qquad (6\text{-}8)$$

式中，X_{20} 为转子静止时的等效电抗；$E_{20} = 4.44 N_2 f_1 \Phi_m$ 是转子静止时转子绕组的感应电动势。可见，异步电动机转子电路的有关参数，如 X_2、E_2、I_2、$\cos \varphi_2$ 都与转差率 s 有关，即异步电动机的转子在电磁转矩的驱动下是旋转的，也就是与转速 n 有关。这是异步电动机区别于变压器的最大特点。

【例 6-2】一台异步电动机，额定转速 $n_N = 1450\text{r/min}$，转子电阻 $R_2 = 0.02\Omega$，感抗 $X_{20} = 0.08\Omega$，感应电动势 $E_{20} = 20\text{V}$，电源频率 $f_1 = 50\text{Hz}$，试求：（1）电动机起动时转子电路电流；（2）额定转速时转子电路电流。

【解】（1）由式（6-7）可知转子电路电流为

$$I_2 = \frac{s E_{20}}{\sqrt{R_2^2 + (s X_{20})^2}}$$

电动机起动时 $s=1$ ，此时转子电路电流为

$$I_{2S} = \frac{E_{20}}{\sqrt{R_2^2 + X_{20}^2}} = \frac{20}{\sqrt{(0.02)^2 + (0.08)^2}} \text{A} \approx 242.4\text{A}$$

（2）由于额定转速 $n_N = 1450\text{r/min}$ ，所以极对数 $p=2$ ，同步转速为

$$n_1 = \frac{60f_1}{p} = \frac{60 \times 50}{2}\text{r/min} = 1500\text{r/min}$$

额定转差率为
$$s_N = \frac{n_1 - n}{n_1} \times 100\% = \frac{1500 - 1450}{1500} \times 100\% \approx 3.3\%$$

在额定转速时的转子电路电流为

$$I_{2N} = \frac{s_N E_{20}}{\sqrt{R_2^2 + (s_N X_{20})^2}} = \frac{0.033 \times 20}{\sqrt{(0.02)^2 + (0.04 \times 0.08)^2}} \text{A} \approx 32.6\text{A}$$

由上述结果可以看出，电动机起动时的电流约为额定电流的 7 倍。

【练习与思考】

6.2.1 三相异步电动机中的旋转磁场是怎样产生的？其转向取决于什么？电源频率一定，磁极数增加时，旋转磁场的转速如何变化？

6.2.2 为什么三相异步电动机的转子转速小于同步转速？两者能否相等？

6.2.3 三相异步电动机在正常运行时，如果电源电压下降，电动机的定子电流和转速如何变化？

6.2.4 某人在修理三相异步电动机时把转子抽掉，而在定子绕组上加三相额定电压，这会产生什么后果？为什么？

6.3 三相交流异步电动机的电磁转矩和机械特性

6.3.1 电磁转矩

所谓三相交流异步电动机的电磁转矩（以下简称转矩），是指转子中各个载流导体在旋转磁场的作用下受到的电磁力对于转轴所形成的转矩之和，它是由转子电流和旋转磁场相互作用而产生的，可以证明，转矩 T 为

$$T = C_T \Phi_m I_2 \cos\varphi_2 \tag{6-9}$$

由式（6-9）看出，异步电动机的转矩 T 与旋转磁场每极磁通 Φ_m、转子电流 I_2 及转子功率因数 $\cos\varphi_2$ 成正比。将式（6-3）、式（6-7）、式（6-8）代入式（6-9）整理后得

$$T = K_T \frac{sR_2 U_1^2}{R_2^2 + (sX_{20})^2} \tag{6-10}$$

式中，K_T 为常数；R_2 为电动机转子电路每相绕组的电阻；X_{20} 为电动机转子静止时的等

效电抗；U_1 为定子绕组的相电压。

由式（6-10）可知，电磁转矩 T 和 U_1、s、R_2、X_{20} 有关。当电压一定时，电磁转矩 T 是转差率的函数。在电动机转子参数一定时，$T \propto U_1^2$，所以电源电压的波动对异步电动机的性能影响很大。此外，转矩 T 还受转子电阻 R_2 的影响。

6.3.2　机械特性

三相交流异步电动机的转矩 T 与转差率 s 的关系可用图 6-10 所示的曲线表示，即转矩特性曲线 $T = f(s)$，转速 n 与转矩 T 的关系称为机械特性，如图 6-11 所示。

依据三相交流异步电动机的转矩特性和机械特性，主要分析以下几个主要的转矩特点及电动机的稳定运行情况。

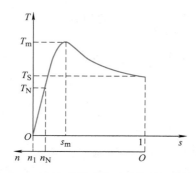

图 6-10　三相交流异步电动机的转矩特性曲线

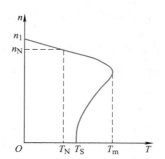

图 6-11　三相交流异步电动机的机械特性曲线

1. 额定转矩 T_N

电动机在额定电压下，输出功率达到额定值时的转矩称为额定转矩。运行时，电动机的电磁转矩 T 与负载转矩 T_2 和损耗转矩 T_0 相平衡，即有 $T = T_2 + T_0$。

由于 T_0 较小，将其忽略，则

$$T = T_2 + T_0 \approx T_2 = \frac{P_2}{2\pi n / 60}$$

式中，P_2 为电动机的输出功率，单位为 W；n 为电动机的转速，单位为 r/min；T 为转矩，单位为 $N \cdot m$。如果功率以 kW 计算，则电磁转矩的数学表达式为

$$T_N = 9550 \frac{P_{2N}}{n_N} \tag{6-11}$$

式中，T_N、P_{2N}、n_N 依次称为电动机的额定转矩、额定功率和额定转速。

2. 最大转矩 T_m

最大转矩是电动机转矩的最大值，对应于最大转矩的转差率为 s_m，通常称为临界转差率。

将式（6-10）对 s 求导，并令 $\dfrac{dT}{ds} = 0$，求得临界转差率为

$$s_{\mathrm{m}} = \frac{R_2}{X_{\mathrm{m}}} \qquad (6\text{-}12)$$

再将式（6-12）代入式（6-10），则得最大转矩为

$$T_{\mathrm{m}} = K_{\mathrm{T}} \frac{U_1^2}{2X_{\mathrm{m}}} \qquad (6\text{-}13)$$

由式（6-12）和式（6-13）可见，s_{m} 与转子电阻 R_2 成正比，而与电源电压 U_1 无关；T_{m} 与 U_1^2 成正比，而与转子电阻 R_2 无关。因此，当电动机的电源电压 U_1 或转子电阻 R_2 发生变化时，转矩特性曲线会发生变化。图 6-12 和图 6-13 分别为外加电压降低时和转子电阻增加时的机械特性曲线。从图可以看出，当外加电压 U_1 下降时，最大转矩 T_{m} 明显下降，但转差率 s_{m} 不变。当转子电阻 R_2 增加时，T_{m} 不变，但 s_{m} 增大。

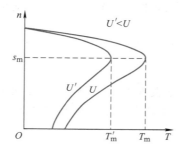

图 6-12 异步电动机电源电压变化对机械
特性曲线的影响（$R_2=$ 常数）

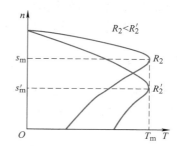

图 6-13 异步电动机转子电阻变化对机械
特性曲线的影响（$U_1=$ 常数）

临界状态说明了电动机的短时过载能力。在电动机的技术数据中给出了最大转矩 T_{m} 与额定转矩 T_{N} 的比值定义为 λ，即

$$\lambda = \frac{T_{\mathrm{m}}}{T_{\mathrm{N}}} \qquad (6\text{-}14)$$

式中，λ 为电动机的过载系数，通常为 $1.8 \sim 2.2$。

由式（6-14）和图 6-12 可知，电动机的额定转矩 T_{N} 不能太接近最大转矩 T_{m}，否则可能出现不正常运行。例如，当电动机在额定负载下工作，电源电压 U_1 下降时，T_{m} 有可能小于 T_{N}，电动机就会因带不动负载而造成停车；或者当负载转矩 T_{L} 超过最大转矩 T_{m}，同样造成停车，即发生"堵转"现象。堵转时，$s=1$，转子与旋转磁场的相对运动速度大，因而电动机的电流增大，就会导致电动机发热甚至烧坏，这是应该避免的。

3. 起动转矩 T_{S}

电动机刚起动（$n=0$，$s=1$）时的转矩称为起动转矩。将 $s=1$ 代入式（6-10），则得

$$T_{\mathrm{S}} = K_{\mathrm{T}} \frac{R_2 U_1^2}{R_2^2 + X_{20}^2} \qquad (6\text{-}15)$$

起动转矩 T_{S} 反映了电动机带负载起动的能力，如果电动机的起动转矩 T_{S} 小，在一定

的负载下起动时电动机就可能起动不起来，将无法拖动生产机械运行。因此，为了保证电动机正常起动，电动机的起动转矩 T_S 必须大于负载转矩。由图 6-12 和图 6-13 可见，改变 U_1 和 R_2 都会对电动机的起动转矩 T_S 有影响。

【练习与思考】

6.3.1 当三相交流异步电动机在某一恒定的负载转矩下运行时，如果电源电压降低，电动机的转矩、电流和转速是否变化？如何变化？

6.3.2 三相交流异步电动机在正常运行时，如果转子突然被卡住而不能转动，试问这时电动机的电流有何变化？对电动机有何影响？

6.4 三相交流异步电动机的使用

三相交流异步电动机的使用主要包括起动、制动和调速等，而了解异步电动机的铭牌和额定值则是正确使用三相交流异步电动机的前提。

6.4.1 铭牌和额定值

电动机的额定数据都标记在其外壳上的铭牌中，见表 6-2。要正确使用电动机，必须看懂铭牌，理解各数据所表示的意义。下面以某台 Y 系列电动机为例说明电动机铭牌的意义。

表 6-2 电动机铭牌

三相交流异步电动机		
型号：Y132S2—2	功　率：7.5kW	频　率：50Hz
电压：380V	电　流：15.0A	接　法：△
转速：2900 r/min	绝缘等级：B 级	工作方式：S1
噪声：L_W82 dB（A）	防护等级：IP44	重　量：×× kg
		出厂年月：×× 年 ×× 月

1. 额定电压 U_N

额定电压为电动机在额定运行时定子绕组应加的线电压。一般规定电动机的电压不应高于或低于额定值的 5%。

额定电压与定子绕组的连接方式有对应的关系。Y 系列中小型三相交流异步电动机，额定功率在 4kW 及以上的，其额定电压为 380V，绕组为 △ 联结，即加在电动机定子绕组上的相电压为 380V。额定功率在 3kW 及以下的，其额定电压为 380V/220V，绕组为 丫/△ 联结。它表示电源电压为 380V 时，丫 联结；电源电压为 220V 时，则为 △ 联结。即不论采用哪种连接方式，加在电动机定子绕组上的相电压均为 220V。

2. 额定电流 I_N

额定电流为电动机在额定运行时定子绕组的线电流，也就是电动机在长期运行时所允许的定子线电流。如果定子绕组有两种连接方式，则铭牌上标出两种额定电流。例如 380V/220V，丫/△，6.48A/11.2A。

3. 额定转速 n_N

额定转速为电动机在额定运行时的转速。异步电动机的额定转速略小于同步转速，其额定转差率 s_N 一般在 0.01 ～ 0.06 之间。因此，依据电动机的额定转速 n_N，即可确定其同步转速和极对数。例如 $n_N = 2900\text{r/min}$，则 $n_1 = 3000\text{r/min}$，极对数 $p = 1$。

4. 额定频率 f_N

额定频率为电动机额定运行时定子绕组所加交流电源的频率。我国工业交流电的额定频率 $f_N = 50\text{Hz}$。

5. 额定功率因数 $\cos\varphi_N$

额定功率因数为电动机在额定运行时定子电路的功率因数，其中 φ_N 为定子相电流与相电压之间的相位差。

6. 额定功率 P_N 与额定效率 η_N

额定功率 P_N 指电动机在额定运行时轴上输出的机械功率。额定效率 η_N 指电动机在额定运行时，电动机轴上输出的功率 P_2 与输入功率 P_1（电动机从电源获得的功率）之比，可根据下式计算，即

$$\eta_N = \frac{P_{2N}}{P_1} \times 100\% = \frac{P_{2N}}{\sqrt{3}U_{1N}I_{1N}\cos\varphi_N} \times 100\% \tag{6-16}$$

式中，U_{1N} 为额定电压；I_{1N} 为额定电流；$\cos\varphi_N$ 为额定功率因数。

7. 定子绕组的接法

定子绕组的接法指电动机额定运行时定子绕组的连接方式，如 Y 或 △ 接法。应注意，某些电动机可有两种接法，如电动机铭牌标明"电压 380V/220V，接法 Y / △"。这种情况下，究竟是接成 Y 或 △，要看电源电压的数值。如果电源电压为 380V，则接成 Y 联结；如果电源电压为 220V，则接成 △ 联结。注意两种接法时定子绕组的相电压是相同的，都是 220V。

【**例 6-3**】已知六极的某三相异步电动机的额定数据：$P_N = 40\text{kW}$，$U_N = 380\text{V}$，$n_N = 960\text{r/min}$，$I_N = 77.2\text{A}$，$\cos\varphi_N = 0.88$。试求：（1）极对数和转差率；（2）电动机的效率；（3）电磁转矩。

【**解**】（1）极对数 $p=6/2=3$，即 $n_1 = 1000\text{r/min}$，所以

$$s_N = \frac{n_1 - n}{n_1} = \frac{1000 - 960}{1000} = 0.04$$

（2）电动机的效率为

$$\eta = \frac{P_N}{P_1} = \frac{P_N}{\sqrt{3}U_N I_N \cos\varphi_N} = \frac{40 \times 10^3}{\sqrt{3} \times 380 \times 77.2 \times 0.87} \approx 90.5\%$$

（3）电磁转矩为

$$T = 9550\frac{P_N}{n_N} = 9550 \times \frac{40}{960}\,\text{N}\cdot\text{m} \approx 397.9\,\text{N}\cdot\text{m}$$

【练习与思考】

6.4.1　某些三相异步电动机有380V/220V两种额定电压，何种情况下定子绕组接成Y联结？何种情况下定子绕组接成△联结？采用这两种联结时，试分析电动机的各项额定值（功率、相电压、线电压、线电流、相电流、效率、转速、功率因数等）有无变化？

6.4.2　如果电动机的三角形联结误接成星形联结，或者星形联结误接成三角形联结，分析上述两种情况的后果，并说明原因。

6.4.2　起动

异步电动机接通电源后，转速由 $n=0$ 上升到额定值的过程称为起动过程。起动瞬间，由于 $n=0$、$s=1$，所以旋转磁场和静止转子间的相对转速很大，因此，转子中的感应电动势很大，转子电流也就很大。定子从电源吸取的电流随着转子电流的增大而增大。起动时的定子电流称为起动电流 I_S。当电动机在额定电压的情况下起动时，称为直接起动。直接起动时的起动电流 I_S 为额定电流 I_N 的 5 ～ 7 倍。

通常情况下，由于异步电动机的起动时间短暂，只要不是频繁起动的电动机，不会因起动使电动机过热。但是过大的起动电流在短时间内会在线路上造成较大的电压降落，从而影响同一线路上其他负载的正常工作。为了降低起动电流，通常采用减压起动的方法。

1.直接起动（全压起动）

直接起动就是起动时利用刀开关或接触器直接将电动机接到具有额定电压的电源上。这种起动方式简单、可靠且起动迅速，但由于直接起动时电流较大，只能适应用于容量较小且不频繁起动的场合。允许直接起动的电动机容量参考计算公式为

$$\frac{I_{st}}{I_N} < \frac{3}{4} + \frac{S_N}{4P_L} \tag{6-17}$$

式中，I_{st} 为电动机直接起动的起动电流；I_N 为电动机的额定电流；S_N 为电源变压器额定容量，单位为 kV·A；P_L 为电动机的额定功率，单位为 kW。

【例 6-4】 一台用于驱动某机床的三相交流异步电动机，其额定功率为 25kW，$I_{st}/I_N = 6$。（1）试分析此电动机在 600kV·A 的变压器下能否直接起动？（2）一台 40kW 三相交流异步电动机，$I_{st}/I_N = 5.5$，电动机能否直接起动？

【解】（1）对于 25kW 的三相交流异步电动机，由式（6-17）可得

$$\frac{3}{4} + \frac{600}{4 \times 25} = 6.75 > 6$$

允许直接起动。

（2）对于 40kW 的三相交流异步电动机，由式（6-17）可得

$$\frac{3}{4} + \frac{600}{4 \times 40} = 4.5 < 5.5$$

不允许直接起动。

2.丫－△减压起动

丫－△减压起动方法适用于正常运行时定子绕组为三角形联结的笼型异步电动机。图 6-14a 中，起动时定子绕组为丫联结，起动后换成△联结。电路的换接由开关 Q_2 完成，而 Q_1 用来断开电源。

电动机直接起动时，定子绕组为△联结，如图 6-14b 所示，设定子绕组的相电压为 $U_1 = U_N$，定子每相绕组的等效阻抗为 $|Z|$，线路上的起动电流，即线电流为

$$I_{\triangle L} = \sqrt{3}I_{\triangle P} = \sqrt{3}\frac{U_N}{|Z|} \qquad (6-18)$$

采用丫－△减压起动时定子绕组为丫联结，如图 6-14c 所示，定子绕组上的相电压为 $U_1' = U_1/\sqrt{3} = U_N/\sqrt{3}$，线电流为

$$I_{\text{丫L}} = I_{\text{丫P}} = \frac{U_1'}{|Z|} = \frac{U_N/\sqrt{3}}{|Z|} \qquad (6-19)$$

由式（6-18）和式（6-19）可得

$$\frac{I_{\text{丫L}}}{I_{\triangle L}} = \frac{1}{3} \qquad (6-20)$$

设直接起动时的起动转矩为 $T_\triangle$，丫－△减压起动时的起动转矩为 $T_\text{丫}$，由于 $T \propto U_1^2$，而 U_1 为电动机定子绕组的相电压，则

$$\frac{T_\text{丫}}{T_\triangle} = \left(\frac{U_1'}{U_1}\right)^2 = \left(\frac{U_N/\sqrt{3}}{U_N}\right)^2 = \frac{1}{3} \qquad (6-21)$$

式（6-20）与式（6-21）表明，采用丫－△减压起动可以使起动电流减小到直接起动时的 1/3，达到了降低起动电流的目的。但同时起动转矩也降低到直接起动时的 1/3，因此丫－△减压起动只适用于空载或轻载起动的场合。

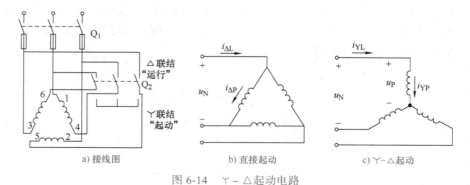

图 6-14 丫－△起动电路

【例 6-5】Y200L–4 型三相交流异步电动机的额定数据如下：30kW，380V，△联结，$f = 50$Hz，$s_N = 0.02$，$\eta = 92.2\%$，$\cos\varphi = 0.87$，$T_{st}/T_N = 2$，$I_{st}/I_N = 7$。试求：（1）电动机的额定转速；（2）电动机的额定电流；（3）采用丫－△减压起动时的起动电流和起动转矩。

当负载为额定负载的 65% 时，电动机能否起动？

【解】（1）由电动机的型号可知，其极对数 $p=2$，即 $n_1 =1500\,\text{r/min}$，所以

$$s_N = \frac{n_1 - n_N}{n_1} = \frac{1500 - n_N}{1500} = 0.02$$

$$n_N = (1-s_N)n_1 = (1-0.02)\times 1500\,\text{r/min} = 1470\,\text{r/min}$$

（2）由于 $P_1 = \sqrt{3}U_N I_N \cos\varphi = \dfrac{P_N}{\eta}$，所以额定电流为

$$I_N = \frac{P_N}{\sqrt{3}U\eta\cos\varphi} = \frac{30\times 10^3}{\sqrt{3}\times 380\times 0.922\times 0.87}\,\text{A} \approx 58.2\,\text{A}$$

（3）采用 $\curlyvee\!-\!\triangle$ 减压起动时的起动电流为

$$I_{\curlyvee\text{st}} = \frac{1}{3}\times 7I_N = \frac{1}{3}\times 7\times 58.2\,\text{A} \approx 135.8\,\text{A}$$

电动机的额定转矩为

$$T_N = 9550\frac{P_N}{n_N} = 9550\times\frac{30}{1470}\,\text{N}\cdot\text{m} \approx 194.9\,\text{N}\cdot\text{m}$$

采用 $\curlyvee\!-\!\triangle$ 减压起动时的起动转矩为

$$T_{\curlyvee\text{st}} = \frac{1}{3}\times 1.2T_N = \frac{1}{3}\times 1.2\times 194.9\,\text{N}\cdot\text{m} \approx 78\,\text{N}\cdot\text{m}$$

负载转矩为

$$T_L = 65\%\times T_N = 65\%\times 194.9\,\text{N}\cdot\text{m} \approx 126.7\,\text{N}\cdot\text{m}$$

由于 $T_{\curlyvee\text{st}} < T_L$，所以电动机不能起动。

3. 自耦变压器减压起动

三相笼型异步电动机采用自耦变压器减压起动的接线图如图 6-15a 所示。起动时，开关 Q_2 投向"起动"一边，电动机的定子绕组通过自耦变压器接到三相电源上，属减压起动。当转速上升到一定程度后，开关 Q_2 投向"运行"一边，自耦变压器被切除，电动机定子直接接在电源上，电动机进入正常运行。

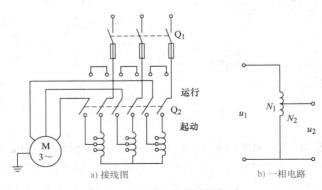

图 6-15　自耦变压器减压起动

自耦变压器减压起动适用于正常运行时定子绕组连接成星形，也适用于连接成三角形的电动机。实际上起动用的自耦变压器，备有几个抽头供选用，可以根据对起动转矩的不同要求选用不同的输出电压。自耦变压器减压起动方式在大容量笼型异步电动机上得到广泛采用，其缺点是变压器体积大、价钱高，不能带重负载起动。

4. 绕线转子异步电动机的起动

绕线转子异步电动机可以采用在转子回路中串电阻的起动方法。这样既可以限制起动电流，同时又增大了起动转矩。起动结束后，可以切除外串电阻，电动机的效率不受影响。因此，对既要较频繁起动又要求有较高起动转矩的生产机械，通常采用绕线转子异步电动机拖动，例如起重机、锻压机等机械设备。

绕线转子异步电动机除了有串电阻的起动方法，还有转子串频敏变阻器起动，在此不赘述。

【练习与思考】

6.4.3　一台丫联结的三相交流异步电动机能否采用丫 - △减压起动？

6.4.4　丫 - △减压起动是降低了电动机定子线电压还是相电压？自耦减压起动呢？

6.4.3　调速

电动机的调速是指在负载转矩不变的情况下，人为调节电动机的转速，以满足生产过程的要求。如果转速的调节是跳跃式的，称为有级调速；如果在一定的范围内，转速可以连续调节则称为无级调速。无级调速的平滑性能好。近年来，随着电力电子技术、计算机技术及自动控制技术的飞速发展，交流电动机的调速日趋完善，大有取代直流调速的趋势。

根据转差率和同步转速的定义，异步电动机的转速为

$$n = (1-s)\frac{60 f_1}{p} \tag{6-22}$$

因此异步电动机有三种基本调速方式：改变极对数 p、改变供电电源频率 f_1 和调节转差率 s。通常对于笼型异步电动机，采用前两种调速方法，而绕线转子异步电动机则常采用调节转差率的方法。

1. 变频调速

变频调速是通过调节电源频率 f_1，来调节电动机的同步转速 n_1 而实现调速的。由式（6-22）可知，当连续改变电源频率 f_1 时，异步电动机的转速可以平滑地调节，它是一种无级调速方法。图 6-16 所示为变频调速电路，主要由整流器和逆变器两大部分组成。首先由整流器把工频交流电变换为直流电，再由逆变器将直流电变换为频率可调、电压大小也可调的交流电，为异步电动机三相绕组供电，以实现电动机的平滑无级调速。

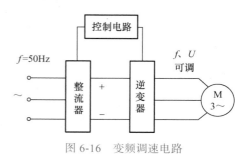

图 6-16　变频调速电路

在异步电动机的诸多调速方法中，变频调速的性能最好，具有调速范围宽、稳定性好和运行效率高等特点。随着电子变频技术的迅速发展，目前这种调速方法已日趋成熟并得到广泛应用。

2. 变极对数调速

根据异步电动机的结构和原理，其同步转速 n_1 与磁极对数 p 成反比。因此，改变笼型异步电动机的极对数，就可改变同步转速 n_1，从而实现变极对数调速。而定子绕组产生的磁极对数的改变，是通过改变绕组的接线方式获得的。

图 6-17 所示是电动机定子绕组两种接法的原理示意图。图中只画出了 U 相绕组的情况，每相绕组为两个等效集中线圈 U_1U_2 和 $U_1'U_2'$。图 6-17a 中，两个线圈串联，定子绕组通电后产生两对磁极的旋转磁场，同步转速 $n_1 = 1500r/\min$。图 6-17b 中，两个线圈并联，定子绕组通电后产生一对磁极的旋转磁场，同步转速 $n_1 = 3000r/\min$，此种电动机称为双速电动机。同样，也可在定子上安置几套三相绕组，每套绕组采取适当的连接方式，可以得到双速、三速或四速的电动机。

由于改变定子绕组的接法只能使磁极对数成整数倍变化，所以这种调速方式属于有级调速，电动机的转速不能连续平滑调节，但调速简单、经济、稳定性好。因而，在某些铣床、镗床和磨床等机床设备中得到普遍应用。

3. 变转差率调速

如前所述，在绕线转子异步电动机转子电路中串入电阻，可以改变电动机的机械特性，从而实现调速的目的。如图 6-13 所示，转子电路中串入电阻的阻值越大，转速越低。这种调速方法比较简单、投资少，但因调速电阻消耗电量而使运行效率降低。变转差率调速广泛应用于起重设备中。

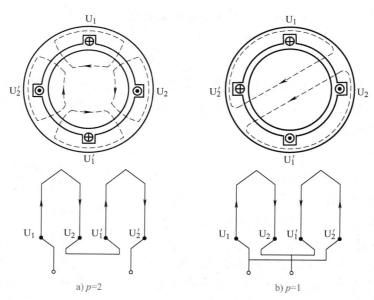

a) $p=2$ b) $p=1$

图 6-17 改变极对数 p 的调速方法

【练习与思考】

6.4.5 为什么不利用改变电源电压的方式对异步电动机进行调速？

6.4.6 极对数 $p=2$ 的三相笼型异步电动机，当定子电压的频率由 40Hz 调到 60Hz 时，其同步转速的变化范围是多少？

6.4.4 制动

当电动机的电源切断时，由于转动部分的惯性而不能立即停转。为了提高效率和安全起见，往往要求电动机切断电源后能迅速停车，因此，需要对电动机进行制动。制动的方法分为机械制动和电气制动。以下仅对电气制动做简要介绍。所谓电气制动，实际上就是使电动机产生一个与转动方向相反的电磁转矩，迫使电动机减速或停转。可见，电动机制动状态的特点是电磁转矩与转动方向相反，这时的转矩称为制动转矩。

1. 能耗制动

这种制动方式是把定子绕组和三相电源断开的同时接通一直流电源，如图 6-18a 所示。

直流电流 I 通入电动机的定子绕组，此时在电动机内形成一个静止的磁场 Φ，如图 6-18b 所示。而转子由于机械惯性其转速 n 不能突变，继续维持原方向旋转，设为逆时针方向。由法拉第电磁感应定律可知，转子绕组与静止的磁场相互作用产生感应电动势 $\dot{E}_2$ 和感应电流 $\dot{I}_2$（用右手定则确定其实际方向）；进而转子导体在磁场中受到电磁力 F（用左手定则确定其方向），显然 F 产生的电磁转矩与原电动机旋转方向相反，所以为制动转矩，从而使电动机减速，直至停转。

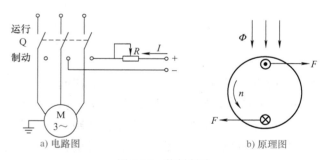

a) 电路图   b) 原理图

图 6-18 能耗制动

上述制动过程中，电动机将转子的动能转换为电能，再消耗在转子绕组电阻上，因此称为能耗制动。能耗制动的特点是能量消耗小、制动准确、平稳，但需要直流电源，通常用于要求快速停车的机床中。

2. 反转与反接制动

如前所述，异步电动机的旋转方向取决于旋转磁场的转动方向，而旋转磁场的转向又取决于定子电流的相序。所以要使电动机反转，只要改变加在电动机定子绕组上的电源的相序即可。在实际中，只要把电动机定子绕组的三根电源线任意调换两根的位置就可以了。但要注意，改变电动机的转向，要在电动机停止转动后进行。如果必须在电动机仍按原方向旋转时改变转向，则必须采取措施限制电动机的电流。

"反接制动"与"反转"的区别在于前者仅使电动机的转速降为零，而后者要使电机产生与原旋转方向相反的转速。反接制动的基本原理也是改变定子绕组的三相电流的相序，如图 6-19 所示，电动机停止时，对调 L_1、L_2 两根电源线，从而使旋转磁场反方向旋转，而电动机转子由于惯性仍按原方向旋转，从而在转子绕组上产生与电动机的转向相反的转矩，因而起到了制动作用。当电动机的转速下降到近似为零时，采用速度继电器等装置自动切断电源，以防止电动机反转。

由于反接制动时转子绕组与旋转磁场的相对切割速度 $(n_1 + n)$ 很大，所以在转子和定子绕组中都会产生较大的电流，因此在反接制动电路中串入电阻 R 以限制制动电流，如图 6-19a 所示。

反接制动方法简单、效果好，但能量消耗大，常用于要求电动机反转或快速停车的中型车床和铣床的制动中。

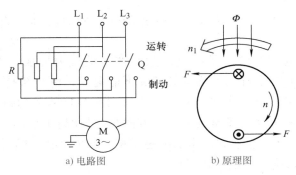

a) 电路图　　　　　　　　b) 原理图

图 6-19　反接制动

3. 反馈制动

反馈制动用于限制电动机的转速而不是停转。例如在起重机快速下放重物时，由于重物拖动转子，使转速 $n > n_1$，由图 6-20 可知，这时电动机转子产生制动转矩，重物受到制动而转速下降。实际上这时电动机已工作在发电状态，将重物的位能转换为电能而反馈到电网上，因此称为反馈制动。

反馈制动经常发生在笼型异步电动机变极调速由高速调到低速过程中，以及起重机快速下放重物时。

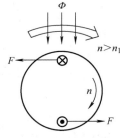

图 6-20　反馈制动

【练习与思考】

6.4.7　额定电压为 380V 的异步电动机，当进行能耗制动时，能否将定子绕组接 380V 的直流电源？为什么？

6.4.8　图 6-20 所示反馈制动电路中，何时电动机工作在发电状态？此时是如何进行制动的？

6.5　单相异步电动机

单相异步电动机只需要单相电源供电，使用方便，广泛应用于生产和日常生活的各个方面，尤其以家用电器、电动工具、医疗器械等使用较多。

单相异步电动机的定子绕组为单相绕组，转子为笼型绕组，如图 6-21 所示。当单相定子绕组中通入单相交流电时，将在电动机中产生空间位置固定不动，而大小和方向随时间按正弦规律变化的脉动磁场，如图 6-21 中虚线所示，磁场轴线与定子绕组轴线重合。设脉动磁场的磁感应强度 $B = B_m \sin \omega t$，如图 6-22a 所示。

可见单相异步电动机中的磁场和三相异步电动机中的不同，但可以用三相异步电动机的工作原理来分析它。因为能够证明交变的脉动磁场可以分解为两个旋转磁场 B_1 和 B_2，B_1、B_2 大小相等，幅值均为 $B_m/2$，且两者的转速相同，但旋转方向相反，如图 6-22b 所示。由图 6-22b 可见，在任何瞬时，$B = B_1 + B_2$ 均成立。

由三相异步电动机转动原理可知，两个旋转磁场 B_1 与 B_2 将同时在转子上产生电磁转矩 T' 和 T''，由于 B_1 与 B_2 旋转方向相反，因此，T' 和 T'' 对转子的转矩方向也是相反的。图 6-23 所示为单相异步电动机的机械特性曲线。

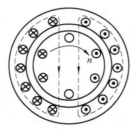

图 6-21　单相异步电动机的磁场图

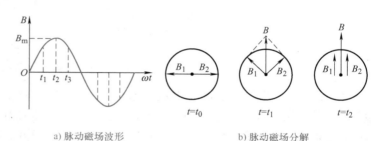

a) 脉动磁场波形　　　　　　b) 脉动磁场分解

图 6-22　脉动磁场的分解

脉动磁场作用下的转矩为 $T = T' + T''$，其特点如下：

1）当转速 $n = 0$ 时，电磁转矩 $T = 0$，这是因为两个旋转磁场对转子的相对速度大小相等，而方向相反，所以 $|T'| = |T''|$，$T = T' + T'' = 0$。即单相异步电动机无起动转矩，电动机不能自行起动。

2）当转子已经按照 B_1 的方向（设顺时针方向）旋转时，转差率为

$$s' = \frac{n_1 - n}{n_1} < 1 \qquad (6\text{-}23)$$

反向旋转的磁场 B_2 则与转子的相对速度较大，转差率为

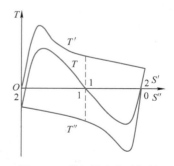

图 6-23　单相异步电动机的
机械特性曲线

$$s'' = \frac{-n_1 - n}{-n_1} = 2 - s' > 1 \qquad (6\text{-}24)$$

由图 6-23 可知，$T' > T''$，$T' + T'' > 0$，电动机在此转矩作用下仍能继续运转，直至达到稳定。

从上述分析可知，单相异步电动机虽然没有起动转矩，却有运行转矩，因此关键的问题是解决起动转矩的问题。目前常用的方法有电容分相法和罩极法两种。

1. 电容分相法

电容分相式单相异步电动机是在定子上嵌放主、副两个绕组，如图 6-24a 所示。其副绕组回路串联电容 C 和离心起动开关 S，然后再和主绕组并联接到同一单相电源上。电容的作用是使副绕组回路的阻抗呈电容性。选择合适的电容 C，可以使两个绕组中的电流 $\dot{I}_1$、$\dot{I}_2$ 在相位上近似相差 90°，即单相电流变为两相电流，如图 6-24b 所示。

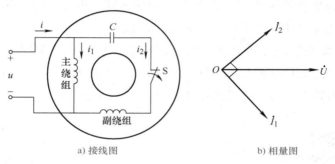

a) 接线图　　　　　　　　　　b) 相量图

图 6-24　电容分相起动单相电动机

当具有 90° 相位差的两相电流，通过空间位置相差 90° 的两相绕组时，产生的合成磁场为旋转磁场，如图 6-25 所示。笼型转子在此旋转磁场作用下产生电磁转矩而旋转。当转速升高到一定数值时，开关 S 因离心力的作用而脱开，将副绕组电路与电源断开，只有主绕组工作，电动机将在脉动磁场的作用下稳定运行。

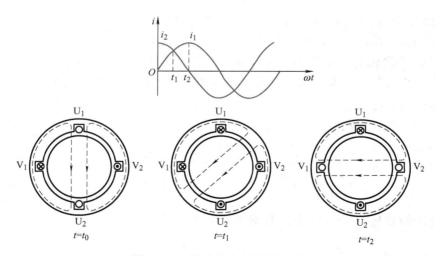

图 6-25　两相电流产生的旋转磁场

2. 罩极法

罩极式单相异步电动机的结构分为凸极式和隐极式两种，原理完全一样，只是凸极式结构更为简单一些。罩极式单相异步电动机转子仍然是普通的笼型转子，但其定子都有凸起的磁极，在每个磁极上有集中绕组，即为主绕组。极面的一边约 1/3 处开有小槽，经小槽放置一个闭合的铜环（短路环），把磁极的小部分罩起来，如图 6-26 所示。

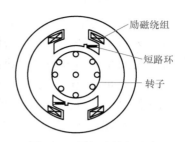

图 6-26　罩极式单相异步电动机

当定子绕组通入交流电时产生的交变磁通分成两部分。穿过短路环的一部分磁通，在短路环中产生感应电动势和电流，由于感应电流阻止磁通的变化，使这部分磁通落后于不穿过短路环的磁通。这样，两个在时间上有一定的相位差，在空间上又相隔一定角度的交变磁通，形成了一个移动的磁场。这个移动的磁场将在转子上产生电磁转矩，从而使得电动机自行起动。它的旋转方向是由磁极未罩铜环部分转向罩有铜环的部分。这种电动机结构简单，价格低廉，但起动转矩小，一般用于对起动转矩要求不高的设备中，如电风扇类的电子仪器通风设备中。

单相异步电动机的优点是使用单相电源，简单方便，但其效率、功率因数及过载能力都比较低，一般容量都在 1kW 以下。

【练习与思考】

6.5.1　单相异步电动机为何不能自行起动？一般采用哪些起动方法？

6.5.2　三相异步电动机若在起动时断了一相电源线，它能否起动？若在运行中发生一相断线，又有何影响？

6.6　控制电动机

控制电动机是一类具有特殊性能的小功率电动机。控制电动机与普通电动机本质上是相同的，它们的区别是普通电动机主要是作为动力来使用，即将电能转换为机械能，用于驱动生产机械；而控制电动机主要作用是转换和传递控制信号，用于执行、检测和计算装置等，能量的转换是次要的。因此其功率、体积和质量都比较小。例如，飞机的自动驾驶仪，火炮、雷达的自动跟踪定位系统，数控机床的进给驱动控制、自动换刀装置，炉温的自动调节，汽车自动换档等。

控制电动机的种类繁多，本节仅介绍伺服电动机和步进电动机。

6.6.1　伺服电动机

伺服电动机又称为执行电动机，常用于自动控制系统，作为执行元件，其功能是将输入电压的大小转变为轴上输出的角位移和角速度，以驱动控制对象。例如在雷达天线系统中，伺服电动机可根据检测到的目标信号，拖动天线跟踪目标转动。在中、高档数控加工中，必须保证数控机床的位移精度，较宽的调速范围，以及快速响应特性，因此也采用伺服电动机。

伺服电动机分为直流伺服电动机和交流伺服电动机两大类，如图 6-27 所示型号。

1. 交流伺服电动机

交流伺服电动机分为同步电动机和异步电动机两大类。传统交流伺服电动机的结构通常是采用笼型转子两相伺服电动机及空心杯转子两相伺服电动机，所以常把交流伺服电动机称为两相异步伺服电动机。

交流伺服电动机的工作原理与具有起动绕组的单相异步电动机相似。其原理如图 6-28 所示，它的定子上装有空间相差 90° 电角度的两相分布绕组。一相为励磁绕组 F，与电容 C 串联后接至交流电源 $\dot{U}$。一相为控制绕组电压 K，$\dot{U}_F$ 与 $\dot{U}_K$ 二者同频率。选择合适的电容 C，使励磁绕组电压 $\dot{U}_F$ 与电源电压 $\dot{U}$ 之间的相位差为 90°，控制绕组电压 $\dot{U}_K$ 与电源电压 $\dot{U}$ 相位相同。两个绕组中的电流 i_F 和 i_K 相位差也为 90°。这样，同上述电容分相式单相异步电动机的原理一样，在电动机定子内部空间产生两个旋转磁场。交流伺服电动机的转子一般采用高电阻的笼型转子，它在旋转磁场的作用下产生电磁转矩而转动。只要将控制绕组电压 $\dot{U}_K$ 反相，磁场反方向旋转，即可以使电动机反转。

a) 交流伺服电动机

b) 直流伺服电动机

图 6-27　伺服电动机

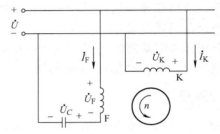
图 6-28　交流伺服电动机原理图

交流伺服电动机的转速可由控制绕组电压 $\dot{U}_K$ 控制。由图 6-29 可知，励磁绕组的电压 $\dot{U}_F = \dot{U} - \dot{U}_C$，$\dot{U}_K$ 的相位始终与 $\dot{U}$ 相同。当调节 $\dot{U}_K$ 的幅值来改变电动机的转速时，由于转子绕组的耦合作用，励磁绕组电流 $\dot{I}_F$ 亦发生变化，使励磁绕组电压 $\dot{U}_F$ 及电容 C 上的电压 $\dot{U}_C$ 也随之改变。这就是说，电压 $\dot{U}_K$ 和 $\dot{U}_F$ 的大小及它们之间的相位角也都随之改变，所以这是一种幅值和相位的复合控制方式，其特性曲线如图 6-29 所示。图 6-29a 是在不同控制电压下的机械特性；图 6-29b 是在不同转矩下，控制绕组电压 U_K 与转速 n 的关系，即调节特性。由图可见，在一定负载转矩下，控制电压愈高，则转速也愈高；在一定控制电压下，负载增加，转速下降。

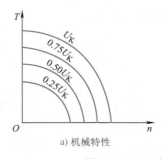
a) 机械特性

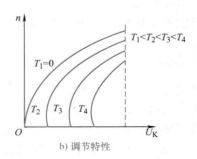
b) 调节特性

图 6-29　两相交流伺服电动机的特性曲线

上述控制方式是利用串联电容来分相，它不需要复杂的移相装置，所以设备简单、成本较低，成为最常用的一种控制方式。除此以外，还有幅值控制和相位控制两种控制方式。

2. 直流伺服电动机

直流伺服电动机是指使用直流电源驱动的伺服电动机，它实际上就是一台他励直流电动机。直流伺服电动机在结构上具有气隙小、磁路不饱和、励磁电压与励磁电流成正比、电枢绕组阻值较大、电枢细长、转动惯量小等特点。

直流伺服电动机的控制电压 U_a 加在电枢绕组上，励磁绕组电压由独立电源供电，如图 6-30 所示。直流伺服电动机的转向与转速大小是通过控制电压来实现的。改变电枢绕组电压 U_a 的方向与大小的控制方式称为电枢控制；改变电磁式直流伺服电动机励磁绕组电压 U_f 的方向与大小的控制方式称为磁场控制。后者性能不如前者，所以很少采用。

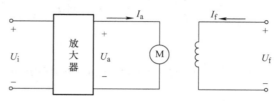

图 6-30　直流伺服电动机原理示意图

直流伺服电动机的机械特性方程与一般的直流电动机相同，即

$$n = \frac{U_a}{C_E \Phi} - \frac{R_a}{C_E C_T \Phi^2} T = n_0 - bT \tag{6-25}$$

式中，$b = \dfrac{R_a}{C_E C_T \Phi^2}$ 是机械特性曲线的斜率。

当 U_a 大小不同时，机械特性为一组平行的直线，如图 6-31a 所示。当 U_a 大小一定时，转矩 T 大时转速 n 低，转矩的增加与转速的下降之间呈正比关系，这是十分理想的特性。从图 6-31b 所示的调节特性上可以看出，T 一定时，控制电压 U_a 高时转速 n 也高，控制电压增加与转速增加之间呈正比关系。只有当控制电压 $U_a > U_1$ 的条件下，电动机才能转起来，而当 U_a 在 $0 \sim U_1$ 区间，电动机不转，称 $0 \sim U_1$ 区间为死区或失灵区，称 U_1 为始动电压。直流伺服电动机的调节特性也是很理想的。

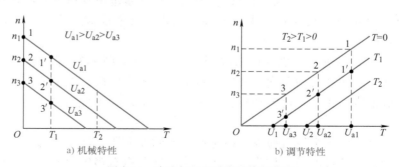

图 6-31　直流伺服电动机的特性曲线

【例 6-6】 图 6-30 所示的直流伺服电动机，已知励磁绕组电压 U_f 一定，电动机的额定负载转矩 $T_L = 150\text{N} \cdot \text{m}$，且不随转速大小而变。当电枢电压 $U_a = 50\text{V}$ 时，理想空载转速 $n_1 = 3000\text{r/min}$，转速 $n = 1500\text{r/min}$。试求电枢电压 $U_a = 100\text{V}$ 时，电动机的 n_1 和 n。

【解】（1）由式（6-25）可知，直流伺服电动机的理想空载转速为 $n_0 = \dfrac{U_a}{C_E \Phi}$，励磁绕组电压 U_f 一定时，磁通 Φ 一定，因此 n_0 与 U_a 成正比。当 $U_a = 100\text{V}$ 时，理想空载转速为

$$n_1 = \frac{100}{50} \times 3000\text{r/min} = 6000\text{r/min}$$

（2）电枢电压 $U_a = 50\text{V}$ 时，将理想空载转速 $n_1 = 3000\text{r/min}$，转速 $n = 15000\text{r/min}$ 代入 $n = n_1 - bT$，可得直流伺服电动机机械特性曲线的斜率，即

$$b = \frac{n_1 - n}{T} = \frac{3000 - 1500}{150} = 10$$

（3）当 $U_a = 100\text{V}$ 时

$$n = n_1 - bT = (6000 - 10 \times 150)\text{r/min} = 4500\text{r/min}$$

【练习与思考】

6.6.1　交流伺服电动机与单相异步电动机在用途、原理、结构方面有何异同？如何改变交流伺服电动机的转向？

6.6.2　交流伺服电动机在有控制电压信号时能自行起动，而当控制电压信号为零时能迅速停转，为什么？

6.6.2　步进电动机

步进电动机是一种用电脉冲信号进行控制，并将其转换成相应的角位移或线位移的控制电动机。它由专用电源供给电脉冲，每输入一个脉冲，电动机就移动一步，故称为步进电动机。图 6-32 所示是两种步进电动机的实物图。步进电动机具有定位精度高、反应速度快、结构简单等特点，很适合数字控制系统的要求，因此广泛应用于数控机床、计算机外围设备、自动化仪器仪表中，作为执行元件。

步进电动机种类繁多，按其运动形式可分为旋转式步进电动机和直线步进电动机两大类。按励磁方式又可分为反应式、永磁式和感应式。其中反应式步进电动机应用比较普遍，结构也比较简单。

现以三相反应式步进电动机为例来说明其工作原理。图 6-33 是一台三相反应式步进电动机的结构图。定子铁心由硅钢片叠成，定子上有 6 个磁极，磁极上绕有励磁绕组，每两个相对的磁极组成一相。步进电动机转子上没有绕组，为了分析方便，假定转子上具有 4 个均匀分布的齿。

工作时，定子各相绕组轮流通电，即轮流输入脉冲电压。从一次通电到另一次通电称为一拍，每一拍转子转过的角度称为步距角。步进电动机有多种通电方式，比较常用的有三相单三拍、三相双三拍及三相六拍等方式。

图 6-32 步进电动机的实物图

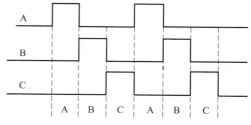

图 6-33 三相反应式步进电动机的结构图

1. 三相单三拍

三相单三拍通电方式是三相绕组轮流单独通电，通电三次完成一个通电循环，其输入信号波形如图 6-34 所示。其通电顺序为 A→B→C→A 或相反，如图 6-35a 所示。例如，当 A 相绕组首先通电，电动机产生 A–A' 轴线方式的磁通，并通过转子形成闭合回路。由于磁通具有力图通过磁阻最小路径的特点，所以在磁场的作用下，转子总是力图转到使磁路磁阻最

图 6-34 三相单三拍输入信号波形

小的位置，从而使转子齿 1–3 的轴线与定子 A 相绕组的轴线 A–A' 对齐。接着 B 相通电，转子便按顺时针方向转过 30°，使转子齿 2 和齿 4 的轴线与定子 B 极轴线 B–B 对齐，如图 6-35b 所示。随后 C 相通电，转子又顺时针转过 30°，如图 6-35c 所示，使转子齿 1 和齿 3 的轴线与 C 相绕组轴线 C–C 对齐，如此不断接通和断开控制绕组，转子就会一步一步地按顺时针方向连续转动。

控制绕组与电源的接通或断开，通常是由电子逻辑电路来实现的。电动机的转速取决于各控制绕组与电源接通或断开的变化频率（即输入电动机的脉冲频率）。旋转方向取决于控制绕组轮流通电的顺序，如上述电动机通电的次序改为 A→C→B→A…，则电动机转向相反，变为逆时针方向转动。

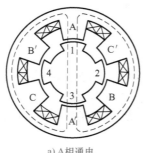  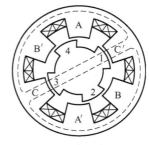

a) A相通电　　　　　　　　b) B相通电　　　　　　　　c) C相通电

图 6-35 三相单三拍通电方式

如上所述，定子控制绕组每改变一次通电方式，称为一拍，上述的通电方式称为三相单三拍。"三相"指步进电动机具有三相定子绕组；"单"指每次只有一相绕组通电；"三拍"指经过三次切换控制绕组的通电状态为一个循环。

2. 三相双三拍

三相双三拍通电方式是每次给两相绕组通电，其通电顺序为 AB → BC → CA → AB 或反之。与单三拍运行时一样，每一循环也是换接三次，不同的是每次换接有两相绕组同时通电。步距角仍是 30°。

3. 三相六拍

三相六拍方式是上述两种的混合方式，其输入信号波形如图 6-36 所示，通电顺序是 A → AB → B → BC → C → CA → A 或反之。三相六拍方式时相应转子的位置如图 6-37 所示，先单独接通 A 相，此时与单三拍的情况相同，转子齿的 1-3 轴线与定子 A-A' 轴线对齐，如图 6-37a 所示。然后在 A 相继续通电的情况下接通 B 相，转子的位置兼顾到使 AB 两对磁极所形成的两路

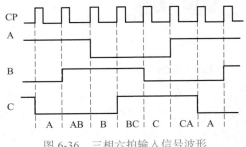

图 6-36　三相六拍输入信号波形

磁通在气隙中所遇到的磁阻同样达到最小，这时相邻两个 A、B 磁极与转子齿相作用的磁拉力大小相等且方向相反，使转子处于平衡。按照这样的原则，当 A 相通电后转到 A、B 两相同时通电时，相比较三相单三拍通电方式，转子只能按逆时针方向转过 15°，如图 6-37b 所示。当断开 A 相，使 B 相单独接通时，在磁拉力作用下转子继续按逆时针方向转动，直到转子齿 2-4 轴线与定子 B-B' 轴线对齐为止，如图 6-37c 所示，这时转子又转过 15°。依次类推，步进电动机转子按逆时针方向一步一步地转动，其步距角为 15°。定子三相绕组通电 6 次完成一个循环，故称为六拍方式。

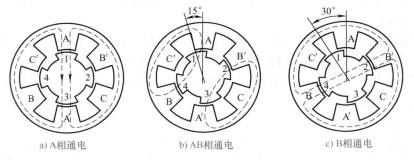

a) A相通电　　　　　b) AB相通电　　　　　c) B相通电

图 6-37　三相六拍通电方式时转子的位置

当通电顺序改为 A → AC → C → CB → B → BA → A… 时，步进电动机将按顺时针方向旋转。在这种控制方式下，始终有一相绕组通电，所以工作比较稳定。

由上述可知，无论采用何种通电方式，步距角 θ 与转子齿数 Z 和拍数 m 之间的关系为

$$\theta = \frac{360°}{Zm} \tag{6-26}$$

如果步距角 θ 的单位是度，脉冲频率 f 的单位是 Hz，则步进电动机的转速 n（单位为 r/min）为

$$n = \frac{\theta f}{360°} \times 60 = \frac{60f}{Zm} \tag{6-27}$$

可见，步进电动机的转速与脉冲频率成正比。为了提高步进电动机的控制精度，通常采用较小的步距角，例如 3°、1.5°、0.75° 等。此时需将转子做成多级式的，并在定子磁极上制作许多相应的小齿。

【例 6-7】一台步进电动机的转子有 40 个齿，以三相六拍方式工作，输入脉冲频率为 1000Hz。试求电动机的步距角和转速。

【解】步距角为

$$\theta = \frac{360°}{Zm} = \frac{360°}{6 \times 40} = 1.5°$$

转速为

$$n = \frac{\theta f}{360°} \times 60 = \frac{1.5° \times 1000}{360°} \times 60\text{r/min} = 250\text{r/min}$$

步进电动机的输入脉冲电压是由专门的驱动电源提供的，它可以按照指令的要求将脉冲信号按一定的顺序输送给步进电动机的各相绕组，使其按一定的通电方式工作。

在实际使用中，单三拍通电方式由于在切换时一相控制绕组断电而另一相控制绕组开始通电容易造成失步。此外，由单一控制绕组通电吸引转子，也容易使转子在平衡位置附近产生振荡，故运行的稳定性较差。因此，经常使用的是双三拍或三相六拍通电方式。目前，步进电动机多用于小容量、低速、对精度要求不高的场合，如经济型数控机床，以及打印机、绘图仪等计算机的外围设备。

【练习与思考】

6.6.3　什么是步进电动机的步距角？一台步进电动机可以有两个步距角，例如 3°/1.5°，这是什么意思？什么是三相单三拍、三相双三拍、三相六拍？

6.6.4　为什么步进电动机的角位移与输入脉冲数成正比，其转速又与脉冲频率成正比？

6.7　电动机的选择

电动机在生产上应用非常广泛，正确选择电动机对安全生产、节能环保、提高效益等起着重要的作用。电动机的选择包括对电动机的种类、形式、防护等级、额定电压、额定转速、额定功率、安装等的确定，本节着重介绍从电动机的种类和结构形式、额定电压和额定转速、工作方式和功率等方面选择电动机。

电动机选择的一般原则如下：

1）选择电动机的额定功率大小合适，防止出现"小马拉大车"或"大马拉小车"的现象。通过计算确定出合适的电动机额定功率，使设备需求的功率与被选电动机的额定功率相接近。

2）选择在结构上与所处环境条件相适应的电动机，如根据使用场合的环境条件选用相适应的防护方式及冷却方式的电动机。

3）选择电动机应满足生产机械所提出的各种机械特性要求，如速度、速度的稳定性、速度的调节，以及起动、制动时间等。

4）所选择的电动机的可靠性高并且便于维护。

5）互换性能要好，尽量选择标准电动机产品。

6）综合考虑电动机的极数和电压等级，使电动机在高效率、低损耗状态下可靠运行。

6.7.1 电动机种类和结构形式的选择

1. 电动机的种类

电动机的种类繁多，其分类方法也有多种，如根据工作电源分类，或者根据内部结构分类等。选择电动机的种类，主要从交流或直流、机械特性、价格等方面综合考虑。电动机的主要种类见表 6-3。

由于生产场所用的通常都是三相交流电源，所以在没有特殊要求下，一般都采用交流电动机。而其中的三相笼型异步电动机，具有结构简单、运行可靠、维修方便、价格便宜等特点，因此其生产量最大、应用最广泛，如机床、水泵、通风机、运输机、传送带、家用电器等都是优先采用笼型异步电动机。但它的起动和调速性能差、功率因数低，因此对调速、起动性能要求高的生产机械中一般不选择三相笼型异步电动机。

绕线转子异步电动机与笼型异步电动机性能基本相同。其起动特性较好，并可通过转子回路限制起动电流，提高起动、制动转矩，在不大的范围内实现平滑调速的功能。因此，在对要求起动、制动频繁且起动转矩较大，并要求有一定调速的生产机械，如起重机、卷扬机、锻压机、提升机及重型机床的横梁移动等，可采用绕线转子异步电动机。

对于要求高起动转矩的生产机械，如空气压缩机、皮带运输机、纺织机等，可采用深槽或双笼型异步电动机。对要求有级调速的生产机械，如某些机床，可采用双速、三速或四速等多速笼型异步电动机。

表 6-3 电动机的主要种类

直流电动机			他励直流电动机、并励直流电动机 串励直流电动机、复励直流电动机
交流电动机	异步电动机	三相异步电动机	笼型	普通笼型 高起动转矩式 多速电动机
			绕线转子
		单相异步电动机	
	同步电动机	凸极式、隐极式电励磁同步电动机 永磁同步电动机	

对于要求起动转矩较大、起动性能好，调速范围宽、调速平滑性较好、调速精度高且准确的生产机械，如高精度数控机床、龙门刨床、造纸机、印染机等，则应选用他励（复励）直流电动机。

步进电动机具有惯量小、定位精度高、无累计误差、控制简单等特点，通常用作定位控制和定速控制，在机电一体化产品中被广泛应用，如数控机床、包装机械、计算机外围设备、复印机、传真机等。

2. 电动机的结构形式

电动机的结构形式分为开启式、防护式、封闭式和防爆式，以适应多种不同的工作环境，如潮湿、粉尘、高温、酸性气体环境等。在不同的工作环境下，选择不同结构形式的电动机，才能保证电动机安全可靠地运行。

（1）开启式　开启式电动机如图 6-38a 所示，在定子两侧与端盖上都有很大的通风口，这种电动机价格便宜、散热好，但容易进灰尘、水滴、铁屑等，因此只能在清洁、干燥的环境中使用。

（2）防护式　防护式电动机如图 6-38b 所示，在机座下面有通风口，散热好，能防止水滴、铁屑等从上方落入电动机内，也有将外壳做成挡板状，防止水滴、粉屑等从某一角度落入。它一般在比较干燥、灰尘不多、较清洁的环境中使用。

（3）封闭式　封闭式电动机如图 6-39a 所示，有自扇冷式、他扇冷式和密闭式三种。前两种形式的电动机是机座及端盖上均无通风孔，外部空气不能进入电动机内部。它可用在潮湿、有腐蚀性气体、灰尘多、易受风雨侵蚀等较恶劣的环境中。对于密闭式电动机，外部的气体、液体都不能进入电动机内部，一般用于在液体中工作的机械，如潜水泵电动机等。

（4）防爆式　防爆式电动机如图 6-39b 所示，适用于有易燃、易爆气体和粉尘的场所，如油库、煤气站、加油站及矿井、面粉厂等场所。

a）开启式　　　　b）防护式

图 6-38　开启式和防护式电动机

a）封闭式　　　　b）防爆式

图 6-39　封闭式和防爆式电动机

6.7.2　电动机额定电压和额定转速的选择

1. 电动机的额定电压

电动机额定电压的选择是根据电动机的额定功率和供电电压情况综合考虑的。一般中、小型异步电动机都是低压的，额定电压为 380V/220V（丫/△联结）或 380V/660V（△/丫联结）。只有高压大功率异步电动机采用 3000V、6000V 甚至 10000V 的额定电压。

直流电动机的额定电压要根据功率来选择。一般直流电动机的额定电压分为 110V、220V 和 440V，大功率电动机可提高到 600V、800V 甚至 1000V。

2. 电动机的额定转速

电动机的额定转速是根据生产机械的要求及传动设备来选定的。通常功率一定时，转速越低，电动机尺寸越大，价格越高，效率越低。因此，正确选择电动机的额定转速，对节省成本、提高效率是极为重要的。选择电动机的额定转速，一般原则如下：

1）对于起动、制动或反转很少，不需要调速的连续工作的电动机，可选择相应额定转速的电动机，从而省去减速传动装置。

2）对于经常起动、制动和反转的生产机械，选择额定转速时应主要考虑缩短起动、制动时间以提高生产效率，及选择较小的飞轮矩和额定转速。

3）对于调速性能要求不高的生产机械，可选用多速电动机或者选择额定转速稍高于生产机械的电动机，再配一台合适的减速器，也可以选用电气调速的电动机拖动系统。在可能的情况下，应优先选用电气调速方案。

4）对于调速性能要求较高的生产机械，应使电动机的最高转速与生产机械的最高转速相适应，直接采用电气调速拖动。

6.7.3 电动机工作方式和功率的选择

电动机的工作方式通常可分为三类，包括连续工作方式、短时工作方式、周期断续工作方式。根据电动机工作方式不同，正确选择额定功率，避免"大马拉小车"，合理有效地利用电动机是十分重要的。

1. 连续工作方式

连续工作方式又分为恒定负载连续工作方式和周期性变化负载连续工作方式。

（1）恒定负载连续工作时只要选择电动机的额定功率等于或略大于负载的功率，且转速合适即可。电动机的温升一般不会超过允许值，无须进行发热校核。一般选择步骤如下。

① 计算负载功率 P_L。

② 根据负载功率 P_L 选择电动机的额定功率 P_N，使 $P_L < P_N$。

③ 若选用笼型异步电动机，需校验其起动能力。

④ 当环境温度与标温 40℃相差较大时，需修正电动机的额定功率，修正公式为

$$P'_N = P_N \sqrt{1 + \frac{40 - \theta_0}{\Delta \theta_N}(\alpha + 1)} \qquad (6\text{-}28)$$

式中，P'_N 为修正后电动机的额定功率；P_N 为初选电动机的额定功率；θ_0 为环境温度；$\Delta \theta_N$ 为电动机的额定温升；α 为修正系数。

【例 6-8】一台由电动机直接拖动的水泵，流量 $Q = 0.02\text{m}^3/\text{s}$，总扬程 $H = 13\text{m}$，转速 $r = 1440\text{r/min}$，水泵的效率 $\eta_1 = 0.48$，环境温度不超过 30℃，试选择电动机（其中，水的密度 $\rho = 1000\text{kg/m}^3$，传动效率 $\eta_2 = 1$）。

【解】泵类机械在电动机轴上的负载功率，由设计手册查得

$$P_L = \frac{\rho Q h}{102 \eta_1 \eta_2} = \frac{1000 \times 0.02 \times 13}{102 \times 0.48 \times 1}\text{kW} = 5.3\text{kW} < P_N$$

由上述计算可以选用 Y132S—4 型异步电动机，其额定功率 $P_N = 5.5\text{kW}$，转速为 1440r/min。考虑环境温度不超过 30℃，因为 Y 系列 B 级绝缘温度为 130℃，修正系数 k 为 0.45 ~ 0.6，取 $k = 0.6$，则根据式（6-28），Y132S—4 在环境温度为 30℃时的输出功率为

$$P'_N = P_N \sqrt{1 + \frac{40 - 30}{100}(0.6 + 1)} = 5.5 \times 1.077\text{kW} = 5.92\text{kW} > P_L$$

另外，又因为直联式风机水泵所需的起动转矩很小，一般笼型异步电动机都能满足其起动要求。所以，校验在环境温度为 30℃下，Y132S—4 功率仍适用。

【例 6-9】一带式输送机，在常温下连续工作，单向运转，空载起动，工作载荷较平

稳，输送带最大有效拉力 $F = 1450\text{N}$，工作速度为 $v=1.6\text{m/s}$，试选择电动机。

【解】根据带式输送机的工作要求，计算负载功率为

$$P_\text{L} = \frac{Fv}{1000} = \frac{1450 \times 1.6}{1000}\text{kW} = 2.32\text{kW}$$

根据负载功率 P_L 选择电动机的额定功率 P_N，可以选择 Y112M—4 型异步电动机，其额定功率 $P_\text{N} = 3\text{kW}$，额定转速为 $n_\text{N} = 1420\text{r/min}$。

因带式输送机为室外工作，环境温度低于 $40℃$，因此 Y112M—4 适用。

（2）对于周期性变化负载连续工作的电动机，由于输出的功率不断变化，其内部损耗及温升也在不断变化。因此，周期性变化负载连续工作选择电动机，既不能按最大负载的功率选择，也不能按最小负载的功率选择，一般选择步骤如下。

① 根据负载功率 P_L 初步选择电动机额定功率 P_N，使 $P_\text{L} < P_\text{N}$。

② 对电动机额定功率进行校验。

③ 不满足要求时，对电动机额定功率进行修正。

④ 校验过载能力和起动能力。

2. 短时工作方式

短时工作方式是指电动机带额定负载运行时，运行时间很短、停机时间相对较长的工作方式，如闸门电动机、机床中的夹紧电动机、尾座和横梁移动电动机及刀架快速移动电动机等。短时工作制的电动机在铭牌上标注 S2，我国的短时工作制电动机的运行时间有 15min、30min、60min、90min 这 4 种定额。如果没有合适的专为短时运行设计的电动机，可选用连续运行的电动机。由于发热惯性，在短时运行时可以允许过载。工作时间愈短，过载可以愈大，但过载也受到限制。因此，通常根据过载系数 λ，规定电动机的额定功率为生产机械要求的功率的 $1/\lambda$。

【例 6-10】已知某机床的刀架质量为 $G = 520\text{kg}$，移动速度 $v=19\text{m/min}$，导轨摩擦系数 $\mu = 0.12$，传动机构的效率 $\eta = 0.24$，要求电动机的转速约为 1400r/min。试求刀架快速移动电动机的功率。

【解】Y 系列的四极笼型异步电动机的过载系数 $\lambda = 2.2$，负载功率由设计手册查得，即

$$P_\text{L} = \frac{G\mu v}{102 \times 60 \times \eta\lambda} = \frac{520 \times 0.12 \times 19}{102 \times 60 \times 0.24 \times 2.2}\text{kW} \approx 0.37\text{kW}$$

因此，选择 Y802—4 型电动机，$P_\text{N} = 0.75\text{kW}$，$n_\text{N} = 1410\text{r/min}$。

3. 周期断续工作方式

周期断续工作方式是指电动机带额定负载运行时，运行时间很短，停止时间也很短，工作周期小于 10min 的工作方式。周期断续工作的电动机在铭牌上标注 S3。频繁起动、制动的电动机常采用周期断续工作的电动机，如拖动电梯、起重机的电动机等。

电动机在周期断续负载下工作，最后稳定的最高温升比该机在相同负载下长期连续工作时达到的稳定温升要低一些，因此，周期断续工作的电动机也可以选用一台额定功率比负载功率小的普通连续工作方式的电动机，只要它在周期断续工作时的稳定最高温升小于或等于该机的允许温升即可。其选择方法与短时工作方式相似，不再赘述。

【**例 6-11**】一个周期断续工作的生产机械，运行时间 $t_\text{w} = 92\text{s}$ ，停机时间 $t_\text{s} = 230\text{s}$ ，需要转速 $n = 680\text{r/min}$ 的三相绕线转子异步电动机拖动，电动机的负载转矩 $T_\text{L} = 276\text{N} \cdot \text{m}$ 。试选择电动机的额定功率。

【**解**】（1）电动机的负载功率由设计手册查得，即

$$P_\text{L} = \frac{2\pi}{60} T_\text{L} n = \frac{2 \times 3.14}{60} \times 276 \times 680\text{W} \approx 19.6\text{kW}$$

（2）电动机的实际负载持续率为

$$FC = \frac{t_\text{w}}{t_\text{w} + t_\text{s}} \times 100\% = \frac{92}{92 + 230} \times 100\% \approx 28.6\%$$

（3）选择 $FC_\text{N} = 25\%$ 的 S3 工作制绕线转子异步电动机。换算到标准负载持续率时的负载功率为

$$P_\text{L}' = P_\text{L} \sqrt{\frac{FC}{FC_\text{N}}} = 19.6 \times \sqrt{\frac{0.286}{0.25}}\text{kW} = 21\text{kW}$$

因此，选择额定功率 $P_\text{N} \geq 21\text{kW}$ 的电动机。YZR—225M 型电动机额定功率在 $FC = 25\%$ 时， $P_\text{N} = 26\text{kW}$ ，满足题意要求。

本章小结

1. 三相异步电动机的基本结构主要由定子和转子两部分组成，根据转子绕组结构的不同，分为笼型和绕线转子两种类型。

异步电动机定子三相对称绕组通入三相对称电流，便产生旋转磁场。其转向取决于三相绕组中电流的相序。旋转磁场的转速（即同步转速）为 $n_1 = 60 f_1 / p$ 。转子的转速 n 略小于 n_1 ，它们之间的关系用转差率表示，即

$$s = \frac{n_1 - n}{n_1}$$

2. 三相异步电动机的电磁转矩是很重要的物理量，其关系式为

$$T = K_\text{T} \frac{s R_2 U_1^2}{R_2^2 + (s X_{20})^2}$$

可见，异步电动机对于电网电压的波动十分敏感。当 U_1 和 R_2 为定值时， T 和 s 的关系曲线为 $T = f(s)$ ，或转速 n 和转矩 T 的关系曲线为 $n = f(T)$ ，称为三相异步电动机的机械特性，该特性是分析异步电动机运行性能的基础。

3. 三相异步电动机的使用包括正确理解铭牌数据和额定值的意义，以及异步电动机的起动、反转、制动和调速等问题。

笼型异步电动机的起动分直接和减压两种方式。直接起动是最简单易行的起动方式，但起动电流大。对于功率较大或频繁起动的笼型异步电动机应采用如丫－△换接减压起动、自耦变压器减压起动方法。因其起动转矩降低，因此适用于轻载起动的场合。绕线转子电动机则采用在转子绕组中串接电阻的方法减小起动电流。

电气制动是电动机的一种特殊运行状态，此时电动机产生的电磁转矩与转子的转向相反，常用能耗制动和反接制动两种方法。笼型电动机的调速方法有改变电源频率（变频）和改变电动机极对数（变极）两种；绕线转子电动机可采用改变转差率的方法调速。

4. 单相异步电动机的定子为单相绕组，通入交流电源产生的是正弦脉动磁场，脉动磁场可以分解为两个大小相等、方向相反的旋转磁场，它们在转子上产生的电磁转矩大小相等、方向相反，故起动转矩为零。单相异步电动机获得起动转矩的常用方法有两种：电容分相法和罩极法。它们的目的都是使电动机气隙形成移动磁场。

5. 控制电动机是用于自动系统和计算装置中实现信号（或能量）的检测、计算、执行、转换或放大等功能的电动机。步进电动机是将脉冲电信号变换为相应的角位移的电动机，它的角位移与脉冲数成正比，它的转速与脉冲频率成正比。

基本概念自检题 6

以下小题为选择题型，请将正确答案或选项填入空白处。

1. 某三相异步电动机的额定转速为 985r/min，则电动机的同步转速等于_____r/min。

a. 1000　　　　　　b. 985　　　　　　c. 15

2. 有关三相异步电动机采用 丫－△ 减压起动的正确描述是_____。

a. △联结的三相异步电动机不可以采用 丫－△ 减压起动

b. 丫－△ 减压起动降低了电动机的定子相电压

c. 丫－△ 减压起动降低了电动机的定子线电压

3. 三相异步电动机起动电流大的原因是_____。

a. 起动时转矩大　　b. 起动时转速为零，转子感应电动势大

c. 起动时磁通为零

4. 三相异步电动机旋转磁场的转速_____。

a. 与电动机的极对数和电源频率成反比

b. 与电动机的极对数成反比，与电源频率成正比

c. 与电动机的极对数成正比，与电源频率成反比

5. 三相异步电动机定子绕组 U、V、W 在空间以顺时针次序、互差 120° 排列。若通入 U、V、W 三相绕组的电流分别为 $i_U = I_m \sin \omega t$，$i_V = I_m \sin(\omega t + 120°)$，$i_W = I_m \sin(\omega t + 240°)$，则旋转磁场以_____方向旋转。

a. 顺时针　　　　　b. 逆时针　　　　　c. 固定不变

6. 三相异步电动机铭牌数据为：$U_N = 380V / 220V(丫/△)$，$I_N = 6.3A / 10.9A$。当额定状态运行时，每相绕组电压 U_P 和电流 I_P 为_____。

a. 380V，6.3A　　　　　　　　b. 220V，6.3A

c. 220V，10.9A　　　　　　　 d. 380V，10.9A

7. 电动机的额定功率 P_N 是指_____。

a. 电源输入功率　　　　　　　b. 电动机内部消耗的功率

c. 转子的电磁功率　　　　　　d. 转子轴上的输出功率

8. 三相异步电动机运行时，输出功率大小取决于_____。

a. 定子电流大小   b. 电源电压高低

c. 轴上阻力转矩大小   d. 额定功率大小

9. 电动机在恒转矩负载下工作时，电网电压下降 10%，稳定后的状态为_____。

a. 转矩减小，转速下降，电流增大   b. 转矩不变，转速下降，电流增大

c. 转矩减小，转速不变，电流减小

10. 单相交流电动机没有起动转矩的原因是_____。

a. 磁场是脉动的   b. 磁场是旋转的   c. 磁场是固定的

11. 三相反应式步进电动机六拍运行方式时，在一个循环周期中每个定子绕组通电的次数是_____。

a. 3 次   b. 1 次   c. 6 次

12. 若为煤矿井下通风机选用三相异步电动机，则优先选用_____。

a. 防护式   b. 封闭式   c. 防爆式

13. 若为起重吊车选用三相异步电动机，则优先选用_____。

a. 笼型异步电动机   b. 高起动转矩笼型异步电动机

c. 绕线转子异步电动机

习 题 6

1. 某三相异步电动机，其额定转速为 $n = 2940 \text{r/min}$，电源频率为 50Hz，试求：（1）电动机转子的转速；（2）定子旋转磁场的转速；（3）额定转差率；（4）转子电流频率。

2. Y280S—8 型三相异步电动机在电源电压为 380V、频率为 50Hz 的电网下运行，电动机的输入功率为 40.66kW，电流为 78.2A，转差率为 1.33%，轴上输出的转矩为 477.5N·m。试求电动机的如下参数：（1）转速；（2）输出功率；（3）效率；（4）功率因数。

3. 一台三相异步电动机在运行时测得如下数据：（1）电动机的输出功率 $P_2 = 4 \text{kW}$，输入功率 $P_1 = 4.8 \text{kW}$，定子线电压 $U_1 = 380 \text{V}$，线电流 $I_1 = 8.9 \text{A}$；（2）$P_2 = 1 \text{kW}$；$P_1 = 1.6 \text{kW}$，$U_1 = 380 \text{V}$，线电流 $I_1 = 4.8 \text{A}$。试求上述两种情况下电动机的效率和功率因数。

4. 三相异步电动机的额定数据如下：2.8kW，380V/220V，$\curlyvee / \triangle$，6.3A/10.9A，1460r/min，$\cos\varphi_N = 0.84$。（1）如电源电压为 380V，电动机应如何连接？求电动机的额定转矩、额定转差率、额定效率各为多少；（2）如电源电压为 220V，电动机应如何连接？求电动机的额定转矩、额定转差率、额定效率，并与（1）的结果比较。

5. 某绕线转子异步电动机的额定转速为 $n_N = 735 \text{r/min}$，转子绕组为 $\curlyvee$ 联结，转子开路电压为 420V，电源频率 $f_1 = 50 \text{Hz}$。试求：（1）电动机的极对数；（2）额定运行时转子电势 E_2；（3）额定运行时转子电流频率 f_2。

6. 对某三相笼型异步电动机所做的满载、空载、堵转试验的数据见表 6-4。

表 6-4   电动机试验数据

试验项目	电压 /V	电流 /A	定子输入功率 /W	转速 /（r/min）
满载	220	14.2	4000	960
空载	220	2.8	250	990
堵转	50	14.2	350	0

试求：（1）电动机的输出功率；（2）额定转矩；（3）效率；（4）功率因数；（5）额定转差率。

7. 某三相异步电动机的额定数据如下：$P_N = 3kW$，$U_N = 380V / 220V$（丫/△），$\cos\varphi_N = 0.8$，$\eta_N = 0.84$，$T_{st} / T_N = 1.4$，$I_{st} / I_N = 6.5$，$T_m / T_N = 1.8$，$f_1 = 50Hz$，$n_N = 1430r/min$，试求：（1）电动机的极对数；（2）额定转差率；（3）定子绕组为丫联结和△联结时的额定电流和起动电流；（4）额定转矩、起动转矩和最大转矩。

8. Y132S—4 型三相异步电动机的额定数据见表 6-5。

表 6-5 电动机的额定数据

功率 /kW	转速 / (r/min)	电压 /V	接法	效率 / (%)	功率因数	I_{st} / I_N	T_{st} / T_N	T_m / T_N
5.5	1440	380	△	85.5	0.84	7.0	2.2	2.2

试求：（1）在额定状态下运行时定子绕组电流，电动机转差率和转矩；（2）最大转矩 T_m；（3）直接起动时的起动电流及起动转矩；（4）如采用丫－△减压起动，则此时起动电流及起动转矩又为多少，能带多大的负载转矩？

9. 某三相异步电动机的额定功率为 55kW，额定转速为 980r/min，$T_{st} / T_N = 1.2$。试求：（1）T_N 和 T_{st}；（2）如果负载转矩为 600 N·m，在电源电压 $U = U_N$ 和 $U' = 0.8U_N$ 两种情况下电动机能否起动？（3）若采用自耦变压器减压起动，电动机端电压降到电源电压 65% 时起动转矩为多大？

10. 某台三相异步电动机，其额定数据如下：5.5kW，380V，2900r/min，△联结，$I_N = 11.1A$，$T_{st} / T_N = 2$，$I_{st} / I_N = 7.0$。由于起动频繁，要求起动电流不得超过额定电流的 3 倍。若 $T_L = 10N·m$，试问可否采用：（1）直接起动；（2）丫－△减压起动；（3）变比 $K = 0.5$ 的自耦变压器起动。

11. 一台 Y160M—4 型三相异步电动机，其额定数据如下：11kW，380V，1455r/min，$\cos\varphi_N = 0.84$，$\eta_N = 0.87$，$T_{st} / T_N = 1.9$，$I_{st} / I_N = 7.0$，试求：（1）额定电流；（2）全压起动的起动转矩和起动电流；（3）采用丫－△减压起动的起动转矩和起动电流；（4）带 70% 的负载能否采用丫－△减压起动？

12. 某五相步进电动机转子有 24 个齿，脉冲电源将脉冲分配给双拍通电的步进电动机励磁绕组，测得电动机的转速为 1200r/min。试求步距角和输入脉冲频率。

13. 一台数控机床用步进电动机，其转子有 40 个齿，齿宽与齿槽相等，以三相六拍方式工作。若步进电动机用齿轮、齿条拖动工作台做直线运动，每来一个脉冲，工作台移动 0.01mm，如果要求工作台以每分钟 240mm 的速度做直线运动，求该电动机的输入脉冲频率和转速。

第 **7** 章

电气控制

【内容导图】

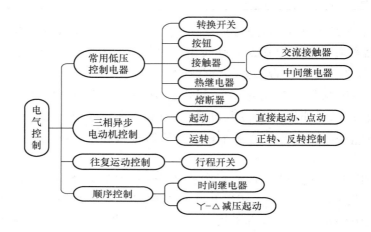

【教学要求】

知识点	相关知识	教学要求
常用低压控制电器	手动电器：转换开关、按钮	掌握
	自动电器：交流接触器、热继电器、行程开关	掌握
基本控制电路	直接起动控制	掌握
	点动控制	掌握
	正反转控制	掌握
时间控制电路	通电延时控制	掌握
	断电延时控制	了解
行程控制电路	往复运动控制	了解
顺序控制电路	丫－△减压起动控制	掌握
控制电路保护	短路、过载、失电压、联锁	掌握

【项目引例】

在现代工农业生产和国防建设中，要求不断提供各种先进的设备，例如智能加工机床、牵引设备、装载运输及工程机械等。为了满足工艺和生产过程自动化的要求，经常需要对生产机械的起停、制动、调速等进行自动控制。自动控制是指在没有人力直接参与或仅有少量人力参与的情况下，被控对象或生产过程自动按预定的规律进行工作。自动控制通常有电气、液压、机械、气动等控制手段，其中以电气自动控制的应用最广泛、最方便。图 7-1 所示为某机床的电气控制柜，能够自动完成对机床主轴、进给、液压、照明等系统的起动、停止和运行的有效控制。

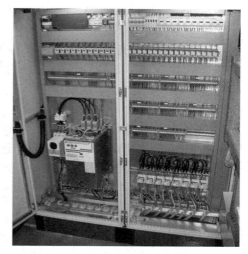

继电接触器控制是实现电气自动控制的方法之一，它具有控制方法简单、工作稳定、便于维护等优点，因而在许多场合得到广泛使用。继电接触器控制电路，无论简繁，都是由一些基本控制电器组成的。这些控制电器通过一定顺序的接通与断开，以实现生产机械动作的自动控制。在学习控制电路时，首先应了解各种控制电器的结构、动作原理及它们的控制作用。在此基础上，掌握基本控制电路的组成及其功能，掌握分析控制电路的思路和技巧。

图 7-1　某机床的电气控制柜

本章以三相异步电动机继电接触器控制为例，主要介绍基本的控制电器和控制电路。

7.1　常用低压控制电器

常用控制电器的种类多，其作用和原理结构也不相同，按其动作方式通常分为手动控制电器和自动控制电器两大类。由人工直接操作的，例如转换开关、按钮等为手动控制电器；自动控制电器是借助电路或电气设备的某一物理量的量值变化，自动使其改变工作状态的，例如各种继电器、接触器等。

1. 转换开关

转换开关又称为组合开关，如图 7-2 所示。它是由动触片、静触片、转轴和手柄等主要部分组成。动触片装在转轴上，随转轴旋转而改变通、断位置。转换开关具有体积小，操作方便，通断电路能力强等优点，主要作为电源引入开关，或用于直接控制小容量异步电动机的起动和停止。转换开关有单极、双极、三极和四极几种，额定电流有 10A、25A、60A 和 100A 等多种。

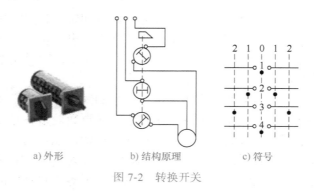

a) 外形　　　　b) 结构原理　　　　c) 符号

图 7-2　转换开关

2. 按钮

按钮是一种结构简单、应用广泛的手动主令电器，它主要用于接通或断开工作电流较小的控制电路。

图 7-3 所示是按钮的外形、结构原理及符号图，它是由按钮扣、动触头、静触头和复位弹簧构成的。未按动按钮之前的状态称为常态。常态时闭合着的触点称为常闭触点（亦称为动断触点），常态时断开着的触点称为常开触点（亦称为动合触点）。将按钮按下时常闭触点断开，常开触点闭合。当手松开时，在复位弹簧的作用下，各触点又恢复原来的状态。使用时，可视需要只选其中的常开触点或常闭触点，也可以两者同时选用。按钮触点的接触面都很小，额定电流通常不超过 5A。常见的双联按钮由两个按钮组成，一个按钮的常开触点用于控制电动机的起动；另一个按钮的常闭触点则用于控制电动机的停止。

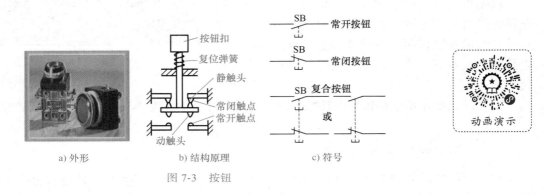

a) 外形 　　　 b) 结构原理 　　　 c) 符号

图 7-3　按钮

3. 接触器

（1）交流接触器　交流接触器是利用电磁力操作的电磁开关，用于直接控制通过电流较大的主电路的接通和断开。它是继电接触器控制电路中的主要器件之一。

图 7-4 所示为交流接触器的外形、结构原理及符号图。它主要由电磁部件、传动连杆和触点系统组成。电磁部件包括静铁心、动铁心（衔铁）和励磁线圈。励磁线圈通电前，动铁心未被吸动时的接触器状态称为常态。常态时处于闭合状态的触点称为常闭触点，而处于断开状态的触点称为常开触点。当励磁线圈通电后动铁心被吸合，带动连杆动作使所有的常开触点闭合，常闭触点则断开。当励磁线圈断电时，其常开触点和常闭触点又恢复原来状态。

交流接触器的触点按其功能的不同，可分为主触点和辅助触点。主触点的电流容量较大，用于控制主电路，辅助触点的电流容量较小，常接在电动机的控制电路中。

常用的国产交流接触器有 CJ10、CJ12、CJ20 等系列。选用时应根据额定电压，额定电流及主、辅助触点数量等综合情况加以考虑。

（2）中间继电器　中间继电器通常用来传递信号和同时控制多个电路。其结构和交流接触器基本相同，只是中间继电器的电磁系统较小，触点数较多，且没有主触点与辅助触点之分。中间继电器主要用于控制电路，以弥补交流接触器触点的不足。常用的中间继电器有 JZ7 系列和 JZ8 系列，此外还有 JT12 系列小型通用继电器，常用在自动装置上以接通或断开电路。选用中间继电器时，主要考虑线圈的电压等级和触点的数量。

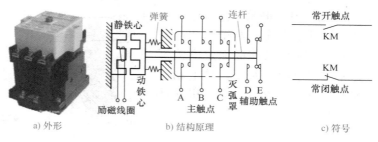

a) 外形　　　　　　b) 结构原理　　　　　　c) 符号

图 7-4　交流接触器

4. 热继电器

热继电器是一种保护电器，它是利用电流的热效应原理工作的，用于电动机的过载保护。通常电动机的电流超过额定值就称为过载。短时间的过载，即一般情况下只要不超过其允许温升，不会产生什么危害，但是过载时间过长，绕组温升超过其允许值时，将会加剧绕组绝缘老化，缩短电动机的使用寿命，严重时甚至会使电动机绕组烧毁。因此必须对电动机采取过载保护措施。

热继电器的外形、结构原理及符号如图 7-5 所示。它主要由发热元件、双金属片和触点等主要部分组成。发热元件串接在电动机的主电路中，通过它的电流是电动机绕组的电流。常闭触点串接在电动机的控制电路中，正常情况下其触点是闭合的。双金属片是由两层热膨胀系数不同的金属片碾压而成，上层热膨胀系数小，下层热膨胀系数大。当电动机过载，即电流过大时，因发热元件过热，使双金属片受热变形，自由端上翘脱开扣板，扣板在弹簧作用下转动，通过绝缘牵引板将常闭触点断开，控制电路断电，使电动机脱离电源，达到过载保护的目的。欲使热继电器重新工作，则按下复位按钮即可。由于热惯性，电动机起动或短时过载时，热继电器不会动作，这可避免不必要的停车。需要特别指出的是，热继电器只能用于过载保护，不能用于短路保护。短路保护通常由熔断器实现。

常用的热继电器有 JR20、JR36 等系列，其设定的动作电流称为整定电流，可在一定范围内调节。

5. 熔断器

熔断器是最简单有效的短路保护器，主要由熔体和外壳两部分组成。熔体俗称保险丝，是由低熔点的金属丝（或薄片）组成。熔体与被保护的电路串联，在正常工作状态下熔体不会熔断。当发生短路或严重过载时，电路电流使熔体温度高过熔点，熔体立即熔断，迅速切断电源，保护电路和设备不受损坏。

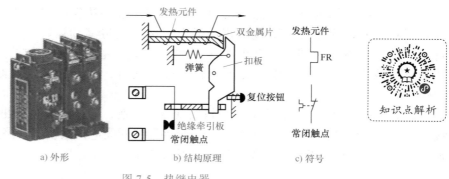

a) 外形　　　　　　b) 结构原理　　　　c) 符号

图 7-5　热继电器

图 7-6 所示是常用的三种熔断器。选择熔断器时，主要是确定熔体的额定电流。对于照明电路等没有冲击电流的负载，应使熔体的额定电流等于或大于电路的实际工作电流。对于保护电动机电路的熔断器，熔体的额定电流可按电动机起动电流的 $1/3 \sim 1/2.5$ 选取。

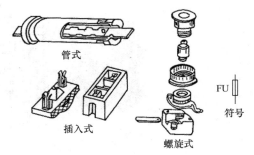

图 7-6　熔断器及符号

【练习与思考】

　　7.1.1　交流接触器是如何工作的？其触点有哪些种类？用途有什么不同？

　　7.1.2　热继电器的用途是什么？它的发热元件和触点各接在什么电路中？热继电器为什么不能用作短路保护？

　　7.1.3　熟悉总结本节所述各控制电器的文字符号和图形符号。

7.2　三相笼型异步电动机直接起动和正反转控制

　　通常控制系统根据生产工艺的不同，控制电路的结构也不同。由于生产机械运动部件的动作往往比较复杂，因此作为控制运动部件动作的继电接触器控制电路一般也是复杂的。但无论如何复杂，其控制系统都是由若干基本控制电路和一些保护电路组合而成的。因此，掌握一些常用的基本控制电路，是学习继电接触器控制系统的关键。

7.2.1　直接起动控制电路

　　较小容量的三相笼型异步电动机通常可以直接起动，其控制电路如图 7-7 所示。它是由刀开关 Q、熔断器 FU、交流接触器 KM、按钮 SB 和热继电器 FR 等组成。

　　整个控制电路可分为主电路和控制电路两部分。主电路由三相电源、刀开关 Q、熔断器 FU、交流接触器主触点 KM、热继电器 FR 发热元件和电动机定子绕组组成。控制电路由停止按钮 SB_1、起动按钮 SB_2、交流接触器辅助触点和线圈、热继电器常闭触点等组成。

　　起动电动机时，首先闭合刀开关 Q，引入电源。当按下起动按钮 SB_2 时，交流接触器 KM 的线圈通电，动铁心吸合并带动三对主触点闭合，电动机接通电源后起动运转。与此同时，辅助常开触点也闭合。由于它和起动按钮并联，因此即使起动按钮恢复常开状态时，交流接触器线圈仍能通电，电动机将继续运转。这种利用交流接触器自身的常开触点使线圈保持通电的作用称为自锁，完成自锁功能的这一对触点称为自锁触点。按下停止按钮 SB_1，交流接触器线圈断电，所有常开触点断开，电动机停止运转。

　　如果撤除自锁触点，则可对电动机实现点动控制，即按下起动按钮 SB_2，交流接触器线圈通电，电动机就转动；手一松，交流接触器线圈失电，电动机就停止运转。点动控制常用于吊车、机床刀架、横梁的快速移动及刀具调整等工作中。

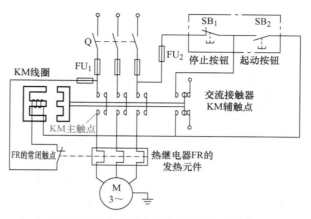

图 7-7　异步电动机直接起动控制电路结构图

采用上述控制电路还可以实现短路保护、过载保护和失电压保护。

熔断器 FU 起短路保护作用。一旦发生短路事故，熔体立即熔断，电动机立即停转。

热继电器 FR 起过载保护作用。当电动机过载时，主电路电流增大，使 FR 的热元件发热，将串在线圈电路中的常闭触点断开，使交流接触器断电，主触点断开，电动机也就停转。

在上述控制电路中，接触器除用于通断电动机外，还具有失电压（或欠电压）保护作用。即当电源电压过低或突然停电时，接触器线圈失电，使得所有常开触点断开，电动机停转。电源电压恢复正常后，必须重新按下起动按钮，电动机才能起动，否则不能自行起动。如果不采用上述电路而是用刀开关直接起动时，若停电时未及时断开开关，电源恢复时，电动机会自行起动，有可能造成事故。

图 7-7 所示控制电路的结构图比较形象直观，但是当电路复杂使用电器较多时，结构图不容易画出，也难看得清楚，所以通常不用它，而是画出如图 7-8 所示的原理图。

在控制电路原理图中，各电器都用统一规定的图形符号表示。因此，必须首先弄清图形符号和文字符号所代表的意义。

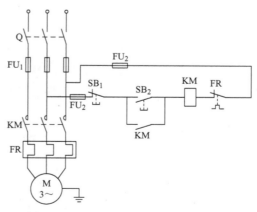

图 7-8　异步电动机直接控制电路原理图

在原理图中，主电路与控制电路分开画出，因此同一电器的触点和线圈也是分开画的。但属同一电器的各部分，都用同一文字符号标注。所有电器的触点均按线圈不通电或按钮无外力作用时的常态位置画出的。分析电路时应注意上述特点。

【练习与思考】

7.2.1 在继电器控制电路中，什么是主电路，什么是控制电路？

7.2.2 什么是自锁？在控制电路中如何实现？

7.2.3 什么是失电压保护？用刀开关起动和停止电动机能否起到失压保护作用？

7.2.2 正反转控制

在生产实际中，经常需要电动机能够实现可逆运行，如机床工作台的前进与后退、主轴的正转与反转、起重机吊钩的上升与下降等，这就要求电动机能够正反转。由前述已知，改变异步电动机的旋转方向，只要将接至电源的三根定子端线中的任意两根对调即可。这样，需要两只接触器来完成上述任务，一只控制电动机正转，另一只控制电动机反转。因此，图 7-8 所示电路中需要再增加一条控制电动机反转的电路，如图 7-9 所示。

在图 7-9 中，接触器 KM_1 控制电动机正转，KM_2 控制反转。按下正转按钮 SB_2，接触器 KM_1 线圈通电，其主触点闭合，电动机正转起动。需要反转时必须先按下停止按钮 SB_1，使 KM_1 线圈失电，其常开触点断开，电动机定子绕组与电源断开后才能按反转起动按钮 SB_3，使 KM_2 线圈通电，电动机反转起动。如果操作时不是按上述顺序，而是在接触器 KM_1 尚未断电的情况下又按了反转起动按钮，这样使 KM_1、KM_2 同时通电动作，其常开主触点全部闭合，将会使得主电路中电源线间短路，这是决不允许的。

为了避免由于误操作出现事故，在控制电路中必须有防范措施，如图 7-10 所示，把接触器 KM_1 和 KM_2 的常闭触点互相串接在对方的控制电路中，进行互锁控制。这样，当接触器线圈 KM_1 通电时，由于其串接在 KM_2 控制电路中的常闭触点断开，使得 KM_2 不能通电，反之亦然。这样就避免了两只接触器同时通电的可能。这种利用两个接触器的常闭触点相互制约的方法称为互锁，起互锁作用的一对触点称为互锁触点，如图 7-10 中的两个常闭触点 KM_1 和 KM_2。

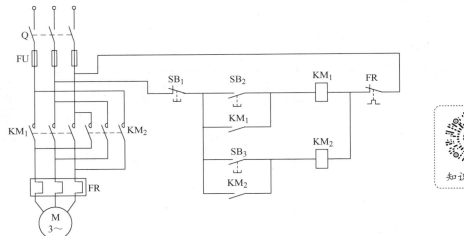

知识点解析

图 7-9 异步电动机正反转控制电路

在图 7-10 中，还使用了复合按钮 SB_2 和 SB_3。很显然，采用复合按钮也可以起到互锁作用，这是由于按下 SB$_2$ 时，只有线圈 KM$_1$ 通电，与此同时，由于串接在线圈 KM$_2$ 电路中的 SB$_2$ 互锁常闭触点断开，而使 KM$_2$ 电路被切断。同理按下 SB$_3$ 时，只有 KM$_2$ 通电，同时线圈 KM$_1$ 电路被切断。这种依靠机械机构保证两只接触器不会同时通电的方法称为机械互锁。

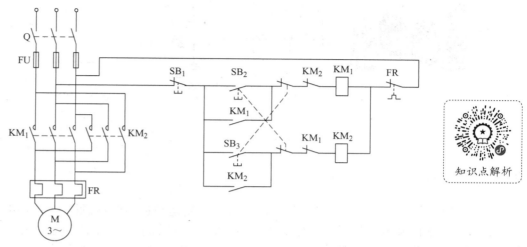

知识点解析

图 7-10　具有互锁环节的正反转控制电路

图 7-10 所示控制电路由于采用了机械互锁和电气互锁，既保证了电路可靠工作，又为操作带来了方便。

【练习与思考】

7.2.4　什么是互锁？互锁与自锁有什么区别？各自在控制电路中是如何实现的？

7.2.5　在图 7-10 所示控制电路中采用了机械互锁，这为操作带来何种方便？

7.3　行程开关与工作台自动往复运动控制

根据生产机械运动部件的位置或行程对生产机械进行的控制称为行程控制，如刨床工作台自动往复运动，提升机及行车的终端保护等。其中工作台的自动往复运动是典型的行程控制。行程控制是由行程开关来实现的。

应用实例

7.3.1　行程开关

行程开关主要用于将机械位移变成电信号，以实现对机械运动的行程进行控制。行程开关的种类较多，按其结构主要分为直动式和滚动式。它们的工作原理与按钮相同。不同的是，按钮是手动的，而行程开关是由装在运动部件上的挡块来撞动的。另外，按钮动作慢，而行程开关的内部采用了瞬时动作机构，可使触点切换速度加快，而且准确。

图 7-11 所示为行程开关的外形、结构原理及符号。当运动部件的挡块压下触点推杆时，它的常闭触点打开，常开触点闭合。当挡块离开触点推杆时，在复位弹簧的作用下，各触点又恢复原态。滚动式行程开关主要由滚轮、传动杆和内部微动开关组成。触点的

动作需要运动挡块推动滚轮转过一定角度后才能实现。同样，挡块移开后各触点又恢复原态。

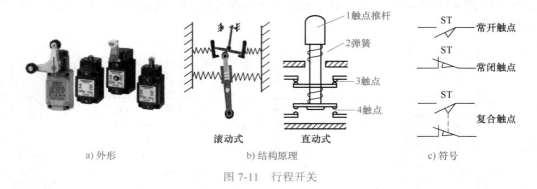

a) 外形   b) 结构原理   c) 符号

图 7-11   行程开关

7.3.2　工作台自动往复运动控制

图 7-12 所示是用行程开关来控制工作台自动往复运动控制的示意图和控制电路原理图。行程开关 ST_1 和 ST_2 根据需要分别装在预定的行程位置上。工作台由电动机正、反转拖动往复运动。设电动机正转拖动工作台前进，电动机反转拖动工作台后退。ST_1 控制工作台前进结束，ST_2 控制工作台后退结束。

按下正转起动按钮 SB_F，接触器线圈 KM_F 通电，电动机正转，带动工作台前进。当工作台前进至预定位置时，挡块压下 ST_1，使串接在正转控制电路中的 ST_1 常闭触点断开，KM_F 失电，电动机正转停止。与此同时，ST_1 的常开触点闭合使 KM_R 通电，电动机反转并带动工作台后退，退至预定位置时挡块又压下 ST_2，使 KM_F 又通电，电动机正转又带动工作台前进。如此往复循环运动，直至按下停止按钮为止。

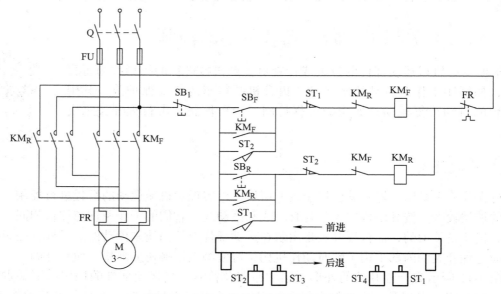

图 7-12   工作台往复运动的行程控制电路

行程开关除用来对电动机的行程进行控制外，还可实现终端保护、制动及变速等。例如在上述工作台的自动往复运动时，如因故障挡块压下时行程开关 ST_1 或 ST_2 不动作，致使工作台继续移动、超出极限位置而造成事故。为此，可在行程控制的两个终端增加行程开关 ST_3、ST_4 作为极限保护。

【练习与思考】

7.3.1 图 7-12 中 ST_3 和 ST_4 是如何起到极限保护作用的？

7.3.2 试说明在图 7-12 中，当工作台后退压下 ST_2 时，控制电路中各触点的动作状态（断开或闭合）。

7.4 三相笼型异步电动机 Υ – △减压起动

在自动控制系统中，有时需要按时间间隔要求接通或断开被控制的电路，以协调和控制整个系统的动作。这种按时间原则所进行的控制称为时间控制，如电动机 Υ – △减压起动控制属于时间控制的典型实例。

7.4.1 时间继电器

实现时间控制的自动电器称为时间继电器。时间继电器的种类很多，主要有空气式、数字式、电动式和电子式。其中空气式结构简单，成本低，应用较广泛，但由于精度低，稳定性较差，正逐步被数字式时间继电器所取代。图 7-13 所示为空气式时间继电器和电子式时间继电器实物图。

下面以空气式时间继电器为例说明时间继电器的工作原理。

a) 空气式   b) 电子式

图 7-13 时间继电器

空气式时间继电器是利用空气阻尼作用使继电器的触点延时动作的。一般分为通电延时（线圈通电后触点延时动作）和断电延时（线圈断电后触点延时动作）两类。图 7-14a 所示为通电延时继电器的结构示意图，它主要由电磁机构、触点系统和空气室等部分组成。当线圈通电后，将动铁心吸下，使之与活塞杆之间拉开距离，这时活塞杆将在释放弹簧的作用下开始下降。但由于受到橡皮膜内空气阻尼的作用，活塞杆只能缓慢下降。经过一定时间后，活塞杆下降到一定位置，通过杠杆推动延时动作触点，使常开触点闭合，常闭触点断开。从线圈通电开始到触点完成动作为止，这段时间的间隔就是继电器的延时时间。延时时间的长短可通过调节进气孔大小来改变。延时继电器的触点系统有延时闭合、延时断开、瞬时闭合和瞬时断开四种触点类型。

如果将上述时间继电器的电磁铁倒装一下，即动、静铁心换位装置，则可得到断电延时的时间继电器，如图 7-14b 所示，同样也有两个延时触点：一个延时闭合的常闭触点，一个延时断开的常开触点。基本工作原理同上，可以自行分析。

数字式时间继电器是利用电子延时电路实现延时动作。无论哪一种时间继电器，它们的共同特点是从接收信号到触点动作有一定延时，延时时间长短可根据需要预先整定。

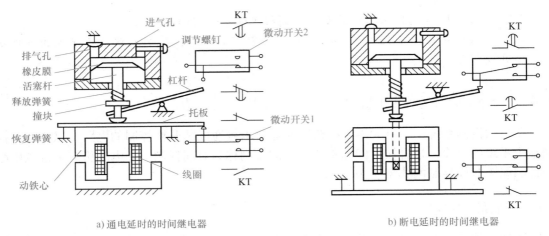

a) 通电延时的时间继电器　　　　　　　　　b) 断电延时的时间继电器

图 7-14　时间继电器结构示意图

7.4.2　丫－△减压起动控制

图 7-15 是利用通电延时继电器实现笼型异步电动机丫－△起动的控制电路。

电动机起动时，接触器 KM_1、KM_2 工作，电动机定子绕组为丫联结；运行时接触器 KM_1、KM_3 工作，电动机定子绕组为△联结。时间继电器 KT 控制电动机起动的时间，控制电路中通电延时继电器的延时闭合的常开触点与 KM_3 线圈串联；延时断开的常闭触点与 KM_2 线圈串联。其工作过程分析如下。

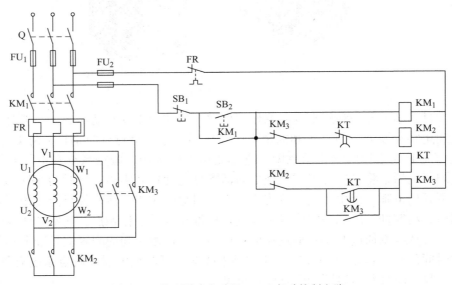

图 7-15　笼型异步电动机丫－△起动控制电路

闭合电源开关 Q，按下起动按钮 SB_2，接触器 KM_1 线圈通电，其辅助常开触点闭合，实现自锁。由于 KM_3 未通电，其常闭触点闭合，时间继电器 KT 线圈通电，KT 常闭触点尚未断开，接触器 KM_2 线圈通电。主电路中的 KM_1、KM_2 常开主触点闭合，电动机定子绕组为丫联结，减压起动。经过一定延时后，时间继电器 KT 的延时断开的常闭触点断开，使接触器 KM_2 线圈断电；与此同时，延时闭合的常开触点 KT 闭合，使接触器 KM_3 线圈通电，主触点 KM_3 闭合，于是电动机定子绕组改成△联结，投入正常运行。动作过程概括如下：

在电动机丫–△起动控制电路中，常闭触点 KM_2 和 KM_3 起互锁作用，以保证接触器 KM_2 和 KM_3 不会同时工作。常开触点 KM_1 和 KM_3 在电路中起自锁作用。

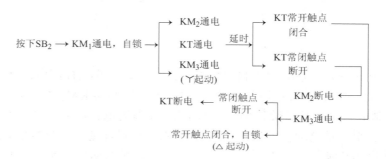

【练习与思考】

7.4.1　通电延时与断电延时有什么区别？总结时间继电器的四种延时触点的符号特点，以及它们的动作过程。

7.4.2　在电动机丫–△起动控制电路中，若接触器 KM_2 和 KM_3 同时工作，会出现什么问题？

7.5　几种电气控制应用电路

7.5.1　既能点动又能连续工作的控制电路

在自动控制系统中，除了需要对电动机进行正常连续控制外，有时还需要进行点动控制，既具有点动又具有正常控制的电路如图 7-16 所示。

在图 7-16 中，按钮 SB_3 用于点动控制，按下 SB_3 后接触器 KM 线圈通电，松开 SB_3，KM 线圈断电。按钮 SB_2 为正常操作按钮，按下 SB_2，中间继电器 KA 线圈通电，分别与按钮 SB_2 和 SB_3 并联的中间继电器 KA 的常开触点闭合，即与按钮 SB_2 并联的 KA 常开触点起自锁作用，松开 SB_2 后 KA 线圈仍继续通电。只有按下停机按钮 SB_1 后才断电。

7.5.2　两台电动机的顺序联锁控制

在实际生产中，有些机械装置需要多台电动机拖动，其中有些电动机之间存在着一定的顺序关系。例如某些大型机床，必须先将油泵电动机起动，为主轴提供循环润滑油，然后才能起动主轴电动机，实现这一要求须采用"联锁"控制环节。

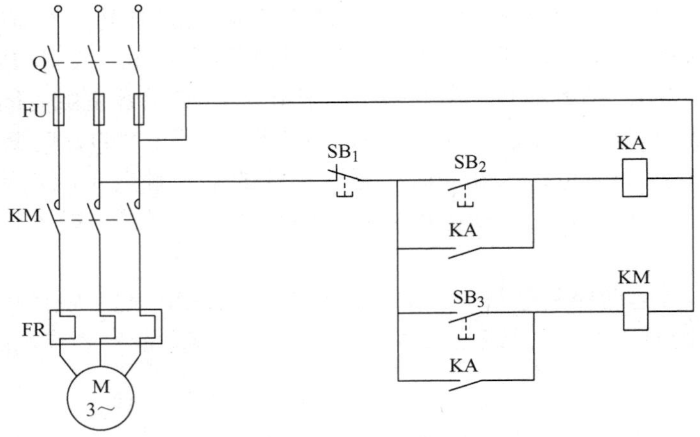

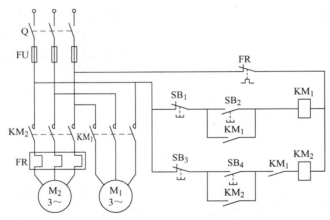

图 7-16　点动与连续控制电路

图 7-17 所示电路为主轴电动机和油泵电动机起动顺序联锁控制电路。接触器 KM_1 控制油泵电动机 M_1，接触器 KM_2 控制主轴电动机 M_2。接触器 KM_1 的一个常开触点串接在主轴电动机控制电路中，起联锁作用，只有 KM_1 线圈通电，油泵电动机起动，其常开触点 KM_1 闭合，控制主轴电动机的接触器 KM_2 线圈才有可能通电。这样实现了在油泵电动机起动的前提下，主轴电动机才可以起动、停车。油泵电动机停车，主轴电动机也随之停车。

图 7-17　顺序联锁控制电路

7.5.3　电磁抱闸制动控制

电磁抱闸制动控制是由电磁铁和电气控制电路相结合共同实现的。由 5.3.3 节可知电磁抱闸主要由制动电磁铁和闸瓦制动器两部分组成。

图 7-18 所示为电磁抱闸制动控制电路图。按下起动按钮 SB_1，接触器 KM 线圈通电并自锁，电动机定子绕组通电并起动。这时电磁铁的线圈 ZT 也通电，铁心吸引衔铁而闭合，同时衔铁克服弹簧拉力，迫使制动杠杆上移，从而使制动器的闸瓦与制动闸轮松开，电动机得以正常运转。

当按下停止按钮 SB_2 时，接触器 KM 线圈断电释放，电动机电源被切断，电磁抱闸的线圈 ZT 也同时断电，衔铁释放。于是，在弹簧拉力的作用下使制动器闸瓦紧紧抱住制动闸轮，电动机迅速被制动停转。

这种制动方式常常用于起重机械，以及要求制动较为严格的设备上。

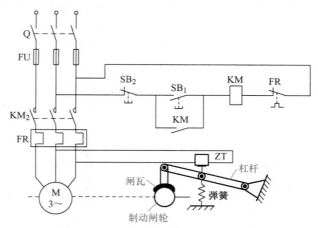

图 7-18　电磁抱闸制动控制电路

【练习与思考】

总结"联锁""自锁"及"互锁"各控制功能的作用，以及实现方法的不同点。

7.6　实用控制电路读图练习

7.6.1　阅读方法与步骤

生产机械的继电接触器控制原理图一般是比较复杂的，阅读这类电路图应掌握其组成特点和阅读方法。

综合前几节内容可知，继电接触器控制电路主要由信号元件、控制元件和执行元件组成。信号元件用于把非电量的变化转换为电信号，以此作为控制信号，如按钮、行程开关等。控制元件主要根据有关信号的综合结果，来控制执行元件的动作，如接触器、继电器等。执行元件主要用来操纵机器的执行机构，如电动机、电磁铁和电磁阀等。

继电接触器控制电路主要分为主电路和控制电路两部分。主电路一般为执行元件所在的电路，控制电路为信号元件和控制元件所组成的电路。

控制电路图中各元件采用统一的标准符号画出。读图之前应先了解各元件的符号、作用和意义。值得注意的是图中各元件符号均按常态表示。如接触器未通电状态，按钮处于未按下位置等。同一元件的线圈和触点用同一符号表示，但同一元件的线圈和触点分布在不同的支路中，起着不同的作用。

读图时通常采用以下的步骤和方法。

1）通过阅读设备说明书，首先了解生产机械的工艺过程、控制电路服务的对象及生产过程对控制电路提出的要求。

2）阅读主电路。从主电路入手，了解生产设备由几台电动机拖动，各电动机有哪些动作要求，是由哪些控制电器实现和满足要求的；主电路中采取了哪些保护措施，采用何种起动方法等，从而为阅读控制电路做好了准备。

3）阅读控制电路。根据主电路中各电动机和执行元件的控制要求，逐一找出控制电路中有关控制环节及各环节间的联系，将其"化整为零"，按功能不同划分成若干局部控制电路，再着手分析。

① 具体分析之前，首先把各控制元件的有关触点所在的位置全部找到，避免分析功能时遗漏。

② 读图时，要掌握控制电路编排上的特点。一般控制电路都是按照动作先后顺序，自上而下，从左到右绘制而成。因此阅读时，也应自上而下，从左到右，逐行弄清楚它们的作用和动作条件。

③ 从按动起动按钮开始，核对电路，观察元件的触点信号是如何控制其他控制元件动作的，然后再查看这些被带动的控制元件的触点是如何控制执行元件或其他控制元件动作的，并随时注意控制元件的触点使执行元件有何运动或动作。

④ 经过"化整为零"逐步分析了每一局部电路的工作原理，以及各部分之间的控制关系之后，最后还要从整体角度去进一步检查和理解各控制环节之间的联系及某些特殊要求部分，从而达到对整个控制电路功能的掌握和了解。

7.6.2　粉碎机电气控制电路

粉碎机用于粉碎秸秆、枝条、青饲及干草等，是生产实际中经常使用的机器。图 7-19 所示为某粉碎机的实物图，其电气控制电路如图 7-20 所示。电动机 M_1 拖动切刀，完成切割运动。电动机 M_2 拖动板条式物料喂入器。进行加工时，工作人员起动粉碎机后，只需将被加工的物料连续均匀地送到板条式物料喂入器上，被加工的物料靠切刀转轴上的离心式叶片进行气流运输。

分析粉碎机的控制电路，需要了解设备的控制要求。为了防止切刀处的物料堵塞，它的控制要求如下。

图 7-19　粉碎机实物图

1）开机时，电动机 M_1 起动后，经一定延时电动机 M_2 自动起动，电动机 M_1 不起动，电动机 M_2 不能起动。

2）停机时，电动机 M_2 停车后，经一定延时后电动机 M_1 自动停车；电动机 M_2 不停车，电动机 M_1 不能停车。

主电路分析如下：

电动机 M_1 和电动机 M_2 分别由交流接触器 KM_1 和 KM_2 控制，均是单方向运行，电动机 M_1 有过载保护。

控制电路分析如下：

控制电路除有 KM_1 和 KM_2 两个交流接触器以外，还有时间继电器 KT_1 和 KT_2 及中间继电器 KA。时间继电器 KT_1 用于控制起动时电动机 M_2 自动起动的延时时间；而时间继电器 KT_2 则用于控制制动时电动机 M_1 自动制动的延时时间。中间继电器 KA 则控制整个电路的起停。

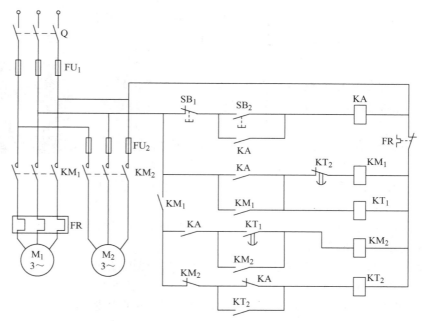

图 7-20　某粉碎机电气控制电路

自上而下阅读控制电路，其动作次序如下：

（1）起动过程

闭合Q，引入电源 → 按下SB_2 → KA通电 → KA常开触点闭合

$$\rightarrow KM_1通电并自锁，M_1起动$$

$$\rightarrow KT_1通电 \xrightarrow{\text{延时}} KT_1常开触点闭合 \rightarrow KM_2通电自锁 \rightarrow M_2起动$$

满足开机时，M_1起动后，经一定延时，M_2自动起动；M_1不起动，M_2不能起动的控制要求。

（2）制动过程

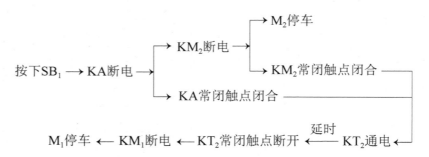

满足停机时，M_2停车后，经一定延时 M_1 自动停车；M_2 不停车，M_1 不能停车的控制要求。

*7.6.3　Z3040 型摇臂钻床电气控制电路

钻床可以用来对工件进行钻孔、扩孔、铰孔及攻螺纹等。它的种类很多，有立式钻床、台式钻床和专用钻床等。摇臂钻床属于立式钻床且应用很广泛，下面以图7-21所示的 Z3040 摇臂钻床为例来分析电气控制电路工作原理。

1. 主电路分析

图 7-22 所示是 Z3040 摇臂钻床的电气原理图。电源由转换开关 Q 引入，熔断器 FU_1 为电源的短路保护。主电路中共有四台电动机。

图 7-21 Z3040 摇臂钻床

M_1 为主轴电动机，由接触器 KM_1 的主触点控制其起停，由热继电器 FR_1 作过载保护。主轴电动机只能单方向旋转，主轴的正反转由液压系统和正反转摩擦离合器实现。空挡、制动及变速等也由液压系统来完成。

M_2 为摇臂升降电动机，由接触器 KM_2 和 KM_3 的常开主触点控制其正反转。由于电动机 M_2 为短时工作，所以不需要过载保护。

M_3 为液压泵电动机，它拖动油泵送出压力油以实现摇臂的松开、夹紧和主轴箱的松开、夹紧，由接触器 KM_4 和 KM_5 控制其正反转。热继电器 FR_2 用作 M_3 的过载保护。

M_4 为冷却泵电动机，为单方向运行，由转换开关 QS 直接控制。

2. 控制电路分析

（1）主轴电动机 M_1 的控制

起动：按下 SB_2 → KM_1 线圈吸合并自锁 → 主轴电动机 M_1 起动运转。

停止：按下 SB_1 → KM_1 断电释放 → 主轴电动机 M_1 停止运转。

过载时，热继电器 FR_1 的常闭触点断开，接触器 KM_1 释放，主轴电动机停转。

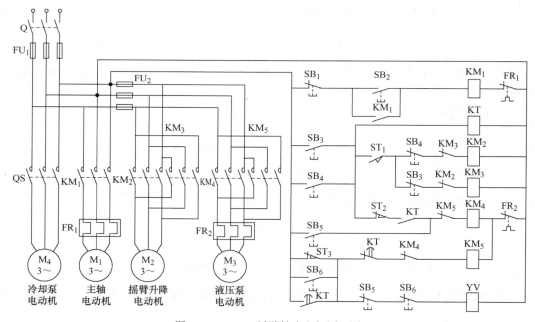

图 7-22 Z3040 摇臂钻床电气原理图

（2）摇臂升降电动机 M_2 的控制

1）摇臂升降起动控制：按下按钮 SB_3（或下降按钮 SB_4），时间继电器 KT 吸合，其常开瞬时动作触点接通接触器 KM$_4$ 线圈的电路，使液压泵电动机 M$_3$ 起动正转，液压泵供给正向压力油。同时，KT 常开延时断开触点闭合，接通了电磁阀 YV 线圈，电磁阀的吸合，使压力油进入摇臂的松开油腔，推动松开机构使摇臂松开，并压下行程开关 ST$_2$，其常闭触点断开，接触器 KM$_4$ 因线圈断电而释放，液压泵电动机停止转动；同时 ST$_2$ 的常开触点闭合，使接触器 KM$_2$（下降为 KM$_3$）线圈得电吸合，摇臂升降电动机 M$_2$ 起动正转（下降为反转），拖动摇臂上升（或下降）。

2）摇臂升降结束控制：当摇臂上升（或下降）到所需的位置时，松开按钮 SB$_3$（下降为 SB$_4$），接触器 KM$_2$（下降为 KM$_3$）和时间继电器 KT 均释放，摇臂升降电动机 M$_2$ 停转，摇臂停止升降。时间继电器释放后，延时 1～3s，其常闭延时闭合触点闭合，接通了接触器 KM$_5$ 线圈的电路，接触器 KM$_5$ 吸合，液压泵电动机 M$_3$ 反转，反向供给压力油。这时行程开关 ST$_3$ 的常闭触点是闭合的，电磁阀 YV 通电吸合，结果使压力油进入摇臂的夹紧油腔，推动夹紧机构，使摇臂夹紧。夹紧后压下行程开关 ST$_3$，其常闭触点断开，接触器 KM$_5$ 和电磁阀 YV 都因线圈断电而释放，液压泵电动机停转，摇臂的升降结束。

（3）控制电路中的保护作用　行程开关 ST$_2$ 保证只有摇臂先完全松开后才能升降。如果摇臂没有完全松开，则 ST$_2$ 不动作，其常开触点不能闭合，所以接触器 KM$_2$ 及 KM$_3$ 就不能通电吸合，摇臂升降电动机 M$_2$ 就不会动作。

时间继电器 KT 保证在接触器 KM$_2$（下降为 KM$_3$）断电后 1～3s，待摇臂升降电动机停止时再将摇臂夹紧。

摇臂的升降都有限位保护，由组合限位开关 ST$_1$ 担任。摇臂上升到上极限位置时，与上升按钮 SB$_3$ 串联的组合开关触点 ST$_{1-1}$ 断开，接触器 KM$_2$ 释放，摇臂升降电动机 M$_2$ 便停转。这时，组合限位开关 ST$_1$ 与下降按钮 SB$_4$ 串联的触点 ST$_{1-2}$ 仍然闭合，可以利用按钮 SB$_4$ 使摇臂下降。同理，当摇臂下降到下极限位置时，与下降按钮 SB$_4$ 串联的组合开关触点 ST$_{1-2}$ 断开，接触器 KM$_3$ 释放，摇臂升降电动机便停转。这时，组合限位开关 ST$_1$ 与上升按钮 SB$_3$ 串联的触点 ST$_{1-1}$ 仍然闭合，可以利用按钮 SB$_3$ 使摇臂上升。摇臂夹紧后由行程开关 ST$_3$ 常闭触点的断开来使液压泵电动机 M$_3$ 停止。如果液压系统出现故障使摇臂不能夹紧，或由于行程开关 ST$_3$ 调整不当，都会使 ST$_3$ 的常闭触点不能断开而使液压泵电动机长期过载。因此，液压泵电动机虽是短时间运转，但仍装设了热继电器 FR$_2$ 作过载保护。

本章小结

1. 继电接触器控制是电气自动控制发展的基础，它是由各种有触点控制电器组成的。这类控制电器的共同特点是具有切换电路的触点系统。组合开关可以对电动机实现手动控制，但在自动控制电路中，它们主要用作隔离开关；接触器是用来控制电动机或其他电气设备主电路通断的电器；按钮和中间继电器则是控制接触器线圈或其他控制电路通断的电器。

2. 将各种控制电器按一定的要求组合起来，可以实现对电动机或某些工艺过程进行控制，即所谓的继电接触器控制。控制电动机运行的电路分为主电路和控制电路两大部分。主电路从电源到电动机，其中接有组合开关、熔断器、接触器的主触点、热继电器的发热元件等。控制电路中接有按钮、接触器的线圈和辅助触点、热继电器的常闭触点，以及其他控制电器（如行程开关、时间继电器等）的触点和线圈。

3. 继电接触器控制的基本电路有点动、起停、正反转、顺序联锁控制、行程控制及时间控制电路等，其中含有自锁、互锁和联锁等重要的控制功能。复杂控制电路常由这些基本环节和基本控制功能及保护环节组合而成。

4. 熔断器用来实现短路保护和严重过载保护。热继电器用来实现过载保护。此外，交流接触器还可以起失电压（欠电压）保护的作用。

5. 通过阅读典型的继电接触器控制电路，一方面要了解常用控制电器的工作原理，控制电路基本的组成及基本的控制方法；另一方面要学会分析阅读控制电路的思路和方法，从而为阅读较为复杂的实际生产机械线路图，分析其工作过程及功能打下基础。

基本概念自检题 7

以下小题为选择题型，请将正确答案或选项填入空白处。

1. 在继电接触器正反转控制电路中，互锁的功能是保证在同一时间内两个线圈_____。

a. 不能同时通电　　　　　　　　　　b. 能同时通电

c. 都不能通电

2. 在继电接触控制电路中自锁控制是指_____。

a. 互锁控制

b. 利用接触器自身常开辅助触点而使线圈保持通电的效果

c. 当接触器线圈磁通减弱，吸力不足，触点在弹簧作用下释放，使电动机停转

3. 在继电接触器控制电路中，断电延时继电器的常开延时断开的触点是_____。

a. 通电时瞬时闭合，断电时延时断开

b. 通电时延时闭合，断电时延时断开

c. 通电和断电时均延时断开

4. 继电接触器控制电路中，通电延时时间继电器的延时常闭触点是_____。

a. 通电时触点瞬时闭合　　　　b. 通电时触点瞬时断开

c. 通电时触点延时断开

5. 继电接触器控制电路分为主电路和控制电路，其中控制电路的功能是_____。

a. 控制电动机定子绕组通电　　　　b. 控制交流接触器线圈通电

c. 同时控制电动机定子绕组和交流接触器线圈通电

6. 在继电接触器控制电路中实现互锁的方法是_____。

a. 把一个接触器的常闭触点串接在对方的控制电路中

b. 把两个接触器的常闭触点互相串接在对方的控制电路中

c. 把接触器的常闭触点串接在同一线圈控制电路中

7. 下列说法正确的有_____。

a. 热继电器只能作过载保护，熔断器只能作短路保护

b. 熔断器不仅可作短路保护，也可作过载保护，只要把额定电流选小些

c. 热继电器也可作短路保护，只要将整定电流选大一点

8. 电路的工作电流等于熔断器的熔体额定电流时，熔体_____。

a. 立即烧断　　　　　　　　　　b. 过一段时间烧断

c. 永不烧断

9. 在继电接触器控制电路中实现联锁的方法是_____。

a. 把一个接触器的常闭触点串接在对方的控制电路中

b. 把一个接触器的常开触点串接在对方的控制电路中

c. 把两个接触器的常闭触点串接在同一线圈控制电路中

10. 失电压保护是通过_____环节实现的。正反转控制电路中，串联在两个接触器线圈电路中的两个接触器常闭触点的作用是_____。

习　题　7

1. 试画出可以在两处控制一台异步电动机直接起动、停止的控制电路。

2. 用交流接触器控制电动机工作时，为什么控制电路就具有失电压和欠电压保护？

3. 试用按钮、开关、中间继电器画出三种既能连续工作，又能点动工作的控制电路。

4. 图 7-23 所示为某车床的控制电路，其中 M_1 为油泵电动机，M_2 为主轴驱动电动机，试总结说明该电路的控制功能和保护功能。

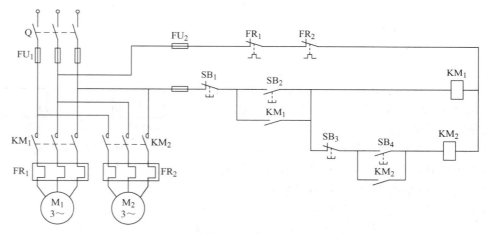

图 7-23　题 4 的图

5. 图 7-24 所示是几种有接线错误的控制电路。请改正错误，并分别说明通电操作时会发生什么现象？

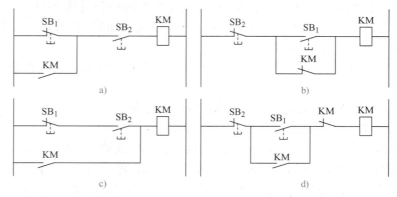

图 7-24　题 5 的图

6. 图 7-25 所示为电动机正反转控制电路。

（1）该电路存在几处错误？请改正；

（2）说明所改正器件的功能和作用；

（3）若按照图 7-25 所示电路连线并通电做实验，将会出现何种实验现象？

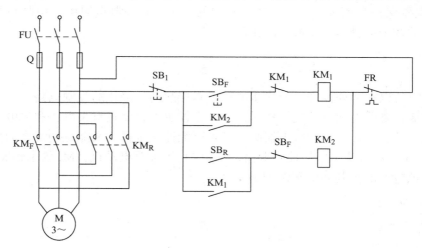

图 7-25　题 6 的图

7. 图 7-26 中，A、B 两个移动机构分别由笼型异步电动机 M_1 和 M_2 拖动，均用直接起动，要求按顺序完成下列动作：

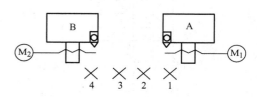

图 7-26　题 7 的图

（1）A 部件从位置 1 移动到位置 2 停止；

（2）接着 B 部件从位置 4 移动到位置 3 停止；

（3）接着 A 从位置 2 回到位置 1 停止；

（4）接着 B 从位置 3 回到位置 4 停止；

（5）上述动作往复进行，要停止时，按总停按钮。

试设计主电路与控制电路。（提示：用 4 个行程开关装在原位和终点，每个有一常开触点和一常闭触点。）

8. 试设计出某三相加热炉的控制电路。要求当按下起动按钮时，三相电炉开始加热，当预定的时间到达时，加热炉停止加热。控制电路要有短路和过载保护。

9. 有三台笼型异步电动机 M_1、M_2、M_3，按下起动按钮后 M_1 起动，延时 5s 后 M_2 起动，再延时 4s 后 M_3 起动，试画出控制电路。

10. 有两台三相笼型异步电动机 M_1 和 M_2，按下列要求分别设计出控制电路，并写出相应接触器线圈通电的逻辑式。

（1）M_1 先起动，M_2 才能起动，并且 M_2 能单独停车；

（2）M_1 先起动，经一定延时后 M_2 能自行起动；

（3）M_1 先起动，经一定时间后 M_2 能自行起动，M_2 起动后，M_1 立即停车；

（4）起动时，M_1 起动后 M_2 才能起动；停车时，M_2 停止后，M_1 才能停止。

11. 图 7-27 所示是一种用时间继电器组成的灯光闪烁控制电路，试分析该电路的工作过程。

12. 某控制电动机的继电器线圈通电的逻辑函数式如下：

$$KA = \overline{SB_1} \cdot (SB_2 + KA) \cdot KT \cdot \overline{FR}$$

$$KM = \overline{SB_1} \cdot KA \cdot \overline{FR}$$

$$KT = KA$$

13. 图 7-28 所示为按时间原则控制的机床自动间歇润滑的控制电路，试分析其工作原理。

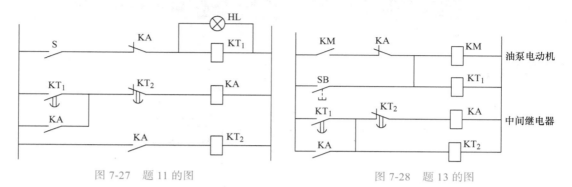

图 7-27　题 11 的图　　　　　图 7-28　题 13 的图

14. 有人参照图 7-10 设计了电动机正反转的控制电路。电路连接好进行调试实验时发现以下几种故障现象。

（1）开关 Q 闭合时，电动机立即开始正转；按下停止按钮 SB1，电动机停止转动，松开后又继续正转。

（2）开关 Q 闭合时，按下 SB₂，电动机正转；按下 SB₃，电动机反转均正常。但反转不能停止。

（3）开关 Q 闭合后，按下起动按钮，电动机正转或反转，但松开起动按钮后，电动机停止转动。

请分别分析上述故障发生的原因。

15. 图 7-29 所示为往返于 A、B 之间的运料小车的示意图，试设计控制电路。控制要求：

（1）小车初始状态停在 A 处；

（2）小车的前进与后退分别由电动机的正反转控制；

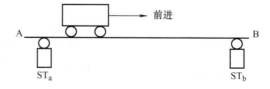

图 7-29　题 15 的图

（3）小车到达 B 处时压下行程开关 ST_b，停止前进；

（4）在 B 处停留一段时间后返回 A 处，同样停留一段时间后再向 B 处前进；

（5）重复上述过程，直至按下停车按钮为止。

请对所设计的控制电路做简要分析。

16. 设计某机床主轴电动机控制电路图。要求：

（1）可正反转，且反接制动；

（2）正转可点动，可在两处控制起、停；

（3）有短路和长期过载保护；

（4）有安全工作照明及电源信号灯。

第 8 章

可编程控制器及其应用

【内容导图】

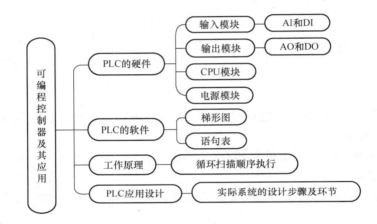

【教学要求】

知识点	相关知识	基本要求
PLC 的硬件	硬件组成	掌握
	工作原理	理解
	继电接触器等效电路	了解
PLC 的软件	梯形图	掌握
	语句表	掌握
设计思路与方法	由对象决定方案	掌握
	决定输入 / 输出类型及点数	掌握
PLC 应用	程序调试，现场调试	了解

【项目引例】

工业 4.0 时代已经到来，所谓"工业 4.0"主要分为三大主题：一是"智能工厂"，如图 8-1 所示，重点研究智能化生产系统及过程，以及网络化分布式生产设施的实现；二是"智能生产"，如图 8-2 所示，主要涉及整个企业的生产管理、人机互动以及 3D 技术在工业生产过程中的应用等，同时也成为先进工业生产技术的创造者和供应者；三是"智能物流"，主要通过互联网、物联网、物流网整合物流资源，充分发挥现有物流资源，提高供应方的效率，需求方则能够快速获得服务匹配，得到物流支持。而实现上述需求的基础就是依靠工业应用中的可编程控制器（Programmable Logic Controller，PLC），通过 PLC 的硬件组块和软件编程，可以实现任何复杂要求的功能。

图 8-1　某智能工厂全景图

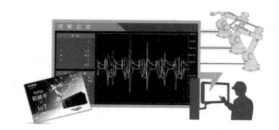

图 8-2　某智能生产基础环节

国际电工委员会（IEC）对 PLC 做了如下定义："PLC 是一种数字运算的电子系统，专为在工业环境下应用而设计。它采用可编程序的存储器，用来在内部存储执行逻辑运算、顺序控制、定时、计算和算术运算等操作指令，并通过数字式、模拟式的输入和输出，控制各种类型的机械生产过程。PLC 及其有关设备都应按易于与工业控制器系统连成一个整体，易于扩充其功能的原则设计。"

PLC 将自动化技术、计算机技术、通信技术融为一体，具有通用性强、可靠性高、编程简单、使用方便、抗干扰能力强等优点，已广泛应用于冶金、机械、石油、化工、电力、纺织等行业，是目前机电一体化、自动控制领域的首选控制器件。

由于各公司 PLC 产品的编程语言不尽相同，本章以 OMRON 公司的 C20P 机型为例向读者介绍 PLC 的基础知识。

8.1　可编程控制器的组成及其工作原理

8.1.1　硬件组成

PLC 是专为工业生产过程设计的控制器，实质上是一种工业控制的专用计算机。虽然各个 PLC 生产厂家的产品功能和特点各不相同，但它们在结构和组成上基本一致，一般由 CPU 模块、输入 / 输出接口模块、外围接口模块及编程器、扩展模块等几大部分组成，其硬件组成框图如图 8-3 所示。

1. 中央处理器

与一般计算机一样，中央处理单元（CPU）是 PLC 的核心，它指挥着 PLC 各部分协调的工作。其主要功能如下。

1）接收从编程设备输入的用户程序和数据并检查指令的格式和语法错误，将其存入用户程序存储器。

2）以扫描方式接收现场输入设备的状态和数据，并存入输入映像寄存器或数据存储器中。

3）解释执行用户程序，产生相应的内部控制信号，并根据程序执行结果更新状态标志和集中刷新输出映像寄存器的内容，完成预定的控制任务。

4）检测诊断系统电源、存储器及输入/输出接口的硬件故障。

CPU 芯片的性能决定了 PLC 处理控制信号的能力与速度，CPU 位数越多，PLC 所能处理的信息量越大，运算速度也越快。一般小型 PLC 采用 8 位微处理器或单片机作为 CPU；中型 PLC 采用 16 位微处理器或单片机作为微处理器；大型 PLC 采用高速位片式微处理器作为其 CPU。

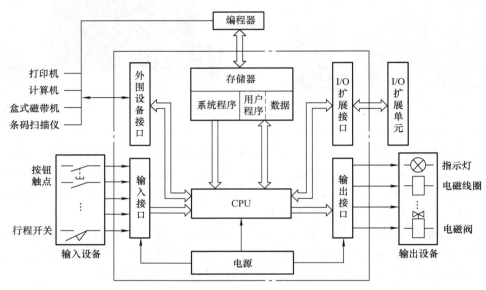

图 8-3　整体式 PLC 硬件组成框图

2. 存储器

PLC 的存储器包括系统程序存储器和用户程序存储器两部分。

系统程序存储器由 ROM 或 PROM 构成，用来存储 PLC 生产厂家编写的系统程序，用户不能访问和修改。系统程序包括系统监控程序、用户指令解释程序、标准程序模块及各种系统参数等。

用户存储器根据存储单元类型的不同可以是随机存储器（RAM），也可以是电可擦除可编程序存储器（EEPROM），其存储的内容可以由用户修改。用户存储器分为程序区、数据区和参数区三部分。

程序区存放用户针对具体控制任务编写的用户程序，为了调试和修改方便，总是先把用户程序存放在 RAM 中，经过调试、修改完善后达到设计要求的程序转存在 EEPROM 中。

数据区用来存放（记忆）程序运行时所需要的各种数据，如输入/输出状态、定时器/计数器的设定值等。在 PLC 中常把数据区按功能的不同分为不同的区域，如输入映像寄存器、输出映像寄存器、位存储器、计数存储器、定时存储器等。这些存储器构成了 PLC 的内部编程元件，为了与继电接触器控制系统相对应，也把这些存储器分别称为输入继电器、输出继电器、中间继电器、计数器、定时器等。由于 PLC 的编程元件是由存储器实现的，所以称为"软元件"。

参数区用来存放 PLC 的组态数据，如设置输入滤波、定义存储器掉电保护范围等。

数据区和参数区的数据是不断变化的，不需要长久保存，所以由 RAM 构成。但当掉电后，RAM 存储的内容会丢失。为了在掉电后能保存 RAM 中的数据，在实际中常由大电容或锂电池给 RAM 后备供电。

3. 输入 / 输出接口

输入 / 输出接口是 PLC 与外围设备连接的接口。输入 / 输出接口有数字量（开关量）输入、输出和模拟量输入、输出两种形式。数字量输入接口的作用是接收现场开关设备如按钮、行程开关等提供的数字量信号。数字量输入接口按使用的电源不同有直流和交流两种，如图 8-4 和图 8-5 所示。图中点画线框内为 PLC 内部电路，框外为用户接线，框上黑色圆点是 PLC 上的接线端子，0001、0002 是输入点的编号，COM 为输入公共端。从图中可以看出直流输入电路中含有 R_1 及 C 构成的滤波电路，外加的 24V 直流电源的极性可任意；交流输入电路中含有隔直电容器 C；无论是直流输入电路，还是交流输入电路，均采用光电耦合实现输入信号与内部电路的耦合，这可以提高电路的抗干扰能力。图中只画出了一个输入点的电路，同类输入点的内部电路完全相同。

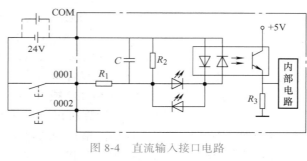

图 8-4　直流输入接口电路

图 8-5　交流输入接口电路

PLC 对外围设备的开关控制是通过数字量输出接口实现的，按照所用开关器件的不同，数字量接口电路可以分为场效应晶体管输出、晶闸管输出等基本形式，如图 8-6、图 8-7 所示。场效应晶体管输出只能驱动直流负载，其响应速度快，工作频率可达 20kHz。由于换相的需要，晶闸管输出一般用于驱动交流负载。而继电器输出则既可以驱动交流负载，也可以驱动直流负载，但其响应速度较慢。

4. 外围接口模块

PLC 的 CPU 需要通过外围接口模块才能与编程器、I/O 扩展模块、模拟量 I/O 模块、通信模块、普通计算机、打印机、磁带录音机等外围设备相连。外围接口按信息传递方式可以为并行和串行两种形式。

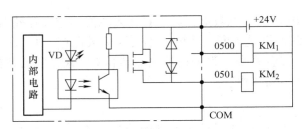

图 8-6　场效应晶体管输出接口电路

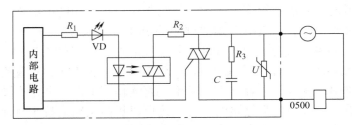

图 8-7　晶闸管输出接口电路

（1）并行接口　CPU 模块的数据总线、控制总线、地址总线等通过扁平电缆直接与外围设备相连，并行接口传送数据快，但传送距离短。小型 PLC 的手持式编程器可通过并行接口直接与主机连接。I/O 扩展模块、模拟量 I/O 模块、通信模块、打印机等也可以通过并行接口直接与主机相连，以扩展主机的 I/O 点数或增加其功能。

（2）串行接口　近程的串行通信可以直接通过 RS–232 或 RS–485 进行，远程的串行通信则需要通过调制解调器，通信电缆进行。普通计算机可通过串行接口与 PLC 相连，对其编程或监控。远程 I/O 模块、智能编程器、局部网格均须通过串行接口与 PLC 相连。

在高性能的中大型 PLC 中一般配有通信模块作为 PLC 与外围设备和局部网络的接口。

5. 编程器

编程器是 PLC 最重要和最基本的外围设备，利用编程器可以输入、修改、调试用户程序。一般小型 PLC 配有手持式编程器，手持式编程器不能直接输入和编辑梯形图，只能输入和编辑指令表程序。由于没有独立的 CPU，所以它必须与 CPU 主机连在一起在线编程。手持式编程器的体积小，价格便宜，适用于现场调试和维修。

大中型 PLC 一般可以配接高性能的智能化编程器，也可以利用普通计算机加上专用软件对 PLC 编程。智能化编程器和普通计算机加专用软件的编程方法可以采用语句表、梯形图、流程图、逻辑图等多种形式编程，这种编程方式也可以离线编程。目前比较流行的 PLC 专用编程软件主要有 CX–Programmer 7.3、GX–Developer、STEP 7 MicroWIN 4.0 等。

6. 电源模块

电源模块将交流电转换成直流电，以使 PLC 正常工作。电源模块一般采用体积小的开关电源，为各模块提供 DC 5V、± 12V、24V 等直流电源。此外，还配有 RAM 后备电源（常用锂电池），以保证在电源模块掉电时能维持 RAM 内的程序和数据。

8.1.2　工作原理

PLC 在其系统软件的控制下周而复始地循环扫描执行用户程序，也就是说，采用的是顺序循环工作方式。每一个循环分为自诊断、输入刷新、执行用户程序、输出刷新和通信 5 个阶段，如图 8-8 所示。

（1）自诊断阶段　PLC 在加电后和每一扫描周期的开始前都要执行自诊断程序。自诊断包括对存储器、CPU、系统总线、I/O 接口等硬件的动态检测，也包括对程序执行时间的监控。如出现异常，PLC 将做出相应处理后停止运行并发出报警信号；如未出现异常，PLC 将顺序执行后面的程序。自诊断对用户来说是一种隐含的操作，也就是说，只要系统正常工作，用户可能感觉不到它的存在，一般也仅占用很少的扫描时间。

（2）输入刷新阶段　输入刷新也称为输入采样，在此期间 PLC 以扫描方式顺序读入所有输入端子的状态并存入输入映像寄存器内。此后，无论外部输入是否发生变化，输入映像寄存器中的内容在下一周期输入采样之前将一直保持不变。

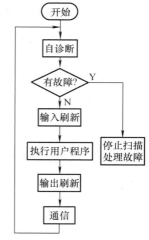

图 8-8　PLC 扫描工作过程流程图

（3）执行用户程序阶段　在程序执行阶段，PLC 按先上后下，先左后右的顺序对每条指令进行扫描，并从输入映像寄存器中"读入"输入端子的状态，根据需要从输出状态映像寄存器中"读出"输出状态。然后进行逻辑运算。运算结果存入输出映像寄存器中，后面的程序可以随时应用输出映像寄存器中的内容，也就是说，输出映像寄存器中的内容会随着程序的执行而发生变化。

（4）输出刷新阶段　用户程序执行完后，输出映像寄存器中的内容在输出刷新阶段转存到输出锁存器，并驱动输出电路，这才是 PLC 的实际输出。

（5）通信阶段　输出刷新过后，如果有通信请求，PLC 将进入与编程器或上、下位机的通信阶段，在与编程器通信过程中，编程器把编辑、修改的参数和命令发送给主机，主机则把要显示的状态、数据、错误代码等发送给编程器进行相应的显示。

8.1.3　分类与特点

为了满足不同场合的需要，各 PLC 生产厂商不断推出各种性能规格／结构形式的 PLC，以下对各类 PLC 特点做简单的介绍。

1. 按规格分类

按 I/O 点数和用户程序内存的大小，可将 PLC 分为微、小、中及大型 4 种。

微型 PLC：I/O 点数小于 60，用户程序内存容量小于 1KB，应用于单机自动化系统。

小型 PLC：I/O 点数在 60 ～ 128 之间，内存容量为 1 ～ 2KB。

中型 PLC：I/O 点数在 128 ～ 1024 之间，内存容量为 2 ～ 4KB。

大型 PLC：I/O 点数在 1024 ～ 2048 之间，甚至更多，内存容量从几十到几百 KB。

I/O 点数超过 2048 的 PLC，应用于规模巨大的系统。一般的系统，中型以下的 PLC 其 I/O 点数已满足要求。

2. 按性能分类

从性能和配置情况来看，PLC 可分为低档、中档和高档。

中档 PLC 除具备低档的一般性能外，还增加了数据运算、传递、比较等应用指令，可以离线编程或模拟调试。高档的 PLC 兼具中低档的性能外，还进一步开发了浮点数字运算、文件处理和函数功能，在运算和处理能力方面也优于中低档的 PLC。不仅如此，高档 PLC 还配置了智能 I/O 模块，允许远程通信；与通用微机构成分布式的 PLC 局部网络。

3. 按结构形式分类

根据硬件结构的不同，可以将 PLC 分为整体式、模块式和混合式。

整体式又称为单元式，它的体积小、价格低，小型 PLC 一般采用这种形式。

大、中型 PLC 采用的是模块式的结构，用搭积木的方式组成系统，由机架和模块组成。生产厂家备有各种槽数不同的机架供用户选用，如果一个机架容纳不下所选用的模块，可以增设一个或数个扩展机架，各机架之间用 I/O 扩展电缆相连，适合于复杂系统。

8.1.4 继电接触器等效电路

PLC 虽然采用了计算机技术，但其系统管理软件已将它变成一个与继电接触器控制系统等效的面向工业控制的逻辑系统。因此，作为用户，不必从计算机的角度去理解它，只需把它看成由许多软件实现的继电器、定时器、计数器等组成的一个继电接触器控制系统。这些软继电器、定时器、计数器等称为 PLC 的编程元件，与 PLC 内部由数字电路构成的寄存器、计数器等数字部件相对应。为了与实际继电接触器的触点和线圈相区别，用 ┤├ 和 ┤╱├ 图形符号表示软继电器的常开触点和常闭触点，用 ○ 表示软继电器的线圈，因此，可以画出 PLC 的继电接触器等效电路，如图 8-9 所示。

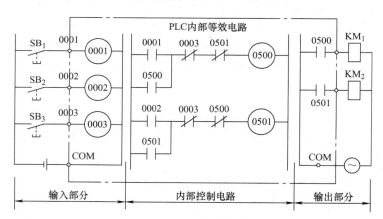

图 8-9 PLC 的继电接触器等效电路

图 8-9 中的数字是 PLC 端子和等效继电器的编码。由图 8-9 可知，PLC 的等效电路主要分为三个部分，即输入部分、输出部分和内部控制电路。

输入部分的作用是收集被控设备的信息和操作命令，可等效为一系列的输入继电器，每个输入继电器与一个输入端子相对应，有无数对常开、常闭软触点供内部控制电路使用。输入继电器只能由接到输入端子的外部开关、传感器等外围设备来驱动，不能用内部控制电路驱动，即只能由输入硬件驱动，不能用内部软件程序驱动。

输出部分的作用是驱动负载。在 PLC 内部有多个输出继电器，每个输出继电器也与一个外部输出端子相对应，也有无数对常开、常闭软触点供内部控制电路使用，但却只有一对常开硬触点用来驱动外部负载。

除了输入/输出继电器外，在 PLC 内部还有许多内部辅助继电器、计数器、定时器等编程元件，供内部控制电路使用。这些内部编程元件不能由外围设备来驱动，也不能直接驱动负载，只能在内部控制电路编程中使用。

内部控制电路就是用户根据控制要求编制的控制程序，它的作用是根据输入条件进行逻辑运算以确定输出状态。

【练习与思考】

8.1.1 PLC 的硬件由几部分组成？各部分的作用是什么？

8.1.2 何为 PLC 的扫描周期？其大小主要受哪些因素影响？

8.1.3 与继电接触器控制系统相比较，PLC 控制系统有何特点？

8.1.4 什么是 PLC 的继电接触器等效图？PLC 的输入/输出继电器起什么作用？内部等效继电器能否由外部设备来驱动？它能否直接驱动负载？

8.2 可编程控制器的编程语言

PLC 控制系统是通过执行用户程序来实现其控制功能的，因此需要用户按照生产工艺和流程的要求编写程序，然后用编程器将其编制好的程序写入用户程序存储器中待用。PLC 的编程语言有 4 种：梯形图语言、指令语句表语言、流程图语言、布尔代数语言。其中最常用的是梯形图语言和指令语句表语言。本书主要对这两种最常用的编程语言进行说明。

8.2.1 梯形图语言

梯形图语言与继电接触器控制电路的电气原理图结构相似，如图 8-10 所示。均是通过触点的组合连接及触点的开与闭去控制线圈的通电与断电，以实现对生产机械运行的控制。但两者也有许多不同之处，其差别主要有以下几点。

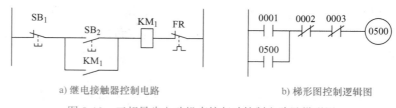

a) 继电接触器控制电路　　　　　　　　b) 梯形图控制逻辑图

图 8-10　三相异步电动机直接起动控制电路及梯形图

1）梯形图中的触点只有两种符号，即常开触点"⊣├"和常闭触点"⊣╱├"。

2）梯形图中的继电器、定时器不是物理意义的继电器，而是软继电器。每个软继电器实际上与 PLC 内部的某一位存储器相对应，相应位为"1"态，表示继电器接通，其常开触点闭合，常闭触点断开。所以梯形图中继电器的触点可以无限制地引用，不存在触点短缺问题。

3）梯形图只是 PLC 形象化的编程方法，其左右两侧母线并不接任何电源，因此在梯形图中不存在真实的电流，但为了形象，通常认为在梯形图中有一种"电流"或"能流"的概念，这种"电流"或"能流"概念实际上是满足输出执行条件的形象化表示，在层次上也只能先上后下的流动。

4）输入继电器的触点与 PLC 内输入映像寄存器相对应，用户程序对输入的运算是根据该映像寄存器的状态进行的，而不是运算时外设的实际状态。输入继电器只能由外围设备驱动，在梯形图中不能出现输入继电器的线圈。

5）输出继电器的线圈与 PLC 内部输出映像寄存器相对应，不能直接驱动外部负载，必须通过 I/O 模板上的输出单元才能驱动外部负载。

6）输出线圈必须与右母线相连，在输出线圈与右母线之间不能再有其他的触点。

7）PLC 在执行用户程序时是按照梯形图从上到下、从左到右的顺序进行的，因此，不存在几条支路同时动作的情况，这可以减少许多有约束关系的联锁电路，使梯形图的设计大为简化。

8.2.2 指令语句表语言

指令语句表语言是用英文名称的缩写字母（又称为助记符）来表示用户控制要求的编程语言。每一条指令一般都是由指令助记符和所用器件编号组成。指令语句表语言类似于计算机的汇编语言，它比汇编语言更简单易懂。对于有计算机基础知识的使用者来说，用指令语句表语言编程是很方便的，特别是一般的 PLC 既可以使用梯形图编程，也可以使用指令语句表编程，且梯形图与指令语句表可以相互转换，因此指令语句表也是一种应用较多的编程语言，在小型 PLC 中常把这两种编程方法结合起来使用。图 8-10b 所示的梯形图，用 OMRON 公司 C 系列的 PLC 指令编程，其指令语句表程序如下：

```
LD          0001
OR          0500
ANDNOT      0002
ANDNOT      0003
OUT         0500
END
```

可见，指令语句表由若干条指令语句组成。每条语句表示一个操作指令，相当于梯形图中的一个编程元件，是指令语句表的最小编程单位。与计算机汇编语言表达形式相似，指令语句由操作码和操作数两部分组成，其格式如下：

操作码   操作数

操作码又称为编程指令，用助记符表示，指示 CPU 要完成的某种操作功能，包括逻辑运算、算术运算、定时、计数、移位等指令。

操作数给出了操作码指定的某种操作的对象或执行操作所需要的数据，如语句表中的 0001 等，通常为编程元件的编码或常数，如各种继电器、定时器、计数器等的编码，以及定时器、计数器等的设定值。

8.2.3 编程方法与步骤

现以图 8-11 所示三相笼型异步电动机正反转控制电路（仅包含电气互锁部分）为例，

说明用 PLC 实现其功能的编程方法与步骤。

1. 确定输入、输出点数及其分配

由图 8-10 可知，控制命令有 4 个，即停止按钮、正转起动按钮、反转起动按钮和热继电器的常闭触点，分别分配输入端子 0001、0002、0003 和 0004。控制对象有两个，即正转接触器 KM_1 和反转接触器 KM_2，分别分配输出端子 0500、0501。共计有 6 个 I/O 点。PLC 外部接线如图 8-11 所示。

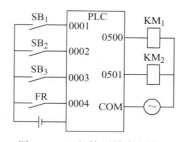

图 8-11　三相笼型异步电动机正反转控制外部接线图

2. 依控制要求写出逻辑函数式

由图 8-11 可设计出正、反转交流接触器 KM_1 和 KM_2 线圈得电的逻辑函数式为

$$KM_1 = (SB_2 + KM_1) \cdot \overline{SB_1} \cdot \overline{KM_2} \cdot \overline{FR} \qquad (8\text{-}1)$$

$$KM_2 = (SB_3 + KM_2) \cdot \overline{SB_1} \cdot \overline{KM_1} \cdot \overline{FR} \qquad (8\text{-}2)$$

对应于式（8-1）和式（8-2），写出 PLC 输出继电器的相应逻辑函数式为

$$0500 = (0002 + 0500) \cdot \overline{0001} \cdot \overline{0501} \cdot \overline{0004} \qquad (8\text{-}3)$$

$$0501 = (0003 + 0501) \cdot \overline{0001} \cdot \overline{0500} \cdot \overline{0004} \qquad (8\text{-}4)$$

3. 依逻辑函数式编制梯形图和指令语句表程序

三相笼型异步电动机正反转控制的梯形图和指令语句表程序如图 8-12 所示。

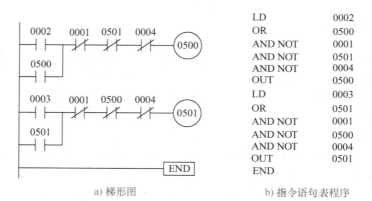

| a) 梯形图 | b) 指令语句表程序 |

图 8-12　三相笼型异步电动机正反转控制的梯形图和指令语句表程序

图 8-12a 中，当按下起动按钮 SB_2 时，输入继电器 0002 的线圈接通，内部控制电路中的常开触点 0002 闭合，输出继电器 0500 线圈接通，内部控制电路中的常开触点 0500 闭合并产生自保持，同时输出继电器 0500 的外部常开硬触点闭合，使接触器 KM_1 线圈通电，电动机正转；当按下停止按钮 SB_1 时，输入继电器 0001 的线圈接通，内部控制电路中的常闭触点 0001 断开，使输出继电器 0500、0501 的线圈断开，电动机停止；当按下反转起动按钮 SB_3 时，输入继电器 0003 的线圈接通，内部控制电路中的常开触点

0003 闭合，输出继电器 0501 的线圈通电，内部控制电路中的常开触点 0501 闭合并产生自保持，同时输出继电器 0501 的外部常开硬触点闭合，使接触器 KM_2 线圈通电，电动机反转。

在梯形图中继电器 0500 的线圈回路串有继电器 0501 的常闭触点，继电器 0501 的线圈回路中串有继电器 0500 的常闭触点，其目的是实现电气互锁。

由图 8-10 可以看出，与继电接触器控制电路相似，梯形图也由左右两条称为母线的竖直线为界（C 系列 P 型机的梯形图不画出右母线）。中间自上而下由多个梯形组成，每个梯形称为一个逻辑行。一个逻辑行代表一个独立的逻辑操作，相当于一个逻辑方程，其输入是一些触点的串并联组合，应从左母线自左向右排列，体现逻辑输出的是线圈（这里的线圈要广义理解，既包括各种继电器的线圈，也包括计数器、比较器、加法器等完成一定逻辑功能的数字部件）。一个逻辑行只能有一个代表输出的线圈。

【练习与思考】

8.2.1　常用的 PLC 编程语言有哪些？梯形图编程的规则有哪些？在梯形图中是否有实际的电流在流动？

8.2.2　PLC 的编程有哪些具体步骤？

8.3　OMRON C 系列可编程控制器的基本编程指令

OMRON SYSMAC C 系列 PLC 拥有微型、小型、中型和大型四大类十几个型号。微型 PLC 以 C20P 为代表，采用整体式结构，I/O 点数最多可扩展至 148 点，主要用于开关量的控制，是一种廉价实用的 PLC，广泛用于小型控制系统中。

8.3.1　主要技术性能

为了充分发挥 PLC 的性能，安全正确地使用它，就必须对其性能参数有所了解。C 系列 PLC 的性能参数众多，在此仅介绍一些与使用和编程有直接关系的参数。C 系列微型 PLC 的 CPU 特性见表 8-1。各种型号 PLC（C20P，C28P，C40P，C60P）具体的输入 /输出点数见表 8-2。

表 8-1　C 系列微型 PLC 的 CPU 特性

主要控制元件	MPU，CMOS，LSTTL
编程方式	梯形图
指令长度	1 个地址 / 指令，6 字节 / 指令
指令数	37
执行时间	10μs/ 指令（平均）
存储器容量	1194 个地址
内部继电器 [包括输入继电器（I）、输出继电器（O）、内部辅助继电器（MR）]	I/O 位，最大 160 点（0000 ~ 0915），其中 148 点可用于 I/O。0000 用于高速计数器 [HDM（98）] 的输入，0001 用于高速计数器的硬件复位。内部辅助继电器 136 个（1000 ~ 1807），其中 1807 为高速计数器的软件复位

246

（续）

特殊功能继电器（SR）	16 个（1807 ~ 1907）常开、常闭、掉电、最初扫描接通，0.1s 脉冲，0.2s 脉冲，0.5s 脉冲等
保持继电器（HR）	160 个（HR000 ~ HR915）
暂存继电器（TR）	8 个（TR0 ~ TR7）
数据存储器（DM）	64 个（DM00 ~ DM63），如果用高速计数器，DM32 ~ DM63 作为高低限设置区被保留
定时 / 计数器（TC）	48 个（TIM、CNT 和 CNTR 的总和）TIM00 ~ TIM47（0 ~ 999.9s），TIMH00 ~ TIMH47（0 ~ 99.99s），CNT00 ~ CNT47（0 ~ 9999）计数，CNTR00 ~ CNTR47（0 ~ 9999）计数 当使用高速计数器 [HDM（98）] 时，CNT47 作为预定计数值被保留
高速计数器 [HDM（98）]	计数输入：0000 硬件复位：0001 软件复位：1807 最高响应频率：2kHz 预置计数范围：0000 ~ 9999 输出数：16
存储器的保护	在电源掉电时，保持继电器的状态，计数器的当前值和数据存储区的内容保持不变
电池寿命	25℃时为 5 年，环境温度超过 25℃电池寿命会缩短，当 ALARM 指示灯闪烁时在一周内更换电池
自诊断功能	CPU 故障、存储器故障、I/O 总线故障、电池故障
程序校对	程序检查（在 RUN 操作开始时执行） END（01）指令遗漏 JMP（04）~ JMP（05）出错 线圈重复，双线圈 DIFU（13）/DIFU（14）溢出 IL（02）/IIL（03）错误

表 8-2　C 系列微型 PLC 的输入、输出点数分配

型号	输入点数	输出点数
C20P—C/C20P—E	12	8
C28P—C/C28P—E	16	12
C40P—C/C40P—E	24	16
C60P—C/C60P—E	32	28

8.3.2　通道分配及部分继电器介绍

前面已经提到可以把 PLC 看成是由许多可编程的软继电器、定时器、计数器等元件组成的一个继电接触器控制系统，为了使用这些可编程元件，就必须对它们进行识别。

PLC 的系统软件以固定编码的方式确定了各个元件在内部存储器中的地址分配，而且各种

不同的 PLC 其编码方式也不同，在进行具体编程之前必须对各个元件的编码有具体的了解。

C 系列微型 PLC 对于断电保持继电器以外的各种继电器，采用"通道号 + 位号"的编码方法，其中"通道号"为两位十进制数，范围是 00 ～ 19，一个通道相当于普通微型机中的一个字，有 16 位。所以"位号"也是两位十进制数，从 00 ～ 15。对定时 / 计数器、暂存寄存器、数据区则采用"识别码 + 位号"的编码方法。如 TIM30 编码中，TIM 是定时器的识别码，30 指的是第 31 个定时器（定时器从 00 开始编码）。对于断电保持继电器则综合以上两种编码方法，采用"识别码 + 通道号 + 位号"的编码方法，如 HR015 编码中，HR 是断电保持继电器的识别码，0 表示通道号，15 是通道内序号，表示第 16 个继电器。C 系列微型 PLC 各编程元件的编码地址如表 8-3 所示。

表 8-3　C 系列微型 PLC 各编程元件的编码地址

编程元件名称		识别码	通道号	编码地址（数量）
输入继电器（I）			00 ～ 04	0000 ～ 0415（80 个）
输出继电器（Q）			05 ～ 09	0500 ～ 0915（80 个）
内部辅助继电器（MR）			10 ～ 18	1000 ～ 1807（136 个）
断电保持继电器（HR）		HR	0 ～ 9	HR000 ～ HR915（160 个）
定时 / 计数器（TC）		TIM CNT CNTR		TIM00 ～ TIM47 CNT00 ～ CNT47（共 48 个） CNTR00 ～ CNTR47
暂存继电器（TR）		TR		TR0 ～ TR7（8 个）
数据存储区（DM）		DM	00 ～ 63	DM00 ～ DM63
专用内部辅助继电器（SMR）	电池电压降低时接通			1808
	扫描时间大于 100ms 时接通			1809
	高速计数器硬件清零时接通			1810
	PLC 正常运行时断开			1811、1812、1814
	PLC 正常运行时接通			1813
	第一个扫描周期内接通			1815
	0.1s 时钟脉冲			1900
	0.2s 时钟脉冲			1901
	1s 时钟脉冲			1902
	ADD，SUB，BIN，BCD 指令中操作数非 BCD 码时接通		19	1903
	运算结果有进位或借位时接通			1904
	比较结果大于时接通			1905
	比较结果等于时接通			1906
	比较结果小于时接通			1907

C 系列微型 PLC 的部分继电器介绍如下：

（1）输入 / 输出继电器（I/O）　输入继电器占有 CH00、CH01、CH02、CH03、CH04 这 5 个通道，输出继电器占有 CH05、CH06、CH07、CH08、CH09 这 5 个通道。每个通道有 15 个继电器。从理论上讲，C 系列 PLC 有 80 个输入继电器和 80 个输出继电器。但对于具体的配置而言，不一定是所有的输入 / 输出继电器都有输入 / 输出点与之相对应。

例如，C20P 只有 12 个输入点、8 个输出点，可以使用的输入继电器编号是 0000 ～ 0011，共 12 个，其余 68 个编号不能使用。可以使用的输出继电器编号是 0500 ～ 0507，共 8 个，其余 72 个编号则可作为内部辅助继电器编程使用。

（2）内部辅助继电器（MR）　内部辅助继电器共有 136 个，其作用类似于继电接触器控制系统中的中间继电器，供编制控制程序使用。内部辅助继电器不能由输入接点驱动，也不能直接驱动外部负载。

（3）专用内部辅助继电器　专用内部辅助继电器共有 16 个，其编码为 1808 ～ 1815、1900 ～ 1907，它们相当于 CPU 内的标志寄存器，用来监视 PLC 的工作情况，根据需要可以在程序中使用它们。但需注意 1903 ～ 1907 共 5 个专用辅助继电器在程序执行 END（01）指令时被复位，所以在编程器上不能监视它们的状态。

（4）暂存继电器（TR）　PLC 提供 8 个暂存继电器，编码从 TR0 到 TR7，其中 TR 为保持继电器的识别码，编码中不能省略。它是复杂梯形图回路中不能用助记符描述时，用来对回路分支点的 ON/OFF 状态做暂存的继电器，仅在助记符编程时使用。用梯形图编程时，在内部能自动处理。

在同一个逻辑行中，最多只能使用 8 个暂存继电器，而在不同逻辑行内同一个暂存继电器可以重复使用。

（5）保持继电器（HR）　保持继电器共有 160 个，分布在 0 ～ 9 共 10 个通道内，每个通道有 16 个点，其编码是 HR000 ～ HR915，其中 HR 为保持继电器的识别码，编码中不能省略。

（6）定时器 / 计数器（TC）　C 系列 PLC 中，定时器、计数器、高速计数器和可逆计数器总共有 48 个，它们的序号从 00 ～ 47，定时器的识别码为 TIM，高速定时器的识别码为 TIMH，计数器的识别码为 CNT，可逆计数器的识别码为 CNTR。

定时器的编码为 TIM00 ～ TIM47，高速定时器的编码为 TIMH00 ～ TIMH47，计数器的编码为 CNT00 ～ CNT47，可逆计数器的编码为 CNTR00 ～ CNTR47。由于它们实际上对应着同一存储器，所以一个序号只能使用一次，即如果一个编码用作定时器，就不能再作计数器用。例如在程序中如果使用了 TIM20，则不能再使用 TIMH20、CNT20 或者 CNTR20。当电源掉电时，定时器被复位，而计数器则保持当前值不变，计数器有掉电保护功能。

（7）数据存储区（DM）　在 C 系列 PLC 内部还有一个 128 字节的数据存储区，该数据存储区被分为 64 个通道，每个通道 16 位，相当一个字，其编码为 DM00 ～ DM63，DM 是数据存储区的识别码，编码中不能省略，数据存储区不能以位来使用，只能以通道为单位使用。

数据存储区具有掉电保护功能，在电源掉电时能保持掉电前的状态。

8.3.3　逻辑编程指令及编程示例

在 PLC 的指令中，逻辑指令是最基本的编程指令，反映了 PLC 的基本功能，也是实际应用中最常用的指令。C 系列微型 PLC 共有 23 条逻辑编程指令，程序中的每条指令包括地址、指令和操作数。地址指明指令在存储器中的位置，指令指明操作内容，操作数是指令操作的对象。

1. 基本编程指令（LD，AND，OR，NOT，OUT，END（01），NOP（00））

上述 7 条指令是最基本的编程指令，除 NOP（00）指令外，其他的 6 条指令在任何程序中都是必不可少的。

（1）LD 与 LD NOT 指令　LD 与 LD NOT 指令格式及说明见表 8-4。

表 8-4　LD 与 LD NOT 指令格式及说明

指令助记符	操作数	梯形图符号	功能说明
LD	B	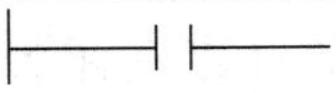 ——┤ ├—	常开触点与左母线连接指令
LD NOT	B	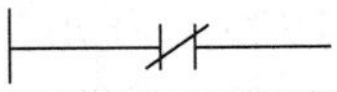 ——┤／├—	常闭触点与左母线连接指令

说明：

① 操作数 B 是所有编程元件，也就是各个继电器的编号，例如输入继电器为 0000～0011，输出继电器为 0500～0507，定时器为 TIM00～TIM47 等。

② LD 与 LD NOT 用在逻辑行或逻辑块的起始处。

（2）AND 与 AND NOT 指令　AND 与 AND NOT 指令格式及说明见表 8-5。

表 8-5　AND 与 AND NOT 指令格式及说明

指令助记符	操作数	梯形图符号	功能说明
AND	B	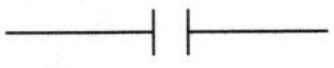 ——┤ ├—	串联常开触点指令，完成逻辑与运算
AND NOT	B	 ——┤／├—	串联常闭触点指令，完成逻辑与非运算

说明：

① 操作数 B 的内容同 LD 指令。

② 串联触点的数量不限。

（3）OR 与 OR NOT 指令　OR 与 OR NOT 指令格式及说明见表 8-6。

表 8-6　OR 与 OR NOT 指令格式及说明

指令助记符	操作数	梯形图符号	功能说明
OR	B	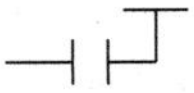 ——┤ ├┐	串联常开触点指令，完成逻辑或运算
OR NOT	B	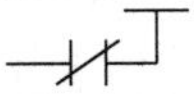 ——┤／├┐	串联常闭触点指令，完成逻辑或非运算

说明：

① 操作数 B 的内容同 LD 指令。

② 并联触点的数量不限。

（4）OUT 指令　OUT 指令格式及说明见表 8-7。

表 8-7　OUT 指令格式及说明

指令助记符	操作数	梯形图符号	功能说明
OUT	B	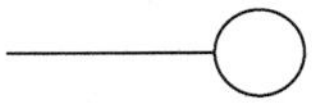 ———○	输出驱动指令

说明:

① 操作数是除了输入继电器以外的其他继电器 (O, MR, SMR, HR, TR) 的器件号。

② OUT 指令可以并联使用。

③ 在 OUT 指令后, 通过触点对其他线圈执行 OUT 指令, 称为 "连续输出"。"连续输出" 可以多次使用。

【例 8-1】试写出图 8-13 所示梯形图的指令语句表程序。

【解】图 8-13a 所示是带有连续输出的梯形图, 指令语句表程序如图 8-13b 所示。

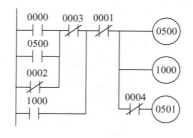

| a) 梯形图 | b) 指令语句表程序 |

图 8-13　例 8-1 的图

(5) 结束指令 END　END 指令格式及说明见表 8-8。

表 8-8　END 指令格式及说明

助记符	操作数	符号	功能
END（01）	—	——[END]	表示程序结束

说明:

① 每个程序最后一条指令必须是 END 指令, 否则程序不能执行。

② 由于 PLC 工作方式为循环扫描方式, 加上 END 指令可缩短循环周期, 一般在程序调试中使用。

2. 块处理指令 (AND LD 与 OR LD)

AND LD 与 OR LD 指令格式及说明见表 8-9。

表 8-9　AND LD 与 OR LD 指令格式及说明

指令助记符	操作数	梯形图符号	功能说明
AND LD	—		逻辑块串联指令
OR LD	—		逻辑块并联指令

说明：

① 由若干个触点串联或者并联所构成的支路称为"块"；AND LD 用于块串联，OR LD 用于块并联。

② AND LD 与 OR LD 指令无操作数。

③ 在使用块指令时，每个块的第一个编程元件必须使用逻辑行起始命令 LD 或 LD NOT。

【例 8-2】试写出图 8-14 所示梯形图的指令语句表程序。

【解】图 8-14a 的指令语句表程序如图 8-14b 所示。

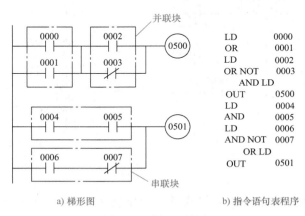

a) 梯形图　　　　　　b) 指令语句表程序

图 8-14　例 8-2 的图

3. 定时器指令 TIM

TIM 指令格式及说明见表 8-10。

表 8-10　TIM 指令格式及说明

指令助记符	操作数	梯形图符号	功能说明
TIM	N	TIM N SV	表示一个定时精度为 0.1s 的减 1 延时继电器

说明：

① N 为定时器编号：00 ～ 47；SV 为定时设置值，设置值为 0 ～ 9999。

② 定时器的度量单位是 0.1s，定时时间等于定时设定值 SV 与 0.1s 的乘积。

③ TIM 是通电延时定时器。当定时器的输入触点接通后，定时器开始定时，时间设定值不断减 1，当设定值减至 0 时，定时器才动作，其常开触点闭合，常闭触点断开。当定时器的输入触点断开或电源断电时，定时器复位，当前值被恢复为设定值。

④ 定时器与计数器的编号在同一段程序内不能重复使用。图 8-15 是 TIM 指令编程示例。此例中的定时器设定为 15s，当触点 0002 和 0003 闭合时，定时器的输入为 ON，定时器 TIM00 开始定时。经过 15s 后，定时器的常开触点 TIM00 闭合，输出线圈 0500 接通，这时定时器当前值

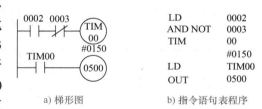

a) 梯形图　　　　　b) 指令语句表程序

图 8-15　TIM 指令编程示例

为 0000。如果定时器的输入为 OFF（触点 0002 和 0003 中有任一个断开），定时器的线圈断电，其常开触点 TIM00 断开（同时常闭触点闭合），输出线圈 0500 断开，定时器当前值恢复到设定值。当电源掉电时，定时器线圈断电也恢复到设定值。

【例 8-3】试利用 TIM 设计一断电延时定时器，要求画出梯形图和时序图。

【解】图 8-16a 所示是由定时器 TIM 构成的瞬时输入、延时断开电路的梯形图及时序图。当输入继电器 0002 接通时，输出线圈 0500 接通并自保持，输出线圈 0501 断开，同时由于 0002 的常闭触点断开，所以定时器 TIM00 线圈不能接通。当输入 0002 断开时，其常闭触点闭合，TIM00 线圈接通并开始计时，经过 10s 后，TIM00 常闭触点断开，0500 线圈断开、0501 接通。所以 0500 的输出硬触点相当于普通继电器的常开延时断开触点，0501 的输出硬触点相当于普通继电器的常闭延时闭合触点。

图 8-16b 所示是由两个定时器构成的延时接通、延时断开电路的梯形图及时序图。

当输入 0002 接通时，定时器 TIM01 线圈接通并开始定时，同时 0002 的常闭触点断开，定时器 TIM02 线圈不能接通。经过 t_1 后，TIM01 常开触点闭合，输出线圈 0502 接通并自锁；当输入 0002 断开时，其常闭触点闭合，TIM02 的线圈接通并开始定时，经过 t_2 后，TIM02 常闭触点断开，输出线圈 0502 断开。对于接通和断开的延时时间可以通过两个定时器分别调整。

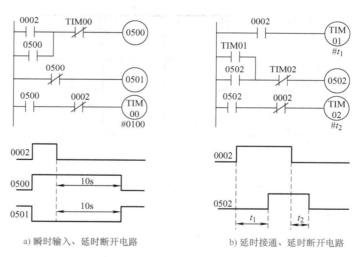

a) 瞬时输入、延时断开电路　　　　b) 延时接通、延时断开电路

图 8-16　例 8-3 的图

【例 8-4】试利用定时器 TIM 设计一周期为 1s 的脉冲发生器，如图 8-17a 所示。要求画出梯形图、指令语句表程序和时序图。

【解】脉冲发生器的作用与内部辅助继电器 1900、1901、1902 差不多，但是它的振荡周期可由用户自己决定，可用作闪光报警或作为计数器的时钟信号。

（1）设置输入继电器 0001 为输入起动开关；定时器 TIM08 和 TIM09 各定时 0.5s；继电器 0507 作为输出继电器。

（2）梯形图、指令语句表程序和时序图如图 8-17b、c、d 所示。

由图 8-17b 可知，当输入 0001 接通时，输出 0507 和 TIM08 线圈接通并开始定时。经过 0.5s 后，TIM08 常闭触点断开，输出 0507 线圈断开，与此同时 TIM08 常开触点闭合使 TIM09 线圈接通并开始定时，又经过 0.5s 后，TIM09 常闭触点断开，TIM08 线圈断开，其常闭触点闭合，再次接通输出线圈 0507。如此周而复始，在输出端 0507 可得到周期为 1s 的脉冲信号。

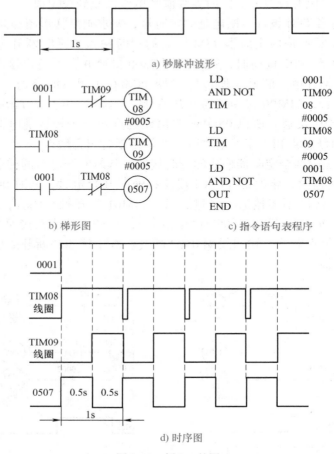

a) 秒脉冲波形

LD	0001	
AND NOT	TIM09	
TIM	08	
	#0005	
LD	TIM08	
TIM	09	
	#0005	
LD	0001	
AND NOT	TIM08	
OUT	0507	
END		

b) 梯形图　　　　　　　　　c) 指令语句表程序

d) 时序图

图 8-17　例 8-4 的图

4. 计数器指令 CNT

CNT 指令格式及说明见表 8-11。

表 8-11　CNT 指令格式及说明

指令助记符	操作数	梯形图符号	功能说明
CNT	N	计数脉冲　CP 　　　　　N 　　　　　SV 复位输入　R	表示参数可预置的减 1 计数器

说明：

① N 为计数器编号：00 ～ 47。

② SV 为计数设定值，设定值的范围为 0 ～ 9999，可以是以"#"标明的四位十进制数立即数，也可以用输入 / 输出通道（00 ～ 09）、内部辅助继电器通道（10 ～ 17）、保持

继电器通道（HR0 ～ HR9）和数据存储区（DM00 ～ DM63）的内容作为计数器设定值。在用通道作为计数器设定值时，通道内的数据必须是 BCD 码，否则会出错。

③ 定时器与计数器的编号在同一段程序内不能重复使用。

④ CNT 是减 1 计数器，当计数脉冲输入 CP 从断开（OFF）变为接通（ON），即脉冲前沿到来时，计数器当前值减 1。当计数器的当前值减为 0000 时，计数器线圈接通（ON），其常开触点闭合（ON），常闭触点断开（OFF）。直到复位输入端接通（ON）使计数器线圈断开（OFF），计数器复位，当前计数值才恢复为设定值 SV。

⑤ 在电源掉电时，计数器保持当前计数值不变，计数器不复位。

⑥ 当计数脉冲输入 CP 信号和复位输入 R 信号同时到来时，复位输入优先。即计数器立即复位，当前计数值恢复为设定值 SV。

图 8-18 为计数器指令的基本应用示例，计数脉冲 CP 是常开触点 0002 与常闭触点 0003 相与的结果，在 CP 的上升沿触发计数器。当计数器当前值减为 "0" 时，计数器线圈立即接通，常开触点闭合使输出 0500 线圈接通。复位条件取决于输入接点 0004 的状态。当 0004 接通时，计数器线圈立即复位，其原闭合的常开触点断开使输出 0500 线圈断开。

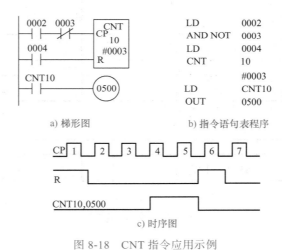

图 8-18　CNT 指令应用示例

指令语句表程序和时序图如图 8-18b、图 8-18c 所示。图中，由于当输入 CP 第 1 个脉冲到来时，复位输入 R 信号存在，所以第 2 个 CP 脉冲到来时，计数器才开始减 1 计数，直至输入 CP 第 4 个脉冲的前沿到来时，计数器的常开触点 CNT10 闭合，使输出 0500 接通。

【例 8-5】有一台异步电动机，要求用 PLC 实现如下控制要求：当按下起动按钮时起动 10s，停机 5s，重复 3 次后，电动机自行停机。画出梯形图和控制时序，并给出指令语句表程序。

【解】设置输入继电器 0000 为输入起动开关；定时器 TIM00 和 TIM01 分别定时 10s 和 5s；用计数器继电器 CNT03 控制电动机重复起停 3 次；0500 作为输出继电器。

梯形图、指令语句表程序和时序图分别如图 8-19a、b、c 所示。

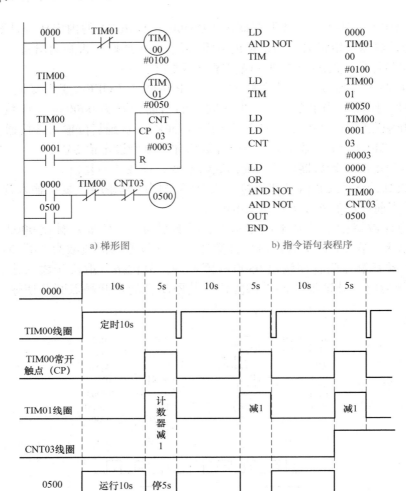

a) 梯形图 b) 指令语句表程序

c) 时序图

图 8-19　例 8-5 的图

5. 分支指令 [IL（02）与 ILC（03）]

IL（02）与 ILC（03）指令格式及说明见表 8-12。

表 8-12　IL（02）与 ILC（03）指令格式及说明

指令助记符	操作数	梯形图符号	功能说明
IL（02）		IL(02)	分支开始指令
ILC（03）		ILC(03)	分支结束指令

说明：

① IL（02）、ILC（03）指令成对使用，不能单独使用。

② 当 IL（02）之前的控制触点断开时，计数器、移位寄存器、保持继电器不复位，保持当前值不变。

　　图 8-20 是分支指令的应用示例。图中，由 IL（02）指令标记的竖线是一条分支母线，由分支母线引出的支路相当于另起一个逻辑行，必须使用 LD 或 LD NOT 指令作为逻辑行开始。当 IL 指令的输入条件 0002 触点闭合（ON）时，在 IL（02）和 ILC（03）之间的线圈正常操作，就像不存在 IL（02）和 ILC（03）指令一样。0002 触点断开（OFF）时，则 IL（02）和 ILC（03）之间的输出线圈、辅助继电器线圈全部断电（OFF），定时器复位，计数器、移位寄存器（SFT）、锁存继电器（KEEP）和保持继电器的状态保持不变。

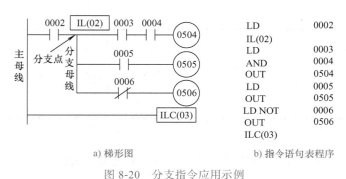

<table>
<tr><td></td><td></td></tr>
</table>

| a) 梯形图 | b) 指令语句表程序 |

图 8-20　分支指令应用示例

6. 微分指令 [DIFU（13）与 DIFD（14）]

DIFU（13）与 DIFD（14）指令格式及说明见表 8-13。

表 8-13　DIFU（13）与 DIFD（14）指令格式及说明

指令助记符	操作数	梯形图符号	功能说明
DIFU（13）	—	—[DIFU(13)]	上升沿微分指令：输入脉冲上升沿来到时，使继电器接通一个扫描周期信号
DIFD（14）	—	—[DIFD(14)]	下降沿微分指令：输入脉冲下降沿来到时，使继电器接通一个扫描周期信号

说明：

　　① 微分指令只在输入触点的接通、断开瞬间有效，稳态时（输入触点长时间接通或长时间断开）无效。

　　② 在微分指令中可以使用输出继电器（0500 ～ 0900）、内部辅助继电器（1000 ～ 1807）和保持继电器（HR000 ～ HR915）。

　　图 8-21 是微分指令的应用示例。图中 T 是一个扫描周期信号。由图 8-21b 可以看出，在输入继电器 0001 变为接通（ON）时，DIFU（13）指令使内部辅助继电器 1000 接通（ON）一个扫描周期信号；在输入继电器 0001 变为断开（OFF）时，DIFD（14）指令使内部辅助继电器 1001 也接通（ON）一个扫描周期信号。即在输入前沿执行 DIFU（13）指令，而在输入后沿执行 DIFD（14）指令。

7. 锁存指令 KEEP（11）

KEEP（11）指令格式及说明见表 8-14。

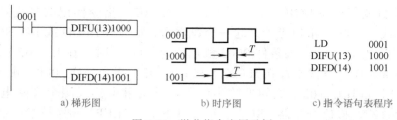

a) 梯形图　　　　　　　　　　b) 时序图　　　　　　　　　　c) 指令语句表程序

图 8-21　微分指令应用示例

表 8-14　KEEP（11）指令格式及说明

指令助记符	操作数	梯形图符号	功能说明
KEEP（11）	B	置位输入S ──┐ KEEP(11) B 复位输入R ──┘	使继电器置位或复位

说明：

① 操作数 B 可以是输出继电器、内部辅助继电器（0500～1807）和保持继电器（HR000～HR915）。

② 锁存继电器的置位端接通（ON）时，锁存继电器接通（ON）；复位端接通（ON）时，锁存继电器断开（OFF）。

③ 当置位信号与复位信号同时接通时，复位信号优先。

图 8-22 是 KEEP 指令编程示例。

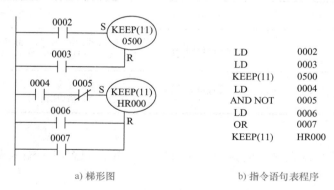

LD	0002
LD	0003
KEEP(11)	0500
LD	0004
AND NOT	0005
LD	0006
OR	0007
KEEP(11)	HR000

a) 梯形图　　　　　　　　　　b) 指令语句表程序

图 8-22　KEEP 指令编程示例

8. 跳转指令（JMP 与 JME）

JMP 与 JME 指令格式及说明见表 8-15。

表 8-15　JMP 与 JME 指令格式及说明

指令助记符	操作数	梯形图符号	功能说明
JMP（04）	—	JMP(04)	跳转开始指令
JME（05）	—	JME(05)	跳转结束指令

说明：

① 跳转指令 JMP 用于控制程序的跳转，JMP（04）和 JME（05）必须配对使用。

② 当 JMP 前的触点接通时，由 CPU 顺序执行二者之间的程序；当 JMP 前的触点断开时，则 CPU 不执行二者之间的程序，二者之间的各继电器状态均保持不变，转去执行 JMP 后面的指令。

③ 在一个程序中最多可以使用 8 次跳转指令，超过 8 次时，程序检查时会出现"JMP—OVER"错误，并停止执行程序。

图 8-23 给出了跳转指令编程示例。

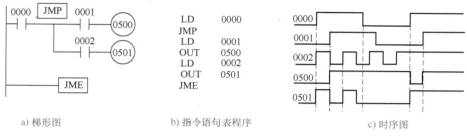

a) 梯形图　　　　　　b) 指令语句表程序　　　　　　c) 时序图

图 8-23　跳转指令编程示例

9. 数据比较指令 CMP（20）

CMP（20）指令格式及说明见表 8-16。

表 8-16　CMP（20）指令格式及说明

指令助记符	操作数	梯形图符号	功能说明
CMP（20）	C1、C2	CMP(20) C1 C2	用于一个通道的内容与另一个通道的内容或常数的比较

说明：

① CMP（20）是操作码，C1 是比较数 1，C2 是比较数 2，即该指令有两个操作数，C1 与 C2 进行比较始终存在 3 种情况：若 C1>C2，专用内部辅助继电器 1905 接通（ON）；若 C1= C2，专用内部辅助继电器 1906 接通（ON）；若 C1<C2，专用内部辅助继电器 1907 接通（ON）。

② 操作数 C1、C2 为下列指定继电器编号：输入/输出继电器通道（00～09）；内部辅助继电器通道（10～17）；保持继电器通道（HR0～HR9）；数据存储器（DM00～DM63）；定时器和计数器的当前值或四位十六进制数（#0000～#FFFF）。

③ C1 与 C2 中至少有一个是通道号。

图 8-24 给出了比较指令的应用示例。图中，在输入继电器 0002 接通的条件下，如果 10 通道的内容比 HR9 通道的内容大，则 0500 接通；如果 10 通道的内容与 HR9 通道的内容相等，则 0501 接通；如果 10 通道的内容比 HR9 通道的内容小，则 0502 接通。

C 系列微型 PLC 还有一些专用指令，如移位指令、数据传送指令等，受篇幅限制不再一一介绍，读者可查阅有关机型的用户手册。

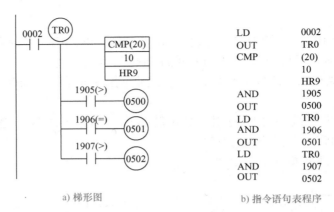

a) 梯形图	b) 指令语句表程序

图 8-24　比较指令的应用示例

【练习与思考】

8.3.1　C 系列微型 PLC 有哪些编程指令？各编程指令的操作数是如何规定的？

8.3.2　什么是定时器的设定值、定时单位和定时时间？三者之间有何关系？

8.3.3　定时器和计数器的减 1 是如何实现的？两者的工作过程有何区别？

8.4　可编程控制器典型应用举例

前述几节介绍了 PLC 的硬件结构、基本工作原理及编程指令，本节将结合几个具体的实例介绍 PLC 的应用及其编程方法与步骤。

8.4.1　可编程控制器应用设计步骤

PLC 的应用设计步骤如下：

1. 熟悉被控对象、明确控制任务与设计要求

通过了解控制对象的机械结构、生产工艺过程，以及设备的运动方式和顺序，确定对电气元件的控制要求。例如驱动机械设备运动的电动机、液压电磁阀、气动元件的控制，显示仪表及指示灯等的驱动，按钮、传感器等指令信号和现场信号的输入连接。归纳出电气执行元件的动作节拍表或工作流程图。这些图、表综合反映了对控制系统的要求，是设计控制系统的依据，必须仔细分析与掌握。

2. 制定电气控制方案

根据生产工艺和机械运动的控制要求，确定控制系统的工作方式，例如全自动、半自动、手动、单机运行、多机连动等。还要确定控制系统应有的其他功能，例如故障诊断与显示报警、紧急情况的处理、管理功能、联网通信功能等。

3. 明确控制系统的输入 / 输出关系

确定哪些信号需要输入 PLC，哪些信号由 PLC 输出或者哪些负载要由 PLC 来驱动，分类统计 PLC 应具有的 I/O 的点数、性质和参数，从而确定 PLC 的选型与硬件配置。

4. 程序设计

根据控制要求设计出梯形图程序或指令语句表程序。如果可能的话，先画出顺序功能图，再根据顺序功能图设计出梯形图或指令语句表程序。

5. 模拟运行及调试程序

将设计好的控制程序送入 PLC 后，在实验室模拟运行与调试程序，观察在各种可能的情况下各个输入、输出量的变化关系是否符合设计要求，从中发现问题，及时修改、设计和控制程序直到满足控制要求。

在进行程序设计和模拟运行调试的同时，可以同时进行 PLC 外部电路和电气控制柜、控制台等的设计、装配、安装和接线工作。

6. 现场调试

完成上述各项工作后，即可为 PLC 接入现场实际输入信号和实际负载，进行现场运行调试，直到完全满足设计的要求。

8.4.2　几种典型应用设计举例

PLC 的应用设计举例如下。

【例 8-6】PLC 应用设计之一：三相异步电动机丫 – △起动控制。

【解】（1）控制功能分析。

图 8-25a 所示为三相异步电动机丫 – △起动控制主电路。控制功能要求：起动时，接触器 KM_1 和 KM_2 通电，电动机接成星形减压起动；经过一定延时（预先设定 12s）后，接触器 KM_2 断电，再经过 0.6s 后 KM_3 通电，电动机接成三角形，在额定电压下正常运转。其中 0.6s 的延时是为了避免在 KM_2 和 KM_3 换接时造成电源短路。

（2）PLC 输入／输出端子分配与外部接线。

图 8-25b 中，I/O 口分配情况如下：按钮 SB_1、SB_2、FR 分别接输入口 0001、0002、0003，接触器线圈 KM_1、KM_2、KM_3 分别接输出口 0500、0501、0502。

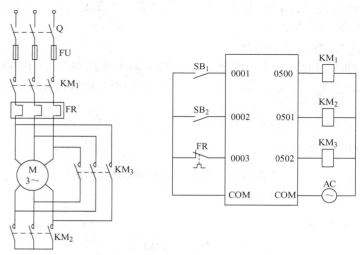

a) 三相异步电动机丫–△起动控制主电路　　　　b) 输入/输出端子接线图

图 8-25　例 8-6 的图

（3）依据逻辑函数式设计出梯形图。

图 8-26a 中，起动时按下 SB_1，PLC 输入继电器 0001 的常开触点闭合，内部输出继电器 0500 接通，其常开触点 0500 闭合并自锁，使接触器 KM_1 通电，为电动机起动做准备。与此同时，内部时间继电器 TIM00 被接通（定时开始，但触点尚未动作），0501 接通，KM_2 通电，电动机接成星形减压起动。当起动时间达到设定时间 12s 时，TIM00 的常闭触点断开，常开触点闭合。使 0501 和 KM_2 断电，同时使时间继电器 TIM01 接通，经过 0.6s 后，0502 接通，KM_3 通电，电动机换接成三角形联结，进入正常运行。

指令语句表程序如图 8-26b 所示。

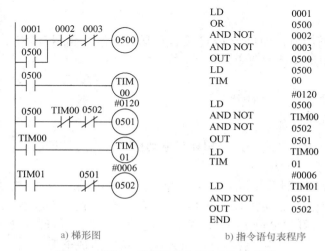

| a) 梯形图 | b) 指令语句表程序 |

图 8-26　例 8-6 的梯形图和指令语句表程序

【例 8-7】PLC 应用设计之二：汽车方向灯控制。

【解】（1）控制功能分析。

当汽车左转弯时左灯闪亮，右转弯时右灯闪亮；倒车时，左、右灯同时闪亮。每个灯闪亮频率设计为亮、暗各 2s。

（2）PLC 输入 / 输出端子分配。

设 0002、0003、0004 分别为汽车左、右转弯和倒车控制开关；0500、0501 分别为左、右灯输出控制继电器；灯亮、暗各 2s，分别由 TIM00、TIM01 定时器控制；系统用辅助继电器 1000 统一控制灯闪亮。

*（3）依据控制功能写出逻辑函数式。

定时器亮暗时间设定为

$$TIM00 = (0002+0003+0004) \cdot \overline{TIM01}$$
$$TIM01 = TIM00$$

汽车灯闪亮控制为

$$1000 = \overline{TIM00}$$

汽车左、右灯控制为

$$0500 = (0002 + 0004) \cdot 1000$$

$$0501 = (0003 + 0004) \cdot 1000$$

（4）梯形图和指令语句表程序如图 8-27a、图 8-27b 所示。

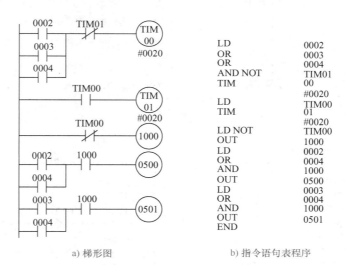

| a) 梯形图 | b) 指令语句表程序 |

图 8-27　例 8-7 的梯形图和指令语句表程序

*【例 8-8】PLC 应用设计之三：十字路口交通信号灯控制。控制要求为：（1）按下起动按钮时，系统开始工作，且南北红灯和东西绿灯先亮。（2）南北红灯亮维持 30s，在南北红灯亮的同时，东西绿灯先亮 25s 接着闪亮 3s 后熄灭。在东西绿灯熄灭的同时，东西黄灯亮并维持 2s，到 2s 时，东西黄灯熄灭，东西红灯亮。同时南北红灯熄灭，南北绿灯亮。（3）东西红灯亮维持 30s，在东西红灯亮的同时，南北绿灯先亮 25s，接着闪亮 3s 后熄灭。在南北绿灯熄灭的同时，南北黄灯亮并维持 2s，到 2s 时，南北黄灯熄灭，南北红灯亮。同时东西红灯熄灭，东西绿灯亮。（4）周而复始。按下停止按钮，整个系统停止工作。

按照控制要求，仅设计出满足要求的梯形图。

【解】确定 PLC 输入 / 输出端子接线，以及各输入 / 输出口的地址分配如图 8-28 所示。PLC 定时器分配如下：

1）南北　红灯　工作　30s　　设定　TIM00　#300　（30s）
2）东西　红灯　工作　30s　　设定　TIM01　#300　（30s）
3）东西　绿灯　工作　25s　　设定　TIM02　#250　（25s）
4）东西　绿灯　闪烁　3s　　 设定　TIM03　#30　 （3s）
5）东西　黄灯　工作　2s　　 设定　TIM04　#20　 （2s）
6）南北　绿灯　工作　25s　　设定　TIM05　#250　（25s）
7）南北　绿灯　闪烁　3s　　 设定　TIM06　#30　 （3s）
8）南北　黄灯　工作　2s　　 设定　TIM07　#20　 （2s）

根据控制要求设计系统工作和定时器设定梯形图分别如图 8-29a、图 8-29b 所示。

例题解析

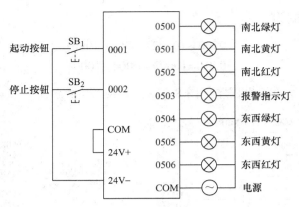

图 8-28 例 8-8 的 PLC 外部接线

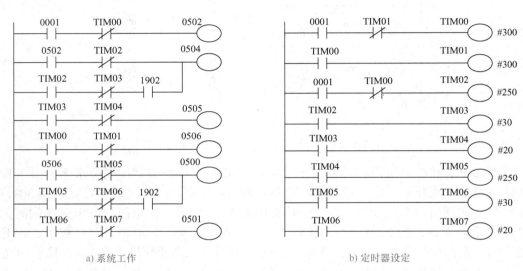

a) 系统工作　　　　　　　　　　　　　　　　　b) 定时器设定

图 8-29 例 8-8 的梯形图

【例 8-9】PLC 应用设计之四：某工件加工工序控制。控制要求为：设某工件加工过程分为 4 道工序，共需 33s，其时序要求如图 8-30 所示。0002 为运行控制开关，当 0002 接通时，工件加工开始；当 0002 断开时，停止工件加工。

【解】利用 PLC 实现上述工件加工设计要求，可用两种方案完成：一种是 4 道工序用 4 个定时器完成；另一种是 4 道工序用 1 个定时器完成，利用比较指令来起动和识别各道工序。前者请自行设计。

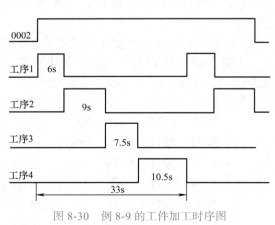

图 8-30 例 8-9 的工件加工时序图

使用比较指令和定时器控制工件加工工序的梯形图与指令语句表程序如图 8-31 所示，定时器 TIM00 设定为 33s，用来定时。利用比较指令来自动识别开启各道工序，即用比较指令来监视 TIM00 的当前值，区分每一道工序的时间。由于 TIM00 是通电减 1 计数器，第一条比较指令控制第一道工序的完成时间；其比较的常数为 33s 减去 6s，即 27s 的十六进制常数 10E。其余工序类似。每一道工序中选用两个辅助继电器统一实现本道工序的结束和下一道工序的起动控制功能。各道工序的输出分别选用输出继电器 0500 ～ 0503。

梯形图如图 8-31a 所示（仅以第一、第二道工序为例）。图中，PLC 的输入继电器 0002 的常开触点闭合，时间继电器 TIM00 接通，定时开始，但触点尚未动作。辅助继电器 1000 和 1001 均未接通，1001 的常闭触点仍闭合，输出继电器 0500 接通，工件第一道加工工序开始。

当时间继电器 TIM00 的当前值等于 27s 时，专用继电器 1906 的常开触点闭合，辅助继电器 1000 接通，其常开触点闭合，辅助继电器 1001 也接通，其常闭触点打开，输出继电器 0500 断开，第一道加工工序结束。与此同时，辅助继电器 1001 的常开触点闭合，第二道加工工序开始，依次类推。

指令语句表程序如图 8-31b 所示。

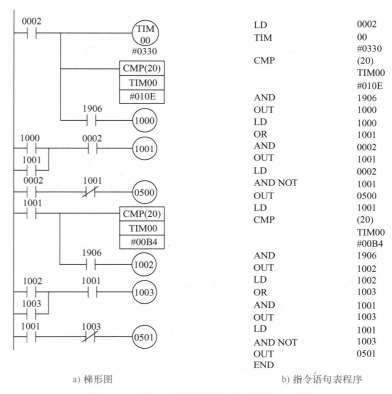

a) 梯形图　　　　　　　　　　　　　　　b) 指令语句表程序

图 8-31　例 8-9 的梯形图和指令语句表程序

本章小结

1. PLC 是一种新型的智能化工业控制器，具有通用性强、可靠性高、编程简单、使用方便、抗干扰能力强等优点，是目前控制领域的首选控制器件。

2. PLC在其系统软件的控制下周而复始地循环扫描执行用户程序，即采用循环扫描的工作方式进行工作。每一个循环分为自诊断、输入刷新、执行用户程序、输出刷新和通信5个阶段。

3. 各厂商生产的PLC编程指令的表述形式不尽相同，但其功能相差不大，应用PLC时，只要掌握具体PLC的编程元件编码及其编程指令形式即可。

4. 梯形图和指令语句表是PLC编程的主要语言，应重点掌握。学习PLC的最佳方法就是实践，最好结合实际应用编程，上机调试进行学习。

基本概念自检题8

以下小题为选择题，请将一个或多个正确答案填入空白处。

1. 工业4.0的概念与哪些关键词有关_____。
a. PLC软件编程　　b. 智能生产　　　　c. 智能控制　　　　d. 智能物流

2. PLC硬件结构中处于关键角色的是_____。
a. 转换模块　　　　b. CPU　　　　　　c. 导轨　　　　　　d. 通信线

3. PLC输入模块有隔离环节，担纲隔离任务的有_____。
a. 电磁隔离　　　　b. 光电隔离　　　　c. 空气隔离　　　　d. 通信隔离

4. 编程器是PLC最重要和最基本的外围设备，编程器功能完整的表述是_____。
a. 输入用户程序　　b. 修改、调试用户程序
c. 输入、修改、调试系统程序

5. PLC的扫描时间是指完成_____的时间。
a. 自诊断　　　　　b. 输入输出刷新
c. 执行用户程序　　d. 自诊断、执行用户程序、输入/输出刷新的总和

6. PLC在其系统软件的控制下，采用_____工作方式。
a. 顺序　　　　　　b. 自循环
c. 顺序循环　　　　d. 断续循环

7. PLC指令语句由操作码和操作数两部分组成，操作码功能为_____。
a. 指示系统开机运行
b. 指定某种操作的对象或执行操作所需要的数据
c. 指示CPU要完成的逻辑和算术运算、定时、计数、移位等指令的操作功能

8. PLC的定时器指令TIM是通电延时定时器，当定时器的输入触点接通后，定时器_____。
a. 立即动作
b. 开始定时，时间设定值不断减1，当设定值减至0时，定时器才动作
c. 定时器复位，当前值被恢复为设定值

习　题　8

1. 试画出图8-32所示梯形图中0500的动作时序图。

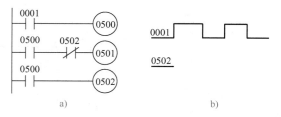

图 8-32　题 1 的图

2. 写出图 8-33 中各个梯形图的指令语句表程序。

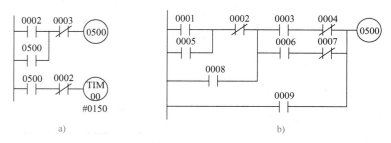

图 8-33　题 2 的图

3. 试画出图 8-34 所示指令语句表程序所对应的梯形图。

4. 图 8-35 所示梯形图是否可直接编写指令语句表程序？请在保证其功能不变的前提下改进梯形图，并写出其对应的指令语句表程序。

```
LD        0500
AND NOT   0002
TIM       01
          #0100
LD        0002
OR        0500
AND NOT   TIM01
OUT       0500
END
```
a)

```
LD        0001
OR        TIM00
OR        0501
AND NOT   0002
AND NOT   TIM01
OUT       0501
LD        0501
TIM       01
          #0050
END
```
b)

图 8-34　题 3 的图

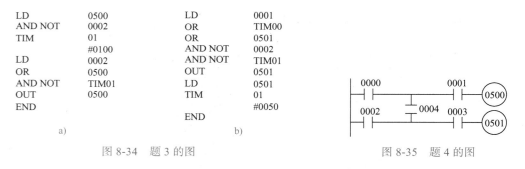

图 8-35　题 4 的图

5. 试写出图 8-36 所示梯形图的指令表程序，并画出动作时序图。

6. 试写出图 8-37 所示梯形图的指令语句表程序。

7. 试画出图 8-38 所示动作时序图所对应的梯形图。

8. 试用 PLC 实现某机床油泵电动机和主轴电动机 M_1 和 M_2 的连锁控制功能，应满足：M_1 起动后，M_2 才能起动；M_2 停车后，M_1 才能停车。要求：

（1）画出 PLC 外部输入／输出硬件接线图；

（2）画出梯形图；

（3）写出语句表程序。

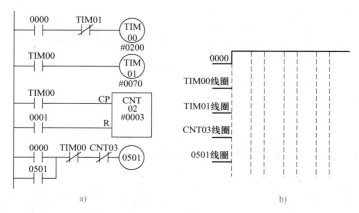

图 8-36　题 5 的图

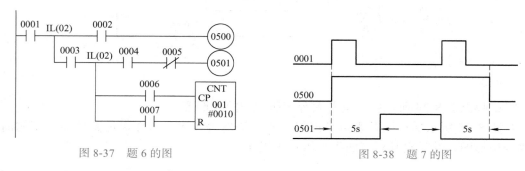

图 8-37　题 6 的图　　　　　　　　　图 8-38　题 7 的图

9. 试写出图 8-39 所示梯形图的指令语句表程序。

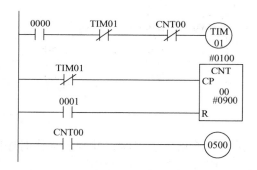

图 8-39　题 9 的图

10. 有两台电动机 M_1 和 M_2，要求 M_1 先起动，经过 30s 延时后，M_2 自行起动；M_2 起动 10s 后，M_1 立即停车，要求画出梯形图。

11. 试用 PLC 设计一个传送带控制系统，系统要求如下：把货物从始发地送到目的地后自动停车；延时 1min 后自动返回始发地停车。要求：

（1）画出 PLC 外部输入 / 输出硬件接线图；

（2）画出梯形图；

（3）写出语句表程序。

12. 图 8-40 所示梯形图中，设输出继电器 0501、0502、0503 分别控制电动机 M_1、M_2、M_3，试分析该梯形图所实现的控制功能。

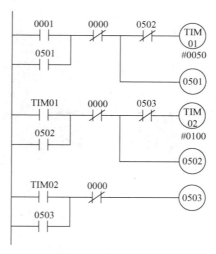

图 8-40　题 12 的图

13. 图 8-41 所示三相异步电动机反接制动继电接触器控制电路。要求用 PLC 来实现此控制功能，画出梯形图。设 0001 和 0002 依次为起动按钮和停止按钮（均为常开按钮），0003 为热继电器触点（常闭），0500 接 KM_1 线圈，0501 接 KM_2 线圈，中间继电器用 1000。

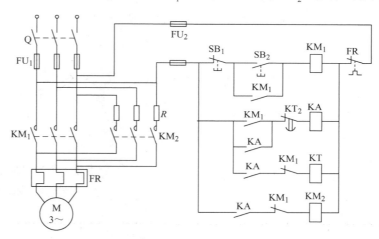

图 8-41　题 13 的图

14. 有一自动洗车控制系统。控制要求如下：当汽车到位时，打开冲洗头，给汽车冲洗；5min 后同时打开刷洗头，刷洗 2min；2min 后关闭冲洗头和刷头，同时打开吹干头；3min 后关闭，并回到初始状态准备为下一辆汽车服务。编写出 PLC 控制系统的梯形图。

15. 有 10 个彩灯排成一圈，要求当按下起动按钮后，彩灯先按顺时针方向每隔 1s 依次点亮一盏灯。循环 3 次后，彩灯再按逆时针方向每隔 1s 依次点亮一盏灯。再循环 3 次后，所有彩灯全部点亮 3s，3s 后所有的灯全部熄灭 3s。如此不断循环，直至按下停止按钮，灯全部熄灭。试设计能实现以上控制功能的梯形图程序。

附　录

附录 A　基本概念自检题答案和部分习题参考答案
（扫描二维码）

基本概念自检
题答案

部分习题参考
答案

附录 B　电工技术试题及答案

××××××××××× 考试卷

	成绩	

课　　　程_____

类别班号_____　　考试日期____年__月__日　　期中□　期末□

姓　　名_____　　学　　号_____　　开卷□　闭卷□

题号	一	二	三	四	五	六	七	附加	总分
满分	20	16	12	18	10	12	12	10	110
得分									

一、填空与选择题（20+2 分）

填空题将正确的答案填入题中空白处；选择题将正确的答案填入括号中（单项选择）。

1. 在附图 B-1 所示直流电路中，理想电压源的输出功率 $P =$ _____W，1Ω 电阻消耗的功率 $P =$ _____W。

2. 在附图 B-2 所示直流电路中，A 点的电位 $U =$ _____V。

3. 在负载作三角形联结且负载对称的三相电路中，已知电源电压和复阻抗分别为 220V、10Ω，则线电流有效值等于_____A。

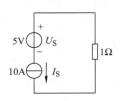

附图 B-1　第 1 小题的图

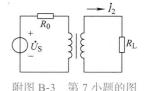

4. 在 RLC 串联交流电路中，总电压与总电流的相位差为正，则此电路的性质为（　　　）。

    a. 电感性　　　　　　b. 电容性　　　　　　c. 电阻性

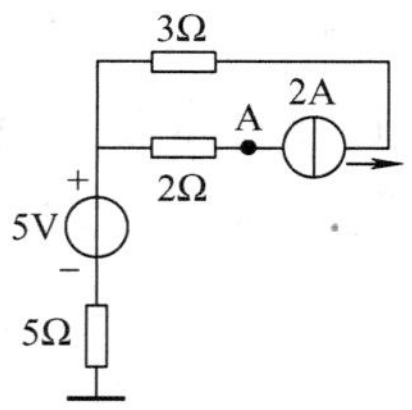

5. RLC 串联交流电路发生谐振时，其阻抗和电流的情况为（　　　）。

    a. 阻抗最小，电流最大　　　　　　b. 阻抗最大，电流最小

    c. 阻抗和电流都最小

附图 B-2　第 2 小题的图

6. 交流铁心线圈电路在电源电压不变的情况下，增加线圈匝数，则铁心中的磁通（　　　）。

    a. 增加　　　　　　b. 减小　　　　　　c. 不变

7. 在附图 B-3 所示变压器电路中，电源的内阻 R_0 为 648Ω，负载 R_L 的阻值为 8Ω，为了使电路达到最佳阻抗匹配，变压器的变比应为（　　　）。

    a. $K=81$　　　　　b. $K=1/81$　　　　　c. $K=9$

附图 B-3　第 7 小题的图

8. 三相异步电动机起动电流大的原因是（　　　）。

    a. 起动时转矩大

    b. 起动时转速为零，转子感应电动势大

    c. 起动时磁通为零

9. 在继电接触器正反转控制电路中，互锁的功能是保证在同一时间内两个线圈（　　　）。

    a. 不能同时通电　　b. 能同时通电　　c. 都不能通电

10. 有关 PLC 梯形图编程规则正确的描述是（　　　）。

    a. 每一逻辑行可以从最左母线也可以从右母线开始

    b. 每一逻辑行的触点和输出继电器线圈可并联可串联

    c. 每个继电器与 PLC 内部的某一位存储器相对应

11.（附加题 2 分）三相反应式步进电动机单三拍运行方式时，在一个循环周期中每个定子绕组通电的次数是_____。

二、（16 分）在附图 B-4 所示直流电路中，已知 $U_{S1}=10V$，$I_S=5A$，试求通过 R_L 的电流 I。

（要求选用戴维南定理或叠加原理求解法中的一种）。

三、（12 分）附图 B-5 所示电路换路前已处于稳定状态，$t=0$ 时开关 S 闭合。试求 S 闭合后的电压 $u_C(t)$。

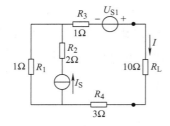

附图 B-4　第二题的图

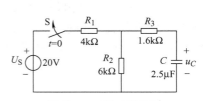

附图 B-5　第三题的图

四、（18+3 分）在一次正弦交流电路的实验中（见附图 B-6），已知 $R_2 = 5\Omega$。调节电容 C 使电压 $\dot{U}_2$ 与总电流 $\dot{i}$ 同相位，此时电流表 A_1 的读数为 6A，A_2 的读数为 10A，测得电路总的有功功率为 1140W。

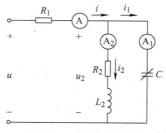

附图 B-6　第四题的图

（1）以 $\dot{U}_2$ 为参考相量，定性画出 $\dot{I}_1$、$\dot{I}_2$、$\dot{I}$、$\dot{U}_2$ 的相量图；

（2）求电流 $\dot{i}$；

（3）求电感负载 R_2L_2 支路的有功功率 P_2；

（4）（附加题 3 分）求电阻 R_1。

五、（10 分）已知某单相变压器的额定容量 $S_N = 180\text{kV}\cdot\text{A}$，额定电压为 6000V/230V，满载时的铜损为 2.1kW，铁损为 0.5kW，满载情况下负载功率因数为 0.85，负载两端电压 $U_2 = 220\text{V}$。试求：

（1）变压器一次电流 I_{1N} 和二次电流 I_{2N}；

（2）变压器满载时的输出功率 P_2 和效率 η；

（3）变压器满载时原绕组的功率因数 $\cos\varphi_1$。

六、（12 分）某三相异步电动机的技术数据如下：100kW，380V，1460r/min，$\cos\varphi = 0.88$，$\eta = 91\%$，$T_{st}/T_N = 1.4$。试求：

（1）额定转差率 S_N；

（2）电动机的额定输入功率；

（3）额定电流；

（4）额定转矩；

（5）若负载转矩为 450N·m 能否采用 Y－△减压起动？

七、（12+5 分）附图 B-7 所示为某机床油泵电动机和主轴电动机控制电路。要求：

（1）分析电路后写出该控制电路实现的控制功能；

（2）说明该控制电路能实现哪些保护功能；

（3）（附加题 5 分）如果用 PLC 来实现此控制功能，用梯形图语言写出程序。设 0001 和 0002 依次为起动按钮和停止按钮（均为常开按钮），0003 和 0004 接热继电器触点（常闭），0500 接 KM_1 线圈，0501 接 KM_2 线圈。

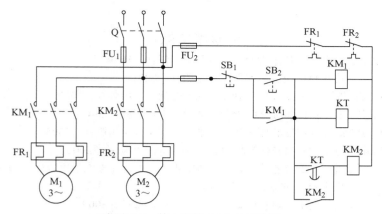

附图 B-7　第七题第（3）小题的图

（4）写出附图 B-8 所示梯形图的语句表程序。

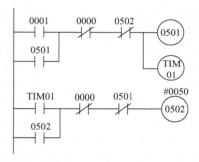

附图 B-8　第七题第（4）小题的图

参考文献

[1] 唐介.电工学：少学时 [M].北京：高等教育出版社，1999.

[2] 赵承荻.电工技术 [M].北京：高等教育出版社，2001.

[3] 杨振坤，陈国联.电工技术 [M].西安：西安交通大学出版社，2007.

[4] 王兰君.应用电工：自学通 [M].北京：人民邮电出版社，2003.

[5] 罗良玲，刘旭波.数控技术及应用 [M].北京：清华大学出版社，2005.

[6] 杨振坤.电工电子学 CAI [M].2 版.北京：高等教育出版社，2006.

[7] 郭亚红，司新生.电工与电子技术基础 [M].西安：西北工业大学出版社，2009.

[8] 杨贺来.数控机床 [M].北京：清华大学出版社，2009.

[9] 赵立燕.电工电子技术基础 [M].北京：清华大学出版社，2009.

[10] 杨振坤.电工技术与电子技术 [M].2 版.西安：西安交通大学出版社，2010.

[11] 徐秀平，项华珍.电工与电子技术 [M].广州：华南理工大学出版社，2004.

[12] 林瑞光.电机与拖动基础 [M].杭州：浙江大学出版社，2002.

[13] 杨振坤.应用电工电子技术：上册 [M].北京：电子工业出版社，2011.

[14] 曹光跃，朱钰铧.电工基础 [M].4 版.合肥：安徽大学出版社，2018.

[15] 申凤琴.电工电子技术基础 [M].3 版.北京：机械工业出版社，2018.

[16] 张志雄.电工技术及应用 [M].北京：机械工业出版社，2020.

[17] 周鹏.电工电子技术基础 [M].北京：机械工业出版社，2020.

[18] 张玮，张莉，张绪光.电工技术 [M].北京：北京大学出版社，2020.

[19] 储开斌，朱栋，冯成涛.电工电子技术及其应用 [M].西安：西安电子科技大学出版社，2020.

[20] 邓勇，王海军，牟刚.电工技术及应用 [M].成都：西南交通大学出版社，2020.

[21] 王贞，孙栋梁.课程思政在"电工电子技术"课程中的探索与实践 [J].汽车实用技术，2020，45（23）：221-223.

[22] 李海军，刘宇.新工科与专业认证背景下电气控制技术课程思政研究与实践 [J].高教学刊，2020（27）：183-185.

[23] 王颖，包金明，郝立，等."电力电子技术"课程思政教学改革的探讨 [J].电气电子教学学报，2020，42（2）：39-42.

[24] 王克勇.电工电子技术课程育人元素的挖据：以基尔霍夫定律教学过程为例 [J].电子制作，2020（7）：93-95.

[25] 陈路，黄芳，孙子文."教材思政"融入新时代高校教材建设的探索 [J].高教论坛，2021（8）：34-37.

[26] 黎艺华，谢兰清."课程思政"视域下高职工科教材改革途径与方法探讨：以《数字电子技术项目教程》教材修订为例 [J].装备制造技术，2021（9）：100-102.

[27] 董文波.课程思政背景下电类专业教材改革的实践探究 [J].科技资讯，2021，19（16）：115-118.

[28] 杨晓东，甄国红，姚丽亚.应用型高校专业课程思政教材建设关键问题之思 [J].国家教育行政学院学报，2020（5）：68-75.

[29] 鞠燕.疫情背景下电工电子技术课程思政教育的探索 [J].化学工程与装备，2021（11）：308-310.

[30] 曹路，王玉青，杨敏，等.思政元素融入课程教学的探讨：以"电工与电子技术"课程为例 [J].中国多媒体与网络教学学报（上旬刊)，2021（1）：171-173.